Walter Sailer • Engelbert Vollath • Simon Weidner

FORMEL 6

Mathematik für Hauptschulen

Bearbeitet von Karl Haubner, Walter Sailer,
Silke Schmid, Engelbert Vollath, Simon Weidner

C.C. Buchner

Klett

FORMEL 6

Mathematik für Hauptschulen

Herausgegeben von Walter Sailer, Engelbert Vollath und Simon Weidner

unter Mitarbeit von Karl Haubner, Walter Sailer,
Silke Schmid, Engelbert Vollath, Simon Weidner

Bildnachweis:
Anthony Picture Power, Eurasburg – S. 72, 154, 156; Cordon Art, Baarn – S. 42 (2);
Deutsche Presse-Agentur, Frankfurt – S. 38, 55, 75, 149, 150; Getty Images, München – S. 38,
151 (2); Interfoto, München – S. 29, 38; Klammet & Aberl, Ohlstadt – S. 42; Mauritius,
Mittenwald – S. 38 (2), 131, 151; Okapia, Frankfurt – S. 153; Superbild, Unterhaching – S. 38,
55; Zentrale Farbbild Agentur ZEFA, Düsseldorf – S. 55.

> Bitte beachten: An keiner Stelle im Schülerbuch dürfen Eintragungen vorgenommen werden.
> Das gilt besonders für die Lösungswörter und die Leerstellen in Aufgaben und Tabellen.

Aufgaben mit erhöhtem Schwierigkeitsgrad sind durch eine blaue Nummerierung gekennzeichnet.
Aufgaben mit einer Fahne sind Knobel- und Denksportaufgaben.

Dieses Werk folgt der reformierten Rechtschreibung und Zeichensetzung.
Ausnahmen bilden Texte, bei denen künstlerische, philologische oder lizenzrechtliche Gründe
einer Änderung entgegenstehen.

1. Auflage [4321] 2007 2006 2005
Die letzte Zahl bedeutet das Jahr des Druckes.
Alle Drucke dieser Auflage sind, weil unverändert, nebeneinander benutzbar.

© 2005 C.C.Buchners Verlag, Bamberg, und Ernst Klett Verlag GmbH, Stuttgart

www.ccbuchner.de
www.klett.de

Gestaltung: Artbox Grafik & Satz GmbH, Bremen
Druck- und Bindearbeiten: Stürtz GmbH, Würzburg

Buchner ISBN 3-7661-**6206**-3
Klett ISBN 3-12-**740660**-6

Inhaltsverzeichnis

Inhaltsverzeichnis

Bruchzahlen

Richtig oder falsch?
a) Die Hälfte der Kinder sind Mädchen.
b) Ein Drittel der Kinder sind blond.
c) Ein Viertel der Kinder sind keine Brillenträger.
d) Ein Zwölftel der Kinder tragen eine Mütze.
e) Drei Zwölftel der Kinder sind Brillenträger.

Welchen Bruchteil der Tabletten müssen die einzelnen Patienten einnehmen?
a) Frau Bär schluckt 4 Stück.
b) Herr Wunder nimmt 3 Stück ein.
c) Oma Träger braucht 2 Tabletten.
d) Sven kommt mit einer Tablette aus.

Welcher Bruchteil einer Stunde ist jeweils vorgegeben? Wie viele Minuten sind dies jeweils?

Wie viele Liter Wasser befinden sich jeweils in den Messbechern?

Bei allen Beispielen auf dieser Seite werden Bruchteile einer bestimmten Menge, von verschiedenen Anzahlen oder von unterschiedlichen Einheiten gebildet, z. B. ein Viertel ($\frac{1}{4}$) von 12 Stück.
Ein Viertel bedeutet stets, dass vom Ganzen der vierte Teil gebildet wird.
Was bedeuten demnach ein Drittel, ein Fünftel, ein Sechstel?
Warum kann ein Viertel einmal 5 Stück, ein anderes Mal nur 3 Stück sein?

Brüche darstellen

a) b) c) 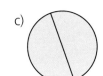 d) e)  f)

1. Welche Bruchteile erkennst du?

2. Erkennst du die Bruchteile in den folgenden Zeichnungen?
Es kommen Halbe-, Viertel- und Achtelstücke von Kreisflächen vor.

a) b) c) d) e) f)

g) h) i) k) l) m)

3. Welcher Bruchteil der gesamten Kreisfläche ist jeweils gekennzeichnet?

a) b) c) d) e)  f) g)

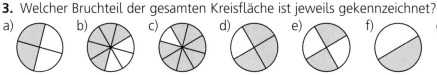

4. Bestimme die Bruchteile, wie es das Beispiel zeigt. Löse im Kopf:

a) b) c) d) e) f)

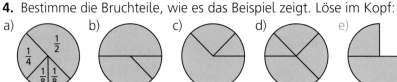

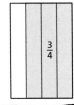

5.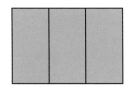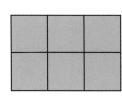

Ich teile die Fläche in 4 gleich große Teile und nehme 3 davon. Dann erhalte ich $\frac{3}{4}$ der Fläche.

a) Welche Brüche sind an den oberen Quadraten und Rechtecken dargestellt?
b) Zeichne ebenfalls Quadrate und Rechtecke und stelle folgende Brüche dar:
Viertel, Drittel, Achtel, Sechstel der Fläche.

6. Welcher Bruchteil der gesamten Fläche ist jeweils gekennzeichnet?

a) 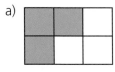 b) 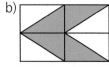 c) 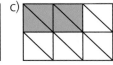 d) e)

7. Bestimme die Bruchteile, wie es das Beispiel zeigt.

a) b) c) 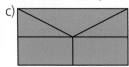 d) e)

Brüche darstellen

1. Lege nach und benenne.

2. Lege und schreibe wie in der Randspalte:
   a) zwei ganze Kreisflächen und drei viertel Kreisflächen
   b) drei ganze Kreisflächen und vier achtel Kreisflächen
   c) eine ganze Kreisfläche und drei halbe Kreisflächen
   d) sieben viertel Kreisflächen
   e) fünf drittel Kreisflächen
   f) sieben fünftel Kreisflächen

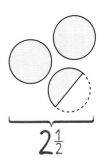

$2\frac{1}{2}$

zwei ganze
und eine halbe
Kreisfläche

3. Die folgenden Abbildungen zeigen Bruchteile von Kreisflächen. Füge sie in Gedanken zusammen und benenne sie. Lege nach und überprüfe.

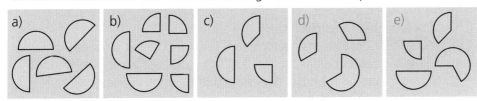

4. Stelle dir aus Papier mit Hilfe von Kreisen Halbe, Viertel und Achtel her.
   a) Lege $\frac{7}{8}$, $1\frac{1}{2}$ und $\frac{9}{8}$ der Kreisfläche.
   b) Lege 2 Kreisflächen, indem du 4 (5, 6) Teile verwendest.
   c) Lege mit möglichst wenig Teilen $\frac{7}{8}$, $\frac{10}{8}$ der Kreisfläche.
   d) Lege auf möglichst verschiedene Weise $\frac{3}{4}$, $\frac{1}{2}$, $1\frac{1}{2}$ und $2\frac{3}{4}$ der Kreisfläche.
   e) Lege den dritten Teil (die Hälfte) von $1\frac{1}{2}$, $\frac{3}{4}$ und $2\frac{1}{4}$ der Kreisfläche.
   f) Lege möglichst verschiedene Formen, die alle das Ergebnis $1\frac{1}{4}$ der Kreisfläche haben.

5. Wie sieht jeweils die ganze Fläche aus? Übertrage ins Heft und ergänze:

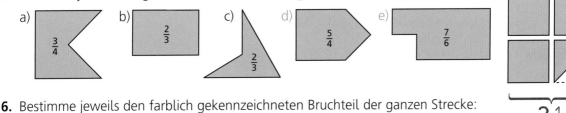

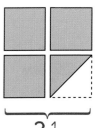

$3\frac{1}{2}$

drei ganze
und eine halbe
Quadratfläche

6. Bestimme jeweils den farblich gekennzeichneten Bruchteil der ganzen Strecke:

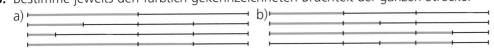

7. Zeichne Strecken mit der Länge 15 cm und stelle die folgenden Brüche dar:

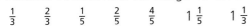

$\frac{1}{3}$ $\frac{2}{3}$ $\frac{1}{5}$ $\frac{2}{5}$ $\frac{4}{5}$ $1\frac{1}{5}$ $1\frac{1}{3}$

8. Wie lang ist die ganze Schnur, wenn $\frac{1}{4}$ ($\frac{2}{5}$, $\frac{5}{6}$, $\frac{2}{3}$) davon 30 cm (60 cm, 120 cm) sind?

Brüche als Handlungsanweisungen

$\frac{5}{8}$ eines Kreises?

$\frac{3}{5}$ einer Strecke?

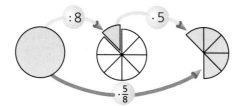

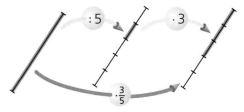

1. Wie entstehen die Bruchteile jeweils?

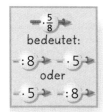

$\cdot \frac{5}{8}$ bedeutet:

$:8 \Rightarrow \cdot 5 \Rightarrow$

oder

$\cdot 5 \Rightarrow :8 \Rightarrow$

2. a) Zerlege:

$\cdot\frac{3}{4}$ | $\cdot\frac{2}{7}$ | $\cdot\frac{5}{6}$ | $\cdot\frac{7}{10}$ | $\cdot\frac{5}{3}$ | $\cdot\frac{10}{100}$ | $\cdot\frac{3}{2}$ | $\cdot\frac{7}{7}$

$\cdot\frac{2}{3}$ | $\cdot\frac{2}{4}$ | $\cdot\frac{4}{5}$ | $\cdot\frac{6}{5}$ | $\cdot\frac{10}{10}$ | $\cdot\frac{13}{10}$ | $\cdot\frac{90}{100}$ | $\cdot\frac{101}{100}$

b) Verkürze:

$:5 \Rightarrow \cdot 2 \Rightarrow$ | $:7 \Rightarrow \cdot 3 \Rightarrow$ | $:10 \Rightarrow \cdot 9 \Rightarrow$

$:6 \Rightarrow \cdot 5 \Rightarrow$ | $:100 \Rightarrow \cdot 50 \Rightarrow$ | $:1000 \Rightarrow \cdot 200 \Rightarrow$

$:10 \Rightarrow \cdot 5 \Rightarrow$ | $:1000 \Rightarrow \cdot 900 \Rightarrow$ | $:1000 \Rightarrow \cdot 1200 \Rightarrow$

3. Welche Bruchteile entstehen?
   a) Mutter teilt die Geburtstagstorte in 8 Teile und behält 5 davon.
   b) Peters Mutter teilt die Schnur in 8 gleich große Stücke und verwendet
      5 davon. Wie kann Mutter dies durchführen, ohne zu messen?

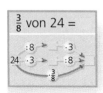

$\frac{3}{8}$ von 24 =

$:8 \Rightarrow \cdot 3$

$24 \cdot 3 \Rightarrow :8$

$\cdot\frac{3}{8}$

4. Löse ebenso:
   a) $\frac{3}{4}$ von 16   b) $\frac{3}{5}$ von 15   c) $\frac{7}{9}$ von 18   d) $\frac{5}{6}$ von 30
   e) $\frac{2}{3}$ von 21   f) $\frac{4}{10}$ von 100   g) $\frac{5}{100}$ von 200   h) $\frac{55}{100}$ von 1000
   i) $\frac{2}{3}$ von 12   k) $\frac{4}{5}$ von 35   l) $\frac{3}{7}$ von 28   m) $\frac{4}{9}$ von 27

5. a) Von 21 Schülern sind $\frac{3}{7}$ Nichtschwimmer.
   b) Von 24 Schülern sind $\frac{3}{4}$ Knaben.
   c) Von 36 Schülern sind $\frac{2}{9}$ Brillenträger.
   d) Von 18 Schülern sind $\frac{5}{6}$ Fahrschüler.
   e) Von 25 Schülern sind $\frac{2}{5}$ Mädchen.

$:7 \Rightarrow \blacksquare \cdot 3$

21

$\cdot\frac{3}{7}$

Lösungen zu 6 Gleich

8 | 9 | 15
16 | 12
18 | 24
25

6. Ermittle die fehlenden Werte. Löse möglichst im Kopf:
   a) $12 \cdot \frac{3}{4} \Rightarrow \blacksquare$ b) $18 \cdot \frac{4}{9} \Rightarrow \blacksquare$ c) $32 \cdot \frac{3}{8} \Rightarrow \blacksquare$ d) $25 \cdot \frac{3}{5} \Rightarrow \blacksquare$
   e) $20 \cdot \frac{9}{10} \Rightarrow \blacksquare$ f) $28 \cdot \frac{4}{7} \Rightarrow \blacksquare$ g) $30 \cdot \frac{5}{6} \Rightarrow \blacksquare$ h) $36 \cdot \frac{2}{3} \Rightarrow \blacksquare$
   i) $12 \cdot \blacksquare \Rightarrow 8$ k) $27 \cdot \blacksquare \Rightarrow 9$ l) $\blacksquare \cdot \frac{3}{5} \Rightarrow 18$ m) $\blacksquare \cdot \frac{7}{10} \Rightarrow 21$

7. Ein Edelmann gab einem ersten Bettler die Hälfte seines Geldes, dem nächsten
   die Hälfte vom Rest und dem dritten die Hälfte vom neuen Rest. Nun hat der
   Mann selbst nur noch 4 Taler. Wie viel Geld (Taler) hatte der Edelmann vor der
   Verteilung seines Vermögens?

Bruchteile von Größen

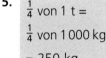

$\frac{1}{3}$ von 1 h =

$\frac{1}{3}$ von 60 min

= 20 min

a) b) c) d)

1. In welcher Zeit überstreicht der große Zeiger die blauen Flächen?
Mit welchen Bruchteilen einer Stunde kann man diese Zeiträume bezeichnen?

2. a) Wie viele Minuten sind $\frac{1}{2}$ h ($1\frac{1}{2}$ h, $2\frac{3}{4}$ h, $\frac{1}{6}$ h, $\frac{1}{10}$ h, $\frac{5}{4}$ h)?

b) Wie viele Stunden sind $\frac{1}{2}$ Tag ($\frac{1}{4}$, $\frac{3}{4}$, $\frac{1}{3}$, $\frac{2}{3}$, $\frac{1}{8}$, $\frac{3}{8}$, $\frac{5}{8}$, $\frac{7}{8}$, $\frac{1}{12}$, $\frac{7}{12}$)?

c) Wie viele Monate sind $1\frac{1}{2}$ Jahre ($\frac{1}{2}$, $\frac{1}{4}$, $\frac{3}{4}$, $1\frac{1}{4}$, $\frac{1}{3}$, $\frac{2}{3}$, $\frac{1}{12}$, $\frac{7}{12}$, $\frac{5}{4}$)?

3. a) Verwandle in Bruchteile von Minuten:
15 s, 45 s, 90 s, 10 s, 5 s, 12 s, 6 s, 3 s, 1 s, 20 s
b) Verwandle in Bruchteile eines Jahres:
6 Monate, 1 Monat, 3 Monate, 8 Monate, 4 Monate

4. Wie viele Monate sind

a) der dritte Teil eines Jahres?　　b) der vierte Teil von zwei Jahren?

c) die Hälfte von $2\frac{1}{2}$ Jahren?　　d) der sechste Teil von zwei Jahren?

e) die Hälfte von $1\frac{1}{2}$ Jahren?　　f) das Doppelte von einem Vierteljahr?

g) der vierte Teil von einem Dritteljahr?　h) der dritte Teil von einem Vierteljahr?

> Um den Bruchteil einer Größe zu bestimmen, ist es oft sinnvoll, in eine kleinere Maßeinheit umzuwandeln.

5.

$\frac{1}{4}$ von 1 t =

$\frac{1}{4}$ von 1 000 kg

= 250 kg

Verwandle in kg: $\frac{1}{5}$ t, $\frac{3}{4}$ t, $1\frac{1}{5}$ t, $\frac{1}{8}$ t, $\frac{1}{20}$ t, $\frac{1}{1000}$ t, $\frac{5}{8}$ t, $\frac{4}{5}$ t, $\frac{2}{10}$ t, $\frac{50}{100}$ t

Verwandle in g: $\frac{3}{4}$ kg, $\frac{1}{8}$ kg, $\frac{5}{8}$ kg, $\frac{1}{10}$ kg, $\frac{7}{10}$ kg, $\frac{1}{5}$ kg, $\frac{3}{5}$ kg

6. Welches Gewicht ist jeweils schwerer?

a) $\frac{3}{5}$ von 12 kg　　b) $\frac{4}{6}$ von 900 t　　c) $\frac{6}{7}$ von 2 100 g

$\frac{3}{4}$ von 14 kg　　$\frac{7}{8}$ von 720 t　　$\frac{3}{7}$ von 4 200 g

7.

$\frac{1}{5}$ von 1 dm =

$\frac{1}{5}$ von 10 cm

= 2 cm

Verwandle in

a) dm: $\frac{3}{4}$ m, $\frac{1}{2}$ m, $\frac{2}{10}$ m, $\frac{5}{10}$ m, $\frac{2}{5}$ m, $\frac{4}{5}$ m, $1\frac{1}{2}$ m, $1\frac{1}{4}$ m

b) cm: $\frac{1}{2}$ m, $\frac{3}{4}$ m, $\frac{2}{5}$ m, $\frac{3}{5}$ m, $\frac{5}{10}$ m, $\frac{3}{10}$ m, $\frac{9}{100}$ m, $\frac{20}{100}$ m

c) mm: $\frac{1}{2}$ cm, $\frac{1}{5}$ cm, $\frac{4}{5}$ cm, $\frac{7}{10}$ cm, $\frac{1}{4}$ cm, $\frac{3}{4}$ cm, $1\frac{3}{4}$ cm, $2\frac{2}{10}$ cm

8. Ermittle im nebenstehenden Beispiel die fehlenden Werte. Was stellst du jeweils fest?
Warum ist es oft günstiger zuerst zu teilen?
Probiere aus.

$\frac{2}{10}$ von 80 €	
80 € : 10 = ■ €	80 € · 2 = ■ €
■ € · 2 = ■ €	■ € : 10 = ■ €

9. a) $\frac{3}{5}$ von 100 €　　b) $\frac{3}{4}$ von 120 €　　c) $\frac{2}{6}$ von 240 €

d) $\frac{6}{8}$ von 100 €　　e) $\frac{4}{10}$ von 25 €　　f) $\frac{5}{6}$ von 90 €

Bruchzahlen am Zahlenstrahl

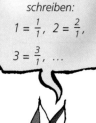

1. a) Jeder natürlichen Zahl kann man einen Punkt auf dem Zahlenstrahl zuordnen.
   Auch Brüche lassen sich am Zahlenstrahl veranschaulichen.
   Schreibe die natürlichen Zahlen als Bruchzahlen.

   b) Erkläre, warum die Bruchzahl $\frac{1}{2}$ wertgleich mit $\frac{2}{4}$ bzw. $\frac{4}{8}$ ist.
   Versuche dann für die Bruchzahlen $\frac{3}{4}$, $1\frac{1}{4}$ und $2\frac{1}{8}$ andere Schreibweisen zu finden.

2. Welcher Zahlenstrahl zeigt Markierungen für Drittel, Fünftel, Zehntel, Sechstel?

   a)

   b)

   c)

   d)

Viertel darstellen
Strecke zwischen zwei natürlichen Zahlen in 4 gleich große Teile teilen

3. a) Zeichne einen Zahlenstrahl von 0 bis 2 (Einheit 8 cm).
   Trage Halbe, Viertel, Achtel und Sechzehntel an.
   An welchen Punkten stehen mehrere Brüche?

   b) Zeichne einen Zahlenstrahl von 0 bis 2 (Einheit 6 cm).
   Trage Halbe, Viertel, Drittel, Sechstel und Zwölftel an.
   Gibt es wieder Stellen, an denen mehrere Brüche zu stehen kommen?

4. Welche Bruchzahlen sind auf den Zahlenstrahlen gekennzeichnet?

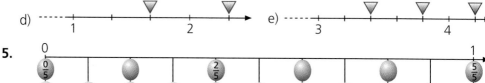

a) b) c) d) e)

5.

a) Zeige am Zahlenstrahl 1, $\frac{5}{5}$, $\frac{10}{10}$, dann $\frac{1}{2}$ und $\frac{5}{10}$, ferner $\frac{1}{5}$ und $\frac{2}{10}$.
   Was fällt dir auf?

b) Welche Brüche gehören in die Lücken?

c) Wo liegen die Brüche $\frac{1}{4}$, $\frac{2}{4}$ und $\frac{3}{4}$

6. Zeichne einen Zahlenstrahl wie vorgegeben (DIN A4-Blatt im Querformat)
und trage folgende Brüche ein:

$\frac{1}{3}, \frac{4}{3}, \frac{7}{3}, 1\frac{1}{3}, 2\frac{1}{3}, 2\frac{2}{3}, \frac{1}{6}, \frac{2}{6}, \frac{5}{6}, \frac{8}{6}, \frac{11}{6}, \frac{14}{6}, \frac{16}{6}, 1\frac{2}{6}, 1\frac{5}{6}, 2\frac{2}{6}, 2\frac{4}{6}, \frac{3}{9}, \frac{12}{9}, \frac{21}{9}, \frac{24}{9}, 1\frac{3}{9}, 2\frac{3}{9}, 2\frac{6}{9}$

Was stellst du fest? Erkläre den Zusammenhang zwischen den verschiedenen Schreibweisen.

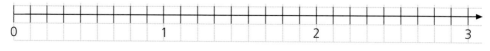

 7. Gibt es eine kleinste Bruchzahl? Begründe deine Meinung.

Fachbegriffe anwenden

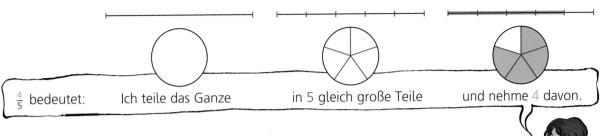

$\frac{4}{5}$ bedeutet: Ich teile das Ganze   in 5 gleich große Teile   und nehme 4 davon.

1. Erkäre am oberen Beispiel, wie Brüche entstehen.

2. Bestimme jeweils die Brüche und erkläre ihre Entstehung.

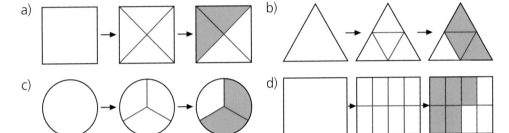

a)

b)

c)

d)

3.

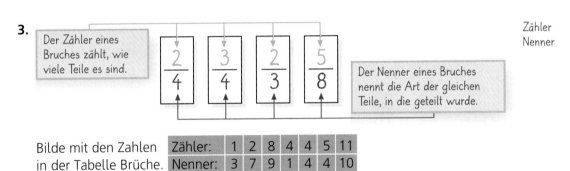

Der Zähler eines Bruches zählt, wie viele Teile es sind.

$\frac{2}{4}$ $\frac{3}{4}$ $\frac{2}{3}$ $\frac{5}{8}$

Der Nenner eines Bruches nennt die Art der gleichen Teile, in die geteilt wurde.

Zähler
Nenner

Bilde mit den Zahlen in der Tabelle Brüche.

Zähler:	1	2	8	4	4	5	11
Nenner:	3	7	9	1	4	4	10

4.

echte Brüche	unechte Brüche	gemischte Zahlen
$\frac{1}{2}$ $\frac{3}{4}$ $\frac{2}{3}$ $\frac{5}{6}$	$\frac{3}{2}$ $\frac{8}{6}$ $\frac{7}{3}$ $\frac{16}{5}$	$1\frac{1}{2}$ $2\frac{1}{3}$ $4\frac{5}{6}$ $3\frac{3}{10}$
Ist der Zähler eines Bruches kleiner als der Nenner, so spricht man von einem echten Bruch.	Der Zähler ist größer als der Nenner, aber kein Vielfaches des Nenners.	Eine gemischte Zahl besteht aus einer natürlichen Zahl und aus einem echten Bruch.

a) Vereinfache: $\frac{9}{4}$, $\frac{13}{2}$, $\frac{14}{5}$, $\frac{25}{8}$, $\frac{17}{6}$, $\frac{19}{3}$, $\frac{12}{10}$, $\frac{7}{3}$, $\frac{6}{5}$, $\frac{18}{5}$, $\frac{23}{4}$

b) Verwandle in unechte Brüche: $1\frac{3}{4}$, $3\frac{2}{5}$, $2\frac{5}{10}$, $3\frac{2}{3}$

c) Schreibe als gemischte Zahl: $\frac{5}{4}$, $\frac{7}{4}$, $\frac{11}{4}$, $\frac{21}{4}$, $\frac{30}{4}$, $\frac{13}{10}$, $\frac{17}{10}$, $\frac{42}{10}$, $\frac{102}{10}$, $\frac{149}{10}$

5. Ergänze Zähler oder Nenner so, dass jeweils echte Brüche oder unechte Brüche entstehen: $\frac{\blacksquare}{4}$ $\frac{3}{\blacksquare}$ $\frac{9}{\blacksquare}$ $\frac{\blacksquare}{100}$ $\frac{100}{\blacksquare}$ $\frac{\blacksquare}{1}$

Brüche erweitern und kürzen

a)   b)   c)  d)

1. Vergleiche jeweils die gekennzeichneten Bruchteile. Welche Bezeichnungen beschreiben den gleichen Bruchteil? Welche Aussagen kannst du treffen?

2. Falte ein Blatt Papier und zeige, dass die folgenden Bruchteile wertgleich sind:

a)   b)

$\frac{1}{4}$, $\frac{3}{12}$ und $\frac{6}{24}$ $\frac{3}{4}$, $\frac{9}{12}$ und $\frac{18}{24}$ $\frac{1}{3}$, $\frac{2}{6}$ und $\frac{4}{12}$ $\frac{2}{3}$, $\frac{4}{6}$ und $\frac{8}{12}$

3. Finde wertgleiche Bruchteile. Vergleiche jeweils Zähler und Nenner:

a) 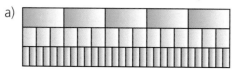   b)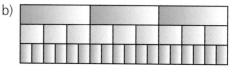

Erweitern

Zähler und Nenner mit der gleichen Zahl multiplizieren

4. Erkläre mittels der Zeichnung, dass Erweitern ein Übergang zu einer feineren Unterteilung bedeutet, d. h. es entstehen zwar mehr, dafür aber kleinere Teile. Der Wert des Bruches ändert sich nicht.

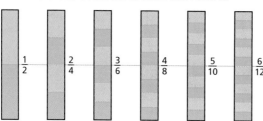 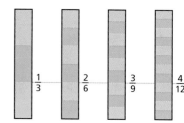

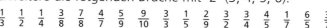

5. Erweitere die folgenden Brüche mit 2 (3, 4, 5, 6):

$\frac{1}{3}$ $\frac{1}{2}$ $\frac{1}{4}$ $\frac{3}{8}$ $\frac{7}{8}$ $\frac{4}{7}$ $\frac{5}{9}$ $\frac{9}{10}$ $\frac{3}{3}$ $\frac{1}{5}$ $\frac{2}{9}$ $\frac{3}{2}$ $\frac{3}{4}$ $\frac{4}{5}$ $\frac{1}{7}$ $\frac{6}{5}$ $\frac{3}{7}$

Kürzen

Zähler und Nenner durch die gleiche Zahl dividieren

6.

Erkläre an der Darstellung, dass Kürzen nur zu einer gröberen Unterteilung führt, d. h. es entstehen größere, dafür aber weniger Teile. Der Wert des Bruches bleibt unverändert.

7. Welche Bruchteile sind wertgleich?

a) b) c) d) e) f) g)

Brüche erweitern und kürzen

1. Fülle die Lücken und formuliere mit Hilfe der Zeichnung
eine Regel für das Erweitern und Kürzen von Brüchen.

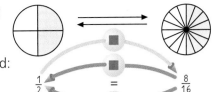

2. Überprüfe, ob die folgenden Bruchteile gleichwertig sind:

a) $\frac{1}{2}$, $\frac{2}{4}$, $\frac{3}{6}$, $\frac{4}{8}$

b) $\frac{1}{3}$, $\frac{2}{6}$, $\frac{3}{9}$, $\frac{4}{12}$

c) $\frac{1}{4}$, $\frac{2}{8}$, $\frac{3}{12}$, $\frac{4}{16}$

d) $\frac{3}{4}$, $\frac{6}{8}$, $\frac{9}{12}$, $\frac{12}{16}$

e) $\frac{8}{12}$, $\frac{6}{9}$, $\frac{4}{6}$, $\frac{2}{3}$

f) $\frac{12}{20}$, $\frac{9}{15}$, $\frac{6}{10}$, $\frac{3}{5}$

g) $\frac{12}{8}$, $\frac{9}{6}$, $\frac{6}{4}$, $\frac{3}{2}$

h) $\frac{20}{24}$, $\frac{15}{18}$, $\frac{10}{12}$, $\frac{5}{6}$

3. Bestimme die Erweiterungs- bzw. Kürzungszahl:

a) $\frac{2}{5} = \frac{4}{10}$ $\frac{5}{12} = \frac{10}{24}$ $\frac{7}{5} = \frac{21}{15}$

b) $\frac{12}{15} = \frac{4}{5}$ $\frac{18}{24} = \frac{3}{4}$ $\frac{30}{24} = \frac{5}{4}$

Beim Erweitern und Kürzen bleibt der Wert des Bruches immer gleich.

4. Erweitere $\frac{1}{2}$, $\frac{1}{4}$, $\frac{3}{4}$, $\frac{1}{3}$, $\frac{2}{3}$, $\frac{2}{5}$, $\frac{4}{5}$, $\frac{4}{9}$, $\frac{8}{10}$, $\frac{1}{100}$ mit 3, 4, 10, 100, 1000.

5. Erweitere die Brüche auf Hundertstel: $\frac{1}{2}$, $\frac{3}{4}$, $\frac{5}{20}$, $\frac{4}{5}$, $\frac{7}{10}$, $\frac{9}{25}$, $\frac{2}{4}$, $\frac{9}{10}$, $\frac{19}{20}$, $\frac{20}{25}$

6. a) Kürze mit 3: $\frac{6}{9}$, $\frac{9}{21}$, $\frac{9}{12}$, $\frac{12}{15}$, $\frac{30}{9}$

b) Kürze mit 5: $\frac{5}{10}$, $\frac{10}{15}$, $\frac{15}{20}$, $\frac{35}{40}$, $\frac{20}{100}$

c) Kürze mit 8: $\frac{8}{8}$, $\frac{8}{16}$, $\frac{8}{24}$, $\frac{8}{80}$, $\frac{80}{8}$

d) Kürze mit 10: $\frac{10}{10}$, $\frac{10}{50}$, $\frac{70}{100}$, $\frac{120}{200}$, $\frac{990}{1000}$

7. Bestimme die Kürzungszahl:

a) $\frac{48}{56} = \frac{6}{7}$

b) $\frac{36}{45} = \frac{4}{5}$

c) $\frac{9}{90} = \frac{1}{10}$

d) $\frac{18}{54} = \frac{1}{3}$

e) $\frac{24}{36} = \frac{2}{3}$

f) $\frac{3}{21} = \frac{1}{7}$

g) $\frac{21}{24} = \frac{7}{8}$

h) $\frac{18}{27} = \frac{2}{3}$

Kürze immer vollständig.

8. Suche die fehlenden Zähler und Nenner:

$\frac{2}{3} = \frac{\blacksquare}{9}$ $\frac{2}{\blacksquare} = \frac{8}{12}$ $\frac{\blacksquare}{2} = \frac{4}{8}$ $\frac{9}{12} = \frac{3}{\blacksquare}$ $\frac{2}{7} = \frac{\blacksquare}{21}$ $\frac{5}{\blacksquare} = \frac{15}{18}$ $\frac{\blacksquare}{5} = \frac{6}{10}$ $\frac{16}{20} = \frac{4}{\blacksquare}$

9. Hier haben sich Fehler eingeschlichen. Korrigiere:

$\frac{3}{8} = \frac{9}{24}$ $\frac{2}{3} = \frac{4}{9}$ $\frac{18}{7} = \frac{9}{14}$ $\frac{12}{20} = \frac{3}{5}$ $\frac{2}{20} = \frac{10}{4}$ $\frac{25}{100} = \frac{1}{4}$ $\frac{5}{8} = \frac{20}{32}$

10. Kürze: $\frac{15}{40}$, $\frac{63}{84}$, $\frac{54}{99}$, $\frac{36}{120}$, $\frac{96}{240}$, $\frac{750}{1000}$, $\frac{325}{900}$, $\frac{120}{600}$, $\frac{125}{500}$, $\frac{660}{1100}$, $\frac{68}{164}$, $\frac{75}{126}$

11. Welche Brüche haben jeweils den gleichen Wert? Prüfe durch Kürzen und Erweitern:

a) $\frac{10}{25}$, $\frac{15}{20}$, $\frac{8}{16}$, $\frac{9}{12}$, $\frac{4}{10}$, $\frac{4}{8}$, $\frac{75}{100}$

b) $\frac{2}{3}$, $\frac{12}{18}$, $\frac{25}{30}$, $\frac{3}{7}$, $\frac{5}{6}$, $\frac{6}{14}$, $\frac{20}{30}$

12. Löse wie im Beispiel:

$\frac{3}{6} = \frac{\blacksquare}{10}$ $\frac{3}{6} = \frac{1}{2} = \frac{5}{10}$ $\frac{3}{9} = \frac{\blacksquare}{12}$ $\frac{5}{20} = \frac{4}{\blacksquare}$ $\frac{\blacksquare}{12} = \frac{3}{18}$ $\frac{5}{\blacksquare} = \frac{2}{14}$

$\frac{4}{10} = \frac{6}{\blacksquare}$ $\frac{4}{10} = \frac{2}{5} = \frac{6}{\blacksquare}$ $\frac{9}{12} = \frac{\blacksquare}{20}$ $\frac{6}{9} = \frac{10}{\blacksquare}$ $\frac{\blacksquare}{12} = \frac{20}{30}$ $\frac{6}{\blacksquare} = \frac{9}{30}$

13. Überprüfe Silkes Behauptung und begründe deine Entscheidung.

a) Man kann alle Brüche erweitern, aber nicht alle Brüche kürzen.

b) Jeder erweiterte Bruch kann mindestens einmal gekürzt werden.

c) Mit der Zahl 0 darf man nicht erweitern und kürzen.

Bruchzahlen ordnen

14

Gleichnamige Brüche (Brüche mit gleichem Nenner) lassen sich leicht vergleichen und ordnen:

$\frac{1}{8} < \frac{2}{8} < \frac{5}{8} < \frac{6}{8}$,

da $1 < 2 < 5 < 6$.

a)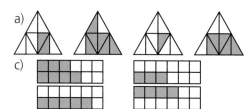

b)

c)

d)

1. Wie kann man die oben dargestellten Brüche leicht der Größe nach ordnen?

2. <, > oder =?

a) $\frac{2}{5}$ ● $\frac{3}{5}$ b) $\frac{3}{10}$ ● $\frac{7}{10}$ c) $\frac{3}{2}$ ● $3\frac{1}{2}$ d) $\frac{9}{4}$ ● $2\frac{1}{4}$ e) $3\frac{1}{2}$ ● $\frac{8}{2}$

$\frac{4}{9}$ ● $\frac{7}{9}$ $1\frac{1}{2}$ ● $2\frac{1}{2}$ $\frac{7}{8}$ ● $1\frac{1}{8}$ $\frac{7}{5}$ ● $7\frac{1}{5}$ $\frac{9}{7}$ ● $2\frac{3}{7}$

3. Ordne der Größe nach. Beginne mit dem kleinsten Bruch:

a) $\frac{1}{10}$, $\frac{7}{10}$, $\frac{9}{10}$, $1\frac{1}{10}$, $\frac{13}{10}$, $\frac{5}{10}$ b) $\frac{25}{100}$, $\frac{15}{100}$, $\frac{99}{100}$, $1\frac{1}{100}$, $\frac{50}{100}$, $\frac{100}{100}$

4. Welche Zähler passen?

a) $\frac{\blacksquare}{4} < \frac{\blacksquare}{4}$ b) $\frac{\blacksquare}{6} < \frac{\blacksquare}{6}$ c) $\frac{\blacksquare}{9} > \frac{\blacksquare}{9}$ d) $\frac{95}{100} < \frac{\blacksquare}{100}$

5. a)   b) 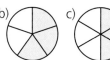 c)   d)   e)   f)   g)

Alle dargestellten Bruchteile besitzen verschiedene Nenner. Dennoch ist ein Größenvergleich leicht durchzuführen. Woran liegt das?

6. Vergleiche und schreibe mit den Zeichen <, > oder = . Löse auch zeichnerisch:

a) $\frac{3}{4}$ mit $\frac{3}{12}$ b) $\frac{2}{7}$ mit $\frac{2}{3}$ c) $\frac{5}{4}$ mit $\frac{5}{2}$ d) $\frac{1}{10}$ mit $\frac{1}{100}$ e) $\frac{6}{9}$ mit $\frac{6}{10}$

7. Setze < oder >:

a) $\frac{3}{1000}$ ● $\frac{3}{10}$ b) $\frac{8}{9}$ ● $\frac{8}{2}$ c) $\frac{7}{4}$ ● $\frac{7}{7}$ d) $\frac{5}{9}$ ● $\frac{5}{10}$ e) $\frac{10}{9}$ ● $\frac{10}{11}$

$1\frac{3}{7}$ ● $1\frac{3}{10}$ $2\frac{9}{14}$ ● $2\frac{9}{50}$ $\frac{14}{7}$ ● $\frac{14}{15}$ $3\frac{7}{8}$ ● $3\frac{7}{9}$ $\frac{11}{2}$ ● $\frac{11}{12}$

8. Ordne folgende Brüche der Größe nach. Beginne jeweils mit dem kleinsten.

a) $\frac{1}{2}$, $\frac{1}{3}$, $\frac{1}{7}$, $\frac{1}{9}$ b) $\frac{1}{8}$, $\frac{1}{9}$, $\frac{1}{2}$, $\frac{1}{4}$ c) $\frac{3}{4}$, $\frac{3}{8}$, $\frac{3}{1}$, $\frac{3}{10}$ d) $\frac{4}{5}$, $\frac{4}{9}$, $\frac{4}{4}$, $\frac{4}{2}$

9. Ordne die Zeitspannen der Größe nach. Wandle vorher in Minuten um:

a) $\frac{1}{3}$ h, $\frac{4}{20}$ h, $\frac{3}{10}$ h, $\frac{1}{4}$ h   b) $\frac{4}{5}$ h, $\frac{13}{15}$ h, $\frac{2}{3}$ h, $\frac{5}{6}$ h   c) $\frac{1}{3}$ h, $\frac{2}{6}$ h, $\frac{2}{12}$ h, $1\frac{1}{3}$ h

Lösungen zu 9

20 min	48 min
15 min	12 min
52 min	40 min
18 min	50 min
10 min	80 min

10. Gib an, welcher Bruchteil jeweils der größere ist:

a) $\frac{1}{2}$ l oder $\frac{2}{3}$ l   b) $1\frac{7}{10}$ l oder $1\frac{4}{5}$ l   c) $\frac{7}{10}$ t oder $\frac{3}{4}$ t   d) $\frac{95}{100}$ t oder $\frac{9}{10}$ t

11. Überprüfe folgende Behauptungen:

a) Von zwei Brüchen mit gleichen Nennern ist der Bruch mit dem größeren Zähler auch der größere Bruch von beiden.

b) Von zwei Brüchen mit gleichen Zählern ist der Bruch mit dem größeren Nenner stets der kleinere Bruch von beiden.

Bruchzahlen ordnen

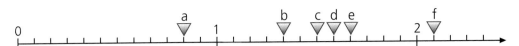

1. Bestimme die gekennzeichneten Bruchteile und ordne sie der Größe nach.

2. Zeichne einen Zahlenstrahl (Einheit 10 cm) und kennzeichne die folgenden Brüche. Ordne sie anschließend der Größe nach. Beginne mit dem kleinsten Bruch:

a) $\frac{4}{5}$, $\frac{3}{4}$, $\frac{9}{10}$　　b) $\frac{7}{10}$, $\frac{3}{5}$, $\frac{1}{2}$　　c) $\frac{1}{2}$, $\frac{1}{4}$, $\frac{2}{5}$　　d) $\frac{5}{8}$, $\frac{1}{2}$, $\frac{3}{4}$

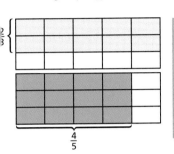

Wir vergleichen: $\frac{2}{3}$ und $\frac{4}{5}$

$\frac{2}{3} = \frac{4}{6} = \frac{6}{9} = \frac{8}{12} = \boxed{\frac{10}{15}}$ ...

gleichnamig machen – gleiche Nenner

$\frac{4}{5} = \frac{8}{10} = \boxed{\frac{12}{15}} = \frac{16}{20}$ ...

Wir vergleichen: $\frac{10}{15}$ und $\frac{12}{15}$

Wir erkennen: $\frac{10}{15} < \frac{12}{15}$, also $\frac{2}{3} < \frac{4}{5}$

Brüche vergleichen
auf den gleichen Nenner bringen, dann vergleichen

3. Erkläre den Größenvergleich bei ungleichnamigen Brüchen (Brüche mit verschiedenen Nennern) mit eigenen Worten und nenne die einzelnen Arbeitsschritte. Warum müssen ungleichnamige Brüche vorher gleichnamig gemacht werden?

4. Mache gleichnamig und setze die Zeichen ⬤< oder ⬤> :

a) $\frac{4}{6}$ und $\frac{3}{8}$　　b) $\frac{3}{5}$ und $\frac{4}{7}$　　c) $\frac{7}{8}$ und $\frac{11}{12}$　　d) $\frac{2}{8}$ und $\frac{3}{5}$

e) $\frac{9}{20}$ und $\frac{2}{6}$　　f) $\frac{10}{11}$ und $\frac{3}{5}$　　g) $1\frac{6}{15}$ und $\frac{4}{3}$　　h) $1\frac{17}{100}$ und $\frac{67}{20}$

5. Erweitere auf einen gemeinsamen Nenner:

a)	b)	c)	d)	e)	f)	g)	h)	i)	k)
$\frac{3}{5}$	$\frac{7}{20}$	$\frac{4}{15}$	$\frac{3}{7}$	$\frac{3}{8}$	$\frac{5}{9}$	$\frac{11}{25}$	$\frac{17}{100}$	$\frac{8}{9}$	$\frac{90}{100}$
$\frac{2}{3}$	$\frac{3}{8}$	$\frac{1}{3}$	$\frac{5}{14}$	$\frac{7}{16}$	$\frac{11}{18}$	$\frac{19}{50}$	$\frac{3}{20}$	$\frac{10}{11}$	$\frac{30}{50}$

6. Richtig oder falsch? Prüfe nach: $\frac{3}{5} < \frac{7}{9} < \frac{6}{7}$　　$\frac{4}{9} > \frac{13}{27} > \frac{2}{3}$　　$\frac{5}{12} < \frac{11}{24} < \frac{5}{8}$　　$\frac{3}{7} = \frac{6}{14} = \frac{15}{35}$

7. Nenne Brüche, die kleiner (größer) sind als $\frac{1}{100}$ ($\frac{5}{9}$, $\frac{7}{15}$, $\frac{13}{30}$, $\frac{1}{250}$).

8. Bestimme den gemeinsamen Nenner und schreibe wie im Beispiel:

$\frac{1}{2}$, $\frac{3}{4}$, $\frac{2}{5}$

$\frac{1}{2} = \frac{10}{20}$

$\left.\begin{array}{l} \frac{3}{4} = \frac{15}{20} \\ \frac{2}{5} = \frac{8}{20} \end{array}\right\}$ $\frac{8}{20} < \frac{10}{20} < \frac{15}{20}$

$\frac{2}{5} < \frac{1}{2} < \frac{3}{4}$

a) $\frac{2}{3}$, $\frac{3}{8}$, $\frac{5}{6}$　　b) $\frac{3}{4}$, $\frac{5}{10}$, $\frac{3}{5}$　　c) $\frac{1}{3}$, $\frac{2}{4}$, $\frac{5}{8}$

d) $\frac{5}{7}$, $\frac{1}{2}$, $\frac{6}{9}$　　e) $1\frac{3}{5}$, $1\frac{4}{7}$, $\frac{3}{2}$　　f) $\frac{7}{12}$, $\frac{3}{8}$, $\frac{6}{10}$

g) $\frac{6}{7}$, $\frac{9}{7}$, $\frac{3}{5}$　　h) $\frac{13}{27}$, $\frac{4}{6}$, $\frac{5}{9}$　　i) $2\frac{3}{10}$, $\frac{12}{5}$, $2\frac{1}{2}$

k) $\frac{1}{4}$, $\frac{3}{2}$, $\frac{5}{6}$　　l) $3\frac{1}{6}$, $1\frac{4}{9}$, $\frac{2}{3}$　　m) $\frac{7}{15}$, $1\frac{3}{10}$, $\frac{7}{5}$

Hauptnenner
kleinster gemeinsamer Nenner

9. Ordne nach der Größe. Beginne mit dem größten Bruch:

a) $2\frac{7}{10}$, $1\frac{7}{9}$, $3\frac{1}{9}$, $5\frac{1}{9}$, $3\frac{4}{9}$, $3\frac{4}{7}$, $2\frac{1}{9}$, $1\frac{3}{10}$　　b) $1\frac{4}{5}$, $\frac{1}{5}$, $\frac{3}{4}$, $\frac{11}{4}$, $\frac{3}{2}$, $\frac{1}{2}$, $\frac{2}{3}$, $1\frac{1}{4}$

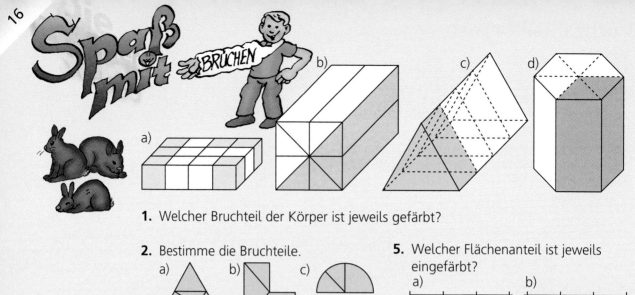

Spaß mit BRÜCHEN

a) b) c) d)

1. Welcher Bruchteil der Körper ist jeweils gefärbt?

2. Bestimme die Bruchteile.

a) b) c)

3. Welcher Bruchteil ist jeweils gekenn-zeichnet?

a) b) c)

d) e)

f)

g)

h)

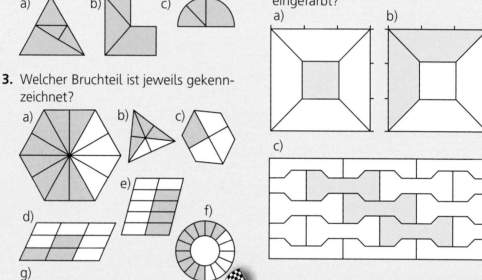

5. Welcher Flächenanteil ist jeweils eingefärbt?

a) b)

c)

4. a) Wie viel ist das Doppelte von einem Viertel eines Hektoliters?

b) Wie viel ist ein Zehntel von einem Fünftel eines Meters?

c) Wie viele Gramm sind ein Fünftel von zwei Zehntel eines Kilogramms?

d) Wie viele Minuten sind die Hälfte einer halben Stunde?

e) Wie viele Monate sind das Drei-fache des zwölften Teils eines Jahres?

6. a) Hans und Heinz haben zusammen 15 Kaninchen. Hans sagt: „Wenn du mir noch 2 Stück schenken würdest, hätte ich genau halb so viel wie du dann hättest." Wie viele Kaninchen haben Hans und Heinz wirklich?

b) Die Schaffnerin sagt: „Mein Omni-bus war voll besetzt. Aber nun sind 28 Leute aus- und nur 9 zugestie-gen. Deshalb ist nur die Hälfte der Plätze besetzt". Wie viele Sitz-plätze hat der Wagen?

c) Orkan kann die Zahl 7 mit 5 Sech-sern schreiben. Wie geht das?

d) Ein Achtel meiner gedachten Zahl weniger 3 ergibt 0.

e) Wenn ich zu meiner gedachten Zahl noch ein Drittel dieser Zahl dazuzähle, erhalte ich 12.

Bruchzahlen addieren und subtrahieren

 $\frac{3}{8} + \frac{4}{8} = \frac{\blacksquare}{8}$ $\frac{1}{4} + \frac{2}{4} = \frac{\blacksquare}{4}$ $\frac{2}{6} + \frac{3}{6} = \frac{\blacksquare}{6}$

1. Stelle die obigen Bruchteile her, lege nach und erkläre.

2. Bilde Aufgaben, wie es das Beispiel zeigt.

gleichnamige Brüche addieren (subtrahieren) die Zähler addieren (subtrahieren), den Nenner beibehalten

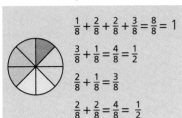

$\frac{1}{8} + \frac{2}{8} + \frac{2}{8} + \frac{3}{8} = \frac{8}{8} = 1$

$\frac{3}{8} + \frac{1}{8} = \frac{4}{8} = \frac{1}{2}$

$\frac{2}{8} + \frac{1}{8} = \frac{3}{8}$

$\frac{2}{8} + \frac{2}{8} = \frac{4}{8} = \frac{1}{2}$

a)   b)   c)

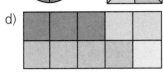

d) 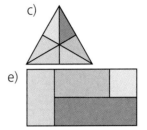 e)

3. Löse im Kopf:

a) $\frac{2}{4} + \frac{1}{4}$ b) $\frac{2}{7} + \frac{1}{7}$ c) $\frac{4}{7} + \frac{1}{7}$ d) $\frac{1}{5} + \frac{2}{5} + \frac{2}{5}$ e) $\frac{2}{8} + \frac{1}{8} + \frac{3}{8} + \frac{1}{8}$

$\frac{3}{8} + \frac{2}{8}$ $\frac{1}{6} + \frac{4}{6}$ $\frac{2}{9} + \frac{5}{9}$ $\frac{3}{12} + \frac{5}{12} + \frac{2}{12}$ $\frac{4}{10} + \frac{2}{10} + \frac{5}{10} + \frac{4}{10}$

4. Notiere zu den Zeichnungen Additionen und löse sie (z. B. $1\frac{2}{5} + 1\frac{2}{5} = \blacksquare$):

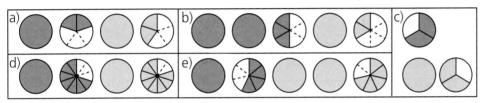

5. Notiere zu den Zeichnungen Subtraktionen und löse sie: (z. B. $\frac{6}{8} - \frac{3}{8} = \blacksquare$):

a)   b)   c) 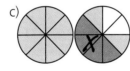 d)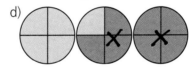

6. a) $\frac{7}{9} - \frac{4}{9}$ b) $9\frac{5}{6} - \frac{2}{6}$ c) $3 - \frac{7}{8}$ d) $5 - 3\frac{1}{2}$ e) $3\frac{6}{7} - 2\frac{1}{7}$ f) $4\frac{7}{9} - 2\frac{2}{9} - 1\frac{3}{9}$

$\frac{8}{10} - \frac{5}{10}$ $3\frac{4}{7} - \frac{3}{7}$ $2 - \frac{5}{7}$ $4 - 2\frac{4}{6}$ $5\frac{5}{9} - 2\frac{4}{9}$ $5\frac{6}{8} - \frac{2}{8} - 4\frac{3}{8}$

7. Erkläre und löse die Additionen und Subtraktionen:

ungleichnamige Brüche addieren (subtrahieren):

$\frac{5}{6} + \frac{3}{4}$

gleichnamig machen

↓

Hauptnenner: 12

a)

$\frac{1}{4} + \frac{1}{3} =$

$\frac{3}{12} + \frac{4}{12} = \blacksquare$

b)

$\frac{1}{2} + \frac{2}{5} =$

$\frac{5}{10} + \frac{4}{10} = \blacksquare$

c)

$\frac{6}{7} - \frac{1}{2} =$

$\frac{12}{14} - \frac{7}{14} = \blacksquare$

d)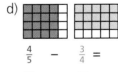

$\frac{4}{5} - \frac{3}{4} =$

$\frac{16}{20} - \frac{15}{20} = \blacksquare$

8. a) $\frac{3}{4} + \frac{1}{6}$ b) $\frac{5}{9} + \frac{7}{12}$ c) $\frac{9}{10} + \frac{8}{9}$ d) $\frac{5}{4} + \frac{7}{6}$ e) $1\frac{6}{7} + \frac{5}{2}$ f) $\frac{3}{5} + \frac{9}{10} + 1\frac{3}{4}$

9. a) $\frac{3}{4} - \frac{2}{3}$ b) $\frac{1}{3} - \frac{2}{7}$ c) $\frac{2}{3} - \frac{5}{8}$ d) $\frac{4}{5} - \frac{7}{10}$ e) $2\frac{3}{5} - \frac{1}{2}$ f) $\frac{4}{5} - \frac{1}{4} - \frac{1}{3}$

10. a)  $\frac{7}{8}$ ± $\frac{2}{3}$ $\frac{4}{9}$ $\frac{5}{7}$ b) $\frac{13}{15}$ ± $\frac{7}{9}$ $\frac{7}{20}$ $\frac{5}{12}$ $\frac{7}{10}$ c) $5\frac{5}{6}$ $2\frac{2}{3}$ $3\frac{6}{7}$ ± $\frac{1}{2}$ $\frac{3}{10}$

Lösungen zu 8

 $1\frac{5}{36}$ $\frac{11}{12}$

$3\frac{1}{4}$ $4\frac{5}{14}$

 $1\frac{71}{90}$ $2\frac{5}{12}$

Bruchzahlen addieren und subtrahieren

Franz:

$3\frac{1}{3} - 2\frac{1}{2} =$

$1\frac{1}{3} - \frac{1}{2} =$

$1\frac{2}{6} - \frac{3}{6} =$

$\frac{8}{6} - \frac{3}{6} = \frac{5}{6}$

Max:

$3\frac{1}{3} - 2\frac{1}{2} =$

$2\frac{4}{3} - 2\frac{1}{2} =$

$2\frac{8}{6} - 2\frac{3}{6} = \frac{5}{6}$

Josef:

$3\frac{1}{3} - 2\frac{1}{2} =$

$\frac{10}{3} - \frac{5}{2} =$

$\frac{20}{6} - \frac{15}{6} = \frac{5}{6}$

1. Erkläre die verschiedenen Lösungswege. Löse ebenso

a) $5\frac{1}{2} - 2\frac{1}{3}$ b) $3\frac{1}{4} - 2\frac{3}{5}$ c) $10\frac{1}{6} - 5\frac{3}{8}$

   $2\frac{1}{3} + 3\frac{1}{2}$ $5\frac{1}{2} - 2\frac{7}{9}$ $2\frac{1}{2} - 1\frac{3}{5}$

   $7\frac{7}{8} - 5\frac{2}{3}$ $14\frac{7}{10} + 7\frac{2}{3}$ $13\frac{1}{8} + 7\frac{2}{3}$

   $2\frac{3}{8} + 2\frac{2}{3}$ $6\frac{9}{10} - 3\frac{3}{4}$ $9\frac{5}{12} - 3\frac{7}{9}$

 Lösungen zu 2.

$2\frac{1}{2}$ $12\frac{2}{5}$

7 $3\frac{1}{4}$

$3\frac{1}{6}$ $5\frac{2}{5}$

$8\frac{14}{15}$ $9\frac{5}{6}$

2. Rechne möglichst vorteilhaft:

a) $2\frac{1}{4} + \frac{3}{4} + \frac{1}{4}$ b) $10\frac{7}{10} - 5\frac{5}{10} + \frac{1}{5}$ c) $7\frac{1}{4} + 1\frac{1}{2} - 1\frac{3}{4}$ d) $23\frac{1}{9} - (15\frac{7}{9} - 2\frac{1}{2})$

   $\frac{2}{5} + 1\frac{1}{2} + \frac{3}{5}$ $3\frac{1}{3} - \frac{2}{3} + \frac{1}{2}$ $6\frac{2}{5} - 2\frac{1}{3} + 8\frac{1}{3}$ $17\frac{1}{5} - (5\frac{3}{5} + 2\frac{2}{3})$

3. Setze die Zahlenfolgen jeweils um weitere 5 Glieder fort:

a) $\frac{1}{2}$, 1, $1\frac{1}{2}$, 2, ...   b) $\frac{1}{12}$, $\frac{1}{4}$, $\frac{5}{12}$, $\frac{7}{12}$, ...   c) $1\frac{3}{6}$, $1\frac{4}{6}$, $1\frac{7}{12}$, $1\frac{9}{12}$, $1\frac{4}{6}$, ...

4. a) $\boxed{3\frac{1}{6}}$ $\boxed{4\frac{2}{5}}$ $\boxed{2\frac{2}{7}}$ $\boxed{2\frac{1}{3}}$ $\boxed{\pm}$ $\boxed{1\frac{1}{2}}$ $\boxed{1\frac{7}{10}}$ b) $\boxed{5\frac{4}{6}}$ $\boxed{4\frac{2}{3}}$ $\boxed{6\frac{5}{7}}$ $\boxed{11\frac{3}{5}}$ $\boxed{\pm}$ $\boxed{2\frac{3}{4}}$ $\boxed{1\frac{9}{10}}$

5. Hier erscheint das Ergebnis einer Aufgabe als erste Zahl einer anderen:

$\boxed{4\frac{3}{10} - \frac{8}{10}}$ $\boxed{3\frac{1}{2} + \frac{3}{4}}$ $\boxed{1\frac{1}{2} + 2\frac{4}{5}}$ $\boxed{1\frac{7}{12} - \frac{1}{12}}$ $\boxed{4\frac{1}{4} - 2\frac{2}{3}}$

6. Rechne im Heft. Erfinde selbst solche Rennen.

 Lösungen zu 7 und 8

30 $\frac{5}{12}$

$\frac{1}{6}$

7. Eine Gärtnerin verbraucht zur Düngung erst die Hälfte ihres Vorrats, dann ein Drittel. Welcher Teil ihres Vorrats ist noch übrig?

8. Ein Drittel der Schüler übt in der Sportstunde den Stabwechsel beim Staffellauf, die Hälfte der Schüler spielt Fußball, die restlichen fünf üben Weitsprung. Wie viele Schüler sind in der Klasse?

 Lösungen zu 9

24 28

25

9. Ein Fischer zieht sein Netz aus dem Wasser. Ein Viertel der Fische wirft er zurück, weil sie zu klein sind. 18 Fische behält er. Wie viele Fische hatte er gefangen?

10. Welche Fehler wurden hier gemacht? Erkläre und rechne richtig:

a) $\frac{3}{4} + \frac{2}{4} = \frac{5}{8}$ ⨍

b) $\frac{1}{4} + 1\frac{1}{4} = \frac{1}{4} + \frac{11}{4} = \frac{12}{4}$ ⨍

c) $2\frac{1}{3} + 1\frac{1}{3} = 3 + \frac{1}{3} + \frac{1}{3} = 3\frac{2}{6}$ ⨍

d) $1\frac{5}{8} - \frac{3}{8} = \frac{2}{8}$ ⨍

e) $2\frac{3}{7} - \frac{6}{7} = \frac{23}{7} - \frac{6}{7} = \frac{17}{7} = 2\frac{3}{7}$ ⨍

f) $5\frac{2}{6} - 3\frac{3}{6} = 2\frac{2}{6} - \frac{3}{6} = 2\frac{5}{6}$ ⨍

 11. $\boxed{\bullet\bullet\ \bullet\bullet\ \bullet\bullet\ \circ\circ}$ $\frac{3}{4}$ einer Zahl sind um 12 größer als $\frac{5}{8}$ derselben. Wie heißt die Za

Bruchzahlen multiplizieren

a)   b)   c)   d)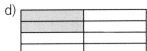

e)   f)   g)   h)   i)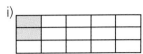

1. Bestimme das Dreifache (Vierfache, Fünffache) des gekennzeichneten Bruchteils.

2. Notiere die dargestellten Aufgaben als Additionen und Multiplikationen:

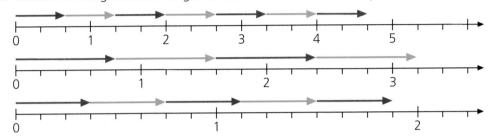

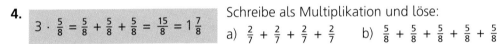

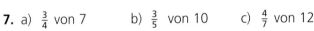

3.

$$5 \cdot \frac{3}{10} = \frac{\overset{1}{\cancel{5}} \cdot 3}{\cancel{10}_2} = \frac{1 \cdot 3}{2} = \frac{3}{2} = 1\frac{1}{2}$$

Löse die Multiplikationen wie im Beispiel:

a) $4 \cdot \frac{3}{8}$ b) $3 \cdot \frac{9}{8}$ c) $6 \cdot \frac{1}{3}$ d) $12 \cdot \frac{2}{6}$

Vor dem Ausrechnen nach Möglichkeit kürzen!

4.

$$3 \cdot \frac{5}{8} = \frac{5}{8} + \frac{5}{8} + \frac{5}{8} = \frac{15}{8} = 1\frac{7}{8}$$

Schreibe als Multiplikation und löse:

a) $\frac{2}{7} + \frac{2}{7} + \frac{2}{7} + \frac{2}{7}$ b) $\frac{5}{8} + \frac{5}{8} + \frac{5}{8} + \frac{5}{8} + \frac{5}{8}$

5.

$$8 \cdot \frac{5}{24} = \frac{\overset{1}{\cancel{8}} \cdot 5}{\cancel{24}_3} = \frac{1 \cdot 5}{3} = \frac{5}{3} = 1\frac{2}{3}$$

a) $9 \cdot \frac{4}{15}$ b) $36 \cdot \frac{8}{9}$ c) $9 \cdot \frac{5}{12}$

  $8 \cdot \frac{7}{12}$ $24 \cdot \frac{3}{12}$ $12 \cdot \frac{3}{10}$

6. Wie viel Liter enthalten die Gefäße, wenn sie nur zu $\frac{3}{4}$ ($\frac{1}{2}$, $\frac{1}{4}$, $\frac{1}{10}$) gefüllt sind? Löse wie im Beispiel.

$\frac{3}{4}$ von 3l:

$$3l \cdot \frac{3}{4} = \frac{3 \cdot 3}{4}l = \frac{9}{4}l = 2\frac{1}{4}l$$

7. a) $\frac{3}{4}$ von 7   b) $\frac{3}{5}$ von 10   c) $\frac{4}{7}$ von 12

  $\frac{2}{3}$ von 8 $\frac{9}{11}$ von 5 $\frac{1}{3}$ von 18

8. Ordne im Kopf einander zu:

a)

$\frac{3}{4}$ von 14	$\frac{6}{9} \cdot 10$
$\frac{2}{5}$ von 12	$\frac{4}{7} \cdot 8$
$\frac{4}{7}$ von 8	$\frac{2}{5} \cdot 12$
$\frac{6}{9}$ von 10	$\frac{3}{4} \cdot 14$

b)

$\frac{2}{3}$ von 25	$\frac{2}{3} \cdot 25$
$\frac{1}{2}$ von 13	$\frac{7}{9} \cdot 10$
$\frac{5}{8}$ von 15	$\frac{1}{2} \cdot 13$
$\frac{7}{9}$ von 10	$\frac{5}{8} \cdot 15$

c)

$\frac{3}{11}$ von 5	$\frac{7}{25} \cdot 15$
$\frac{9}{16}$ von 20	$\frac{15}{50} \cdot 100$
$\frac{7}{25}$ von 15	$\frac{3}{11} \cdot 5$
$\frac{15}{50}$ von 100	$\frac{9}{16} \cdot 20$

Sprechweise:
$\frac{3}{4}$ von 3

Schreibweise:
$\frac{3}{4} \cdot 3$

9.

$$9 \cdot 3\frac{5}{18} = 27\frac{\overset{1}{\cancel{9}} \cdot 5}{\cancel{18}_2} = 27\frac{1 \cdot 5}{2} = 29\frac{1}{2}$$

a) $6 \cdot 3\frac{7}{8}$ b) $8 \cdot 7\frac{3}{4}$ c) $2\frac{7}{10} \cdot 5$

  $3 \cdot 3\frac{1}{6}$ $7 \cdot 1\frac{5}{7}$ $4\frac{1}{16} \cdot 4$

Bruchzahlen multiplizieren

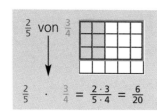

$\frac{2}{5}$ von $\frac{3}{4}$

$\frac{2}{5} \cdot \frac{3}{4} = \frac{2 \cdot 3}{5 \cdot 4} = \frac{6}{20}$

a)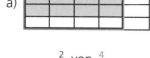

$\frac{2}{3}$ von $\frac{4}{5}$

$\frac{2}{3} \cdot \frac{4}{5} = \blacksquare$

b)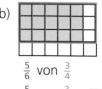

$\frac{5}{6}$ von $\frac{3}{4}$

$\frac{5}{6} \cdot \frac{3}{4} = \blacksquare$

1. Erkläre und löse die Aufgaben wie im Beispiel.

Brüche
multiplizieren

Zähler mal Zähler

Nenner mal Nenner

2. a) $\frac{3}{4} \cdot \frac{7}{8}$ b) $\frac{7}{10} \cdot \frac{3}{8}$ c) $\frac{5}{6} \cdot \frac{1}{3}$ d) $\frac{9}{10} \cdot \frac{3}{4}$ e) $\frac{6}{7} \cdot \frac{6}{7}$

$\frac{3}{7} \cdot \frac{2}{5}$ $\frac{4}{5} \cdot \frac{1}{2}$ $\frac{1}{2} \cdot \frac{1}{2}$ $\frac{8}{9} \cdot \frac{4}{5}$ $\frac{5}{12} \cdot \frac{1}{4}$

3. a) $\frac{3}{5} \cdot \blacksquare = \frac{3}{10}$ b) $\blacksquare \cdot \frac{2}{5} = \frac{14}{45}$ c) $\frac{2}{\blacksquare} \cdot \frac{\blacksquare}{11} = \frac{6}{33}$ d) $\frac{1}{2} \cdot \frac{1}{3} \cdot \frac{3}{4} = \blacksquare$

$\frac{2}{7} \cdot \blacksquare = \frac{4}{21}$ $\blacksquare \cdot \frac{1}{2} = \frac{5}{20}$ $\frac{\blacksquare}{8} \cdot \frac{4}{\blacksquare} = \frac{28}{40} = \frac{7}{10}$ $\frac{2}{5} \cdot \frac{3}{7} \cdot \frac{1}{3} = \blacksquare$

4. $\frac{8}{9} \cdot \frac{15}{16} = \frac{\cancel{8}^1 \cdot \cancel{15}^5}{\cancel{9}_3 \cdot \cancel{16}_2} = \frac{5}{6}$

a) $\frac{3}{7} \cdot \frac{1}{3}$ b) $\frac{4}{8} \cdot \frac{2}{5}$ c) $\frac{14}{15} \cdot \frac{3}{8}$ d) $\frac{5}{8} \cdot \frac{8}{15} \cdot \frac{1}{2}$

$\frac{9}{10} \cdot \frac{2}{3}$ $\frac{7}{12} \cdot \frac{6}{10}$ $\frac{20}{21} \cdot \frac{7}{10}$ $\frac{3}{4} \cdot \frac{4}{9} \cdot \frac{3}{5}$

5.

$\frac{3}{4} \cdot 4\frac{4}{5} =$	Gemischte Zahlen in unechte Brüche verwandeln!
$\frac{3}{4} \cdot \frac{24}{5} =$	Zähler mal Zähler und Nenner mal Nenner!
$\frac{3 \cdot \cancel{24}^6}{\cancel{4}_1 \cdot 5} =$	Vor dem Ausrechnen gegebenenfalls kürzen!
$\frac{18}{5} = 3\frac{3}{5}$	Ergebnis vereinfachen!

$2\frac{7}{8} \cdot \frac{4}{5} =$

$\frac{23}{8} \cdot \frac{4}{5} =$

$\frac{23 \cdot \cancel{4}^1}{\cancel{8}_2 \cdot 5} =$

$\frac{23}{10} = 2\frac{3}{10}$

$20\frac{5}{6}$	36
$1\frac{13}{20}$	$5\frac{3}{5}$
$2\frac{1}{24}$	$1\frac{7}{8}$
$4\frac{1}{12}$	$\frac{13}{25}$

Löse wie im Beispiel. Kürze möglichst vor dem Ausrechnen:

a) $\frac{2}{5} \cdot 1\frac{3}{10}$ b) $2\frac{1}{4} \cdot \frac{5}{6}$ c) $3\frac{1}{2} \cdot 1\frac{3}{5}$ d) $8\frac{2}{5} \cdot 4\frac{2}{7}$

$\frac{7}{8} \cdot 4\frac{2}{3}$ $2\frac{2}{6} \cdot \frac{7}{8}$ $1\frac{3}{8} \cdot 1\frac{2}{10}$ $3\frac{3}{4} \cdot 5\frac{5}{9}$

6. Richtig oder falsch?

a) $\frac{2}{5} \cdot \frac{3}{4} \cdot \frac{4}{3} = \frac{2}{3}$ b) $\frac{4}{7} \cdot \frac{2}{5} \cdot \frac{7}{4} = \frac{2}{5}$ c) $\frac{5}{8} \cdot \frac{3}{4} \cdot \frac{8}{5} = 1 \cdot \frac{3}{4}$ d) $\frac{7}{3} \cdot \frac{3}{7} = 1$

7. Fülle die Lücken. Es sind verschiedene Lösungen möglich:

a) $\frac{3}{4} \cdot \blacksquare = 1$ b) $\frac{7}{8} \cdot \blacksquare = 1$ c) $\blacksquare \cdot \frac{5}{9} = 1$ d) $\blacksquare \cdot \frac{7}{13} = 1$ e) $\frac{1}{5} \cdot \blacksquare = 1$

$31\frac{1}{4}$	$37\frac{1}{2}$
$156\frac{1}{4}$	$62\frac{1}{2}$

8. Ein Maurer arbeitet täglich $7\frac{1}{2}$ Stunden. Wie viel Stunden arbeitet er bei einer Fünftagewoche?

9. Frau Müllers Auto verbraucht auf 100 km durchschnittlich $6\frac{1}{4}$ Liter Benzin. Berechne den Verbrauch auf einer Strecke von 500 km (1 000 km, 2 500 km).

Skizze

10. Auf einem rechteckigen Grundstück steht ein Haus. Das Haus ist 7 m breit und $1\frac{1}{2}$-mal so lang.
a) Wie groß ist das Grundstück, wenn das Haus von einem 10 m breiten Streifen Grünland umgeben ist?
b) Das Grundstück wird eingezäunt. Wie lang wird der Zaun?

Bruchzahlen dividieren

 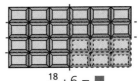

$\frac{3}{5} : 3 = \blacksquare$ $\frac{6}{8} : 2 = \blacksquare$ $\frac{3}{4} : 3 = \blacksquare$ $\frac{18}{24} : 6 = \blacksquare$

1. Erkläre und löse die oberen Aufgaben.

2.

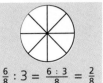

Zähler teilbar:
Dividieren bei unverändertem Nenner möglich

$\frac{6}{8} : 3 = \frac{6:3}{8} = \frac{2}{8}$ $\frac{4}{6} : 2 = \blacksquare$ $\frac{8}{9} : 4 = \blacksquare$ $\frac{7}{8} : 7 = \blacksquare$ $\frac{4}{5} : 2 = \blacksquare$ $\frac{9}{10} : 3 = \blacksquare$

3. Löse im Kopf:

a) $\frac{2}{5} : 2$ b) $\frac{8}{10} : 4$ c) $\frac{9}{15} : 3$ d) $\frac{4}{5} : 4$ e) $\frac{6}{10} : 2$ f) $\frac{12}{15} : 4$

$\frac{6}{9} : 3$ $\frac{8}{9} : 2$ $\frac{7}{12} : 7$ $\frac{6}{7} : 3$ $\frac{8}{11} : 4$ $\frac{20}{24} : 5$

4. Ergänze die Rechenpläne:

a)

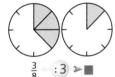

$\frac{3}{8}$: 3 ➤ $\blacksquare$

b)

$\frac{1}{2}$: 4 ➤ $\blacksquare$

c)

$\frac{1}{3}$: $\blacksquare$ ➤ $\frac{1}{6}$

d)

$\frac{6}{7}$: 3 ➤ $\blacksquare$

e)

$\frac{3}{6}$: $\blacksquare$ ➤ $\frac{1}{6}$

f)

$\blacksquare$: 5 ➤ $\frac{3}{16}$

5. a) $\frac{16}{20} : 8$ b) $\frac{14}{16} : 7$ c) $\frac{35}{40} : 5$ d) $\frac{8}{5} : 4$ e) $\frac{12}{9} : 3$ f) $\frac{12}{8} : 6$

Lösungen

$\frac{1}{8}$	$\frac{1}{4}$
$\frac{1}{10}$	$\frac{4}{9}$
$\frac{2}{5}$	$\frac{7}{40}$

6. Fülle die Lücken. Es sind verschiedene Lösungen möglich:

a) $\frac{\blacksquare}{8} : 3 = \frac{3}{8}$ b) $\frac{12}{\blacksquare} : 4 = \frac{\blacksquare}{8}$ c) $\frac{\blacksquare}{19} : 6 = \frac{3}{\blacksquare}$ d) $\frac{\blacksquare}{21} : 4 = \frac{\blacksquare}{21}$

7.

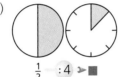

a) $1\frac{3}{4} : 7$ b) $2\frac{2}{5} : 6$ c) $5\frac{1}{3} : 8$ d) $1\frac{4}{5} : 3$ e) $4\frac{1}{6} : 5$

$1\frac{1}{4} : 5$ $2\frac{2}{5} : 4$ $6\frac{3}{4} : 9$ $5\frac{1}{3} : 4$ $8\frac{1}{6} : 7$

$2\frac{1}{2} : 5$ $2\frac{2}{5} : 3$ $9\frac{3}{5} : 12$ $2\frac{7}{10} : 3$ $4\frac{4}{5} : 8$

$2\frac{1}{2} : 5 = \frac{5}{2} : 5 = \frac{1}{2}$

gemischte Zahlen in unechte Brüche verwandeln:
Zähler teilen,
Nenner bleibt unverändert

8. Erkläre, vergleiche und rechne beide Lösungswege:

Inge: $36\frac{3}{7} : 5 =$

$\frac{255}{7} : 5 =$

$\frac{51}{7} = 7\frac{2}{7}$

Rudi: $36\frac{3}{7} : 5 =$

$35 : 5 + 1\frac{3}{7} : 5 =$

$7 + \frac{10}{7} : 5 =$

$7 + \frac{2}{7} = 7\frac{2}{7}$

$11\frac{2}{3} : 5$ $18\frac{2}{5} : 4$ $25\frac{7}{9} : 8$

$11\frac{5}{8} : 3$ $24\frac{3}{10} : 9$ $21\frac{3}{5} : 12$

$16\frac{1}{3} : 7$ $27\frac{3}{7} : 6$ $50\frac{5}{8} : 15$

$10\frac{2}{5} : 4$ $11\frac{1}{4} : 5$ $9\frac{5}{7} : 4$

$10\frac{2}{7} : 9$ $21\frac{1}{3} : 8$ $12\frac{1}{4} : 7$

Bruchzahlen dividieren

$\frac{1}{2} : 2 = \frac{2}{4} : 2 = \blacksquare$ $\frac{1}{2} : 3 = \frac{3}{6} : 3 = \blacksquare$ $\frac{1}{2} : 4 = \frac{4}{8} : 4 = \blacksquare$ $\frac{3}{4} : 2 = \frac{6}{8} : 2 = \blacksquare$ $\frac{2}{3} : 3 = \frac{6}{9} : 3 = \blacksquare$

1. Erkläre und löse die oberen Aufgaben.

2. $\boxed{\begin{array}{l} \frac{3}{5} : 2 = \blacksquare \\ \frac{6}{10} : 2 = \frac{3}{10} \end{array}}$ a) $\frac{1}{6} : 2$ b) $\frac{7}{10} : 2$ c) $\frac{5}{8} : 3$ d) $\frac{2}{5} : 4$ e) $\frac{4}{5} : 3$

  $\frac{3}{7} : 2$ $\frac{2}{3} : 4$ $\frac{5}{6} : 3$ $\frac{4}{5} : 8$ $\frac{3}{4} : 3$

3. a) $\frac{\blacksquare}{5} : 3 = \frac{21}{15} : 3 = \frac{\blacksquare}{15}$ b) $\frac{1}{\blacksquare} : 6 = \frac{6}{12} : 6 = \frac{\blacksquare}{12}$ c) $2\frac{1}{4} : \blacksquare = \frac{9}{4} : \blacksquare = \frac{36}{16} : \blacksquare = \frac{9}{16}$

  $\frac{\blacksquare}{9} : 3 = \frac{6}{27} : 3 = \frac{\blacksquare}{27}$ $\frac{2}{\blacksquare} : 5 = \frac{10}{15} : 5 = \frac{\blacksquare}{15}$ $3\frac{1}{7} : \blacksquare = \frac{22}{7} : \blacksquare = \frac{66}{21} : \blacksquare = 1\frac{1}{2}$

4. Berechne im Kopf die fehlenden Werte. Was stellst du fest?

a) $\boxed{21} \xrightarrow{\cdot \frac{3}{7}} \blacksquare \xrightarrow{\cdot \frac{7}{3}} \blacksquare$ b) $\boxed{30} \xrightarrow{\cdot \frac{5}{6}} \blacksquare \xrightarrow{\cdot \frac{6}{5}} \blacksquare$

c) $\boxed{\frac{1}{2}} \xrightarrow{\cdot \frac{4}{5}} \blacksquare \xrightarrow{\cdot \frac{5}{4}} \blacksquare$ d) $\boxed{\frac{3}{8}} \xrightarrow{\cdot \frac{1}{2}} \blacksquare \xrightarrow{\cdot \frac{2}{1}} \blacksquare$

5. a) Erkläre mit Hilfe der Zeichnung den Begriff Kehrwert.

b) Gib die Kehrwerte an: $\frac{3}{5}, \frac{7}{9}, \frac{2}{3}, \frac{5}{3}, \frac{1}{2}, \frac{1}{9}, \frac{2}{1}, \frac{5}{1}, \frac{6}{7}, \frac{10}{12}, \frac{12}{5}, \frac{4}{2}, 4\frac{1}{3}, 2\frac{1}{2}, 1\frac{2}{3}, 3\frac{1}{2}$

c) Bilde ebenso den Kehrwert von: 3, 5, 1, 6, 7, 10, 12, 20, 50, 100

d) Löse im Kopf:

Bruchzahl	$\frac{2}{5}$	$\frac{3}{1}$	$\blacksquare$	$\frac{5}{8}$	$\frac{8}{1}$	$\blacksquare$	$\frac{11}{4}$	$1\frac{3}{7}$	$\blacksquare$	$2\frac{3}{5}$	$\blacksquare$	$3\frac{1}{4}$	$\blacksquare$	$\blacksquare$
Kehrwert	$\frac{5}{2}$	$\frac{1}{3}$	$\frac{4}{1}$	$\blacksquare$	$\square$	$\frac{1}{9}$	$\blacksquare$	$\frac{7}{10}$	$\frac{9}{17}$	$\blacksquare$	$\frac{1}{1}$	$\frac{11}{12}$	$\frac{3}{17}$	$\frac{5}{19}$

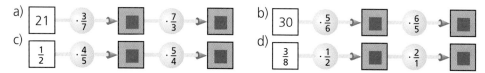 Kehrwert

Bruch durch ganze Zahl

1. Ganze Zahl in Bruch verwandeln

2. Ersten Bruch mit dem Kehrwert des zweiten Bruches multiplizieren

6.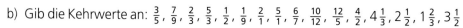

$\frac{3}{4} : 2$

$\frac{6}{8} : 2 = \frac{3}{8}$ Hans

$\frac{3}{4} : \frac{2}{1} = \frac{3}{4} \cdot \frac{1}{2} = \frac{3}{8}$ Ina

Rechne nach beiden Verfahren.

a) $\frac{2}{3} : 2$ b) $\frac{5}{6} : 3$ c) $\frac{1}{4} : 4$

$\frac{3}{5} : 2$ $\frac{2}{9} : 3$ $\frac{7}{8} : 4$

7. a) $\frac{3}{5} : 2$ b) $\frac{2}{3} : 3$ c) $\frac{7}{10} : 2$ d) $\frac{5}{7} : 2$ e) $\frac{2}{3} : 7$

  $\frac{3}{4} : 4$ $\frac{5}{6} : 3$ $\frac{9}{10} : 5$ $\frac{5}{8} : 4$ $\frac{2}{9} : 3$

  $\frac{5}{7} : 3$ $\frac{6}{7} : 5$ $\frac{4}{9} : 3$ $\frac{3}{4} : 5$ $\frac{9}{10} : 4$

  $\frac{3}{5} : 7$ $\frac{1}{9} : 2$ $\frac{3}{7} : 5$ $\frac{7}{8} : 10$ $\frac{5}{6} : 3$

8. $\boxed{\begin{array}{l} 5\frac{2}{3} : 4 = \\ \frac{17}{3} : \frac{4}{1} = \frac{17}{3} \cdot \frac{1}{4} = \frac{17}{12} = 2\frac{5}{12} \end{array}}$ a) $2\frac{1}{4} : 4$ b) $2\frac{1}{5} : 6$ c) $1\frac{3}{8} : 4$

  $1\frac{3}{10} : 3$ $4\frac{1}{3} : 2$ $3\frac{1}{7} : 5$

  $1\frac{1}{5} : 4$ $1\frac{5}{6} : 3$ $2\frac{1}{4} : 9$

  $1\frac{3}{4} : 2$ $2\frac{1}{3} : 4$ $2\frac{2}{5} : 3$

Bruchzahlen dividieren

Wie oft geht $\frac{1}{2}$ in $\frac{3}{4}$?	Wie oft geht $\frac{3}{8}$ in $\frac{3}{4}$?	Wie oft geht $\frac{1}{2}$ in $\frac{1}{4}$?	Wie oft geht $\frac{1}{3}$ in $\frac{1}{2}$?
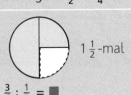 $1\frac{1}{2}$-mal	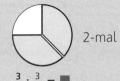 2-mal	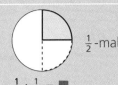 $\frac{1}{2}$-mal	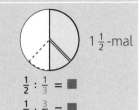 $1\frac{1}{2}$-mal
$\frac{3}{4} : \frac{1}{2} = \blacksquare$ $\frac{3}{4} \cdot \frac{2}{1} = \frac{6}{4} = \blacksquare$	$\frac{3}{4} : \frac{3}{8} = \blacksquare$ $\frac{3}{4} \cdot \frac{8}{3} = \blacksquare$	$\frac{1}{4} : \frac{1}{2} = \blacksquare$ $\frac{1}{4} \cdot \frac{2}{1} = \blacksquare$	$\frac{1}{2} : \frac{1}{3} = \blacksquare$ $\frac{1}{2} \cdot \frac{3}{1} = \blacksquare$
Probe: $1\frac{1}{2} \cdot \frac{1}{2} = \frac{3}{2} \cdot \frac{1}{2} = \frac{3}{4}$	Probe: $\blacksquare \cdot \frac{3}{8} = \blacksquare$	Probe: $\blacksquare \cdot \frac{1}{2} = \blacksquare$	Probe: $\blacksquare \cdot \frac{1}{3} = \blacksquare$

1. Erkläre Zeichnung und Rechnung und löse die oberen Aufgaben.

2. Erkläre Zeichnung und Rechnung. Löse die Aufgaben:

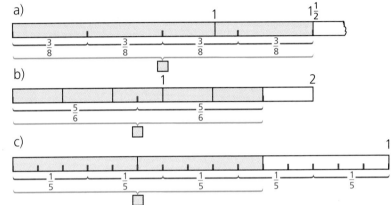

$1\frac{1}{2} : \frac{3}{8} =$

$\frac{3}{2} : \frac{3}{8} =$

$\frac{3}{2} \cdot \frac{8}{3} = \blacksquare$

$1\frac{2}{3} : \frac{5}{6} =$

$\frac{5}{3} : \frac{5}{6} =$

$\frac{5}{3} \cdot \frac{6}{5} = \blacksquare$

$\frac{2}{3} : \frac{1}{5} =$

$\frac{2}{3} \cdot \frac{5}{1} = \blacksquare$

3. Wie oft geht $\frac{1}{4}$ in $\frac{7}{8}$?

$\frac{7}{8} : \frac{1}{4} = \frac{7}{8} : \frac{4}{1} = \frac{7 \cdot \cancel{4}^1}{\cancel{8}_2 \cdot 1} = \frac{7}{2} = 3\frac{1}{2}$

Löse ebenso:

a) $\frac{1}{3} : \frac{1}{6}$ b) $\frac{3}{10} : \frac{1}{5}$ c) $\frac{1}{2} : \frac{1}{5}$

$\frac{5}{12} : \frac{1}{3}$ $\frac{5}{14} : \frac{2}{7}$ $\frac{2}{9} : \frac{1}{3}$

Bruch durch Bruch

1. Ersten Bruch mit dem Kehrwert des zweiten Bruches multiplizieren
2. Kürzen
3. Vereinfachen

4. Löse durch Auszählen:

a) $\frac{3}{4}$ m in $7\frac{1}{2}$ m b) $1\frac{1}{4}$ m in $7\frac{1}{2}$ m c) $2\frac{1}{4}$ m in $6\frac{3}{4}$ m d) $1\frac{1}{2}$ m in $7\frac{1}{2}$ m

5. Besorge dir Gefäße mit folgenden Inhalten: $\frac{1}{2}$ l, $\frac{1}{10}$ l, $\frac{1}{5}$ l, $\frac{7}{10}$ l, $\frac{1}{8}$ l, $\frac{1}{3}$ l, $\frac{1}{4}$ l, $\frac{2}{5}$ l
Löse die Aufgaben durch Umfüllen:

a) $\frac{1}{2}$ l in $3\frac{1}{2}$ l b) $\frac{1}{5}$ l in $2\frac{1}{5}$ l c) $\frac{1}{8}$ l in $6\frac{3}{4}$ l d) $\frac{1}{4}$ l in $7\frac{1}{2}$ l

6.

$1\frac{7}{8} : 1\frac{1}{4} =$

$\frac{15}{8} : \frac{5}{4} = \frac{15}{8} \cdot \frac{4}{5} = \frac{\cancel{15}^3 \cdot \cancel{4}^1}{\cancel{8}_2 \cdot \cancel{5}_1} = \frac{3}{2} = 1\frac{1}{2}$

Probe:
$1\frac{1}{2} \cdot 1\frac{1}{4} = \frac{3}{2} \cdot \frac{5}{4} = \frac{15}{8} = 1\frac{7}{8}$

a) $4\frac{3}{8} : 1\frac{3}{4}$ b) $4\frac{7}{8} : 3\frac{1}{4}$ c) $3\frac{3}{10} : 1\frac{1}{2}$

$3\frac{3}{4} : 2\frac{1}{3}$ $5\frac{5}{16} : 4\frac{1}{4}$ $2\frac{1}{12} : 1\frac{1}{4}$

$5\frac{5}{8} : 2\frac{1}{4}$ $7\frac{3}{16} : 5\frac{3}{4}$ $2\frac{7}{9} : 1\frac{2}{3}$

Lösungen zu 6

$1\frac{2}{3}$ $1\frac{2}{3}$ $2\frac{1}{2}$
$2\frac{1}{5}$ $1\frac{1}{4}$ $1\frac{1}{2}$
$1\frac{1}{4}$ $2\frac{1}{2}$ $1\frac{17}{28}$

7. In einer Molkerei werden 240 kg Butter in $\frac{1}{4}$ ($\frac{1}{8}$)-kg-Stücke verpackt.
Wie viele Packungen entstehen?

Grundrechenarten mit Brüchen

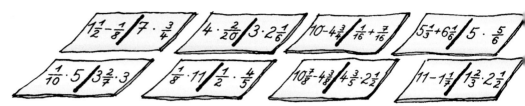

$$1\tfrac{1}{2}-\tfrac{1}{8}\,\Big/\,7\cdot\tfrac{3}{4}\qquad 4\cdot\tfrac{2}{20}\,\Big/\,3\cdot2\tfrac{1}{6}\qquad 10-4\tfrac{3}{4}\,\Big/\,\tfrac{1}{16}+\tfrac{7}{16}\qquad 5\tfrac{1}{3}+6\tfrac{1}{6}\,\Big/\,5\cdot\tfrac{5}{6}$$

$$\tfrac{1}{10}\cdot5\,\Big/\,3\tfrac{2}{7}\cdot3\qquad \tfrac{1}{8}\cdot11\,\Big/\,\tfrac{1}{2}\cdot\tfrac{4}{5}\qquad 10\tfrac{7}{8}-4\tfrac{3}{8}\,\Big/\,4\tfrac{3}{5}\cdot2\tfrac{1}{2}\qquad 11-1\tfrac{1}{7}\,\Big/\,1\tfrac{2}{3}\cdot2\tfrac{1}{2}$$

1. Stelle dir aus Papier diese „Dominosteine" her. Reihe dann die Kärtchen so aneinander, dass jeweils zwei nebeneinander liegende Teilaufgaben den gleichen Wert haben.

2. a) $(\tfrac{1}{4}+\tfrac{1}{2}):2$ **b)** $(\tfrac{3}{4}-\tfrac{1}{2}):4$ **c)** $\tfrac{1}{2}\cdot1\tfrac{2}{3}-\tfrac{1}{3}\cdot\tfrac{2}{5}$ **d)** $(\tfrac{5}{8}:\tfrac{2}{3}):\tfrac{5}{4}$

   $\tfrac{2}{3}\cdot3-1\tfrac{1}{3}:3$ $\qquad(5\tfrac{1}{3}+1\tfrac{1}{4}):2$ $\qquad(\tfrac{4}{5}-\tfrac{2}{3})\cdot(2\tfrac{1}{4}+1\tfrac{1}{2})$ $\qquad14\tfrac{2}{3}-2\tfrac{1}{2}\cdot2\tfrac{2}{5}$

3. Kettenrechnungen:

   a) $1\tfrac{1}{2}\;\cdot4\;\cdot\tfrac{2}{3}\;\cdot2\tfrac{3}{8}\;\cdot2\;\cdot\tfrac{3}{5}\;-3\tfrac{1}{2}\;\cdot10$ $\qquad$ **b)** $1\tfrac{2}{3}\;\cdot3\;\cdot2\tfrac{3}{8}\;\cdot2\;-15\tfrac{1}{2}\;\cdot5\;+2\tfrac{3}{4}\;\cdot\tfrac{5}{11}$

4. Was fällt dir auf?

   a) $(2\tfrac{1}{4}\cdot1\tfrac{2}{5}):1\tfrac{2}{5}$ **b)** $(4\tfrac{3}{8}:1\tfrac{2}{3})\cdot1\tfrac{2}{3}$ **c)** $(5\tfrac{2}{7}:2\tfrac{3}{8})\cdot2\tfrac{3}{8}$ **d)** $(5\tfrac{1}{3}\cdot1\tfrac{1}{4}):1\tfrac{1}{4}$

5. a) $\tfrac{2}{3}:\tfrac{\blacksquare}{4}=\tfrac{8}{9}$ **b)** $\tfrac{2}{\blacksquare}:\tfrac{7}{5}=\tfrac{10}{63}$ **c)** $\tfrac{5}{8}:\tfrac{\blacksquare}{6}=\tfrac{30}{8}$ **d)** $\tfrac{3}{8}:\tfrac{\blacksquare}{10}=\tfrac{15}{12}$

6. Eine Unterrichtsstunde dauert eine Dreiviertelstunde. Susi hat 32 Stunden lang Unterricht in der Woche.

7. Ein Lkw hat neun gleich schwere Kisten geladen, zusammen $6\tfrac{3}{4}$ t. Am Güterbahnhof werden drei Kisten abgeladen und zwei Kisten zu je $\tfrac{3}{8}$ t zugeladen.

8. Eine Eisenschraube wiegt $7\tfrac{1}{2}$ g. Die dazugehörige Mutter wiegt $3\tfrac{1}{2}$ g. Wie viele Paare aus Schraube und Mutter sind ungefähr in einer $\tfrac{1}{2}$-kg-Packung?

9. Mutter kocht Marmelade. Das Gesamtgewicht der Früchte beträgt 11 kg. Davon sind $3\tfrac{1}{2}$ kg Stachelbeeren, $4\tfrac{3}{4}$ kg Johannisbeeren, $1\tfrac{5}{8}$ kg Erdbeeren. Der Rest besteht aus Himbeeren.

10. Ein PKW legt eine 300 km lange Strecke in $3\tfrac{3}{4}$ h zurück. Mit welcher durchschnittlichen Geschwindigkeit pro Stunde fährt das Auto?

11. Notiere je 5 Rechnungen. Sie sollen als Ergebnis die Zahlen in der Mitte haben.

Die Ergebnisse der Textaufgaben schmecken besonders gut!

a)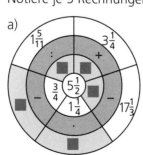

b)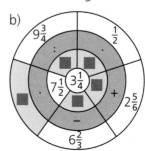

c)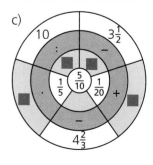

Grundrechenarten mit Brüchen

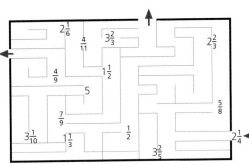

1. Wer findet am schnellsten durch den Irrgarten? Auf dem Weg vom Eingang zum Ausgang sind die Zahlen zu multiplizieren.

2. Löse unter Beachtung der Punkt-vor-Strich- und Klammerregel:

Bei den Zauberquadraten ist die Summe der Zahlen in senkrechter, waagrechter und diagonaler Richtung gleich groß.

a) $\frac{3}{4} \cdot \frac{8}{5} + \frac{2}{3} \cdot \frac{4}{5}$ b) $\frac{3}{4} \cdot (\frac{8}{5} + \frac{2}{3} \cdot \frac{4}{5})$

c) $\frac{3}{4} \cdot (\frac{8}{5} + \frac{2}{3}) \cdot \frac{4}{5}$ d) $(\frac{3}{4} \cdot \frac{8}{5} + \frac{2}{3}) \cdot \frac{4}{5}$

3.

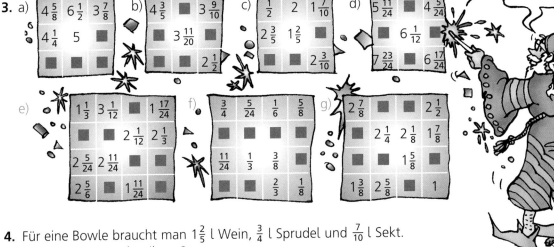

4. Für eine Bowle braucht man $1\frac{2}{5}$ l Wein, $\frac{3}{4}$ l Sprudel und $\frac{7}{10}$ l Sekt. Wie viel Liter Bowle gibt es?

5. Ein Vollkornbrot besteht zu $\frac{2}{5}$ aus Wasser. Wie viel Gramm Wasser sind in $2\frac{1}{2}$ kg Vollkornbrot enthalten?

6. Von einer $6\frac{2}{3}$ km² großen Waldfläche sind $\frac{3}{8}$ Laubwald, $\frac{2}{5}$ Nadelwald und der Rest Mischwald. Wie viel km² Laubwald, Nadelwald und Mischwald sind das?

7. Für ein Konzert werden $\frac{2}{3}$ der Karten im Vorverkauf abgegeben, $\frac{1}{4}$ werden an der Abendkasse verkauft. Die restlichen 145 Karten sind unverkäuflich.
a) Wie viele Karten werden insgesamt verkauft?
b) Wie viele Karten wurden im Vorverkauf abgegeben?

8. Hier findest du typische Schülerfehler beim Rechnen mit Brüchen. Berichtige und erkläre die Fehler:

a) $\frac{3}{5} + \frac{4}{10} = \frac{7}{15}$

b) $\frac{1}{4} + \frac{3}{10} = \frac{1}{20} + \frac{3}{20} = \frac{4}{10} = \frac{1}{5}$

c) $\frac{3}{7} : \frac{2}{3} = \frac{7}{3} \cdot \frac{2}{3} = \frac{7 \cdot 2}{3 \cdot 3} = \frac{14}{9} = 1\frac{5}{9}$

d) $\frac{6}{9} : 2 = \frac{6 \cdot 2}{9 \cdot 2} = \frac{12}{18} = \frac{3}{3}$

9. a) Wie oft passt $\frac{1}{8}$ in ein Viertel von $\frac{1}{4}$?
b) Wie viel ist das Achtfache von der Hälfte eines Viertels?
c) Klaus behauptet: „$\frac{2}{3}$ von 1 ist gleich $\frac{1}{3}$ von 2". Überprüfe und erkläre.

Bruchzahlen wiederholen

Bruchzahl

$\frac{5}{8}$ ← Zähler
$\frac{5}{8}$ ← Nenner $\frac{5}{8} = 5 : 8$

echte Brüche	unechte Brüche	gemischte Zahlen
$\frac{1}{2}$ $\frac{3}{4}$ $\frac{2}{3}$ $\frac{5}{6}$	$\frac{3}{2}$ $\frac{8}{6}$ $\frac{7}{3}$ $\frac{16}{5}$	$1\frac{1}{2}$ $2\frac{1}{3}$ $4\frac{5}{6}$ $3\frac{3}{10}$

Brüche erweitern und kürzen

Erweitern   Kürzen

   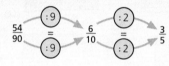

Brüche vergleichen

$\frac{1}{2} = \frac{5}{10}$
$\frac{2}{5} = \frac{4}{10}$ ⎫ $\frac{4}{10} < \frac{5}{10}$ Hauptnenner suchen
                        $\frac{2}{5} < \frac{1}{2}$

Brüche addieren und subtrahieren

$\frac{2}{7} + \frac{3}{7} = \frac{2+3}{7} = \frac{5}{7}$

$\frac{8}{9} - \frac{7}{9} = \frac{8-7}{9} = \frac{1}{9}$

$\frac{4}{5} + \frac{3}{4} = \frac{16}{20} + \frac{15}{20} = \frac{31}{20} = 1\frac{11}{20}$

$\frac{2}{3} - \frac{1}{4} = \frac{8}{12} - \frac{3}{12} = \frac{5}{12}$

Brüche multiplizieren

$\frac{2}{3} \cdot \frac{4}{7} = \frac{2 \cdot 4}{3 \cdot 7} = \frac{8}{21}$

$1\frac{1}{2} \cdot 1\frac{5}{9} = \frac{\overset{1}{\cancel{3}} \cdot \overset{7}{\cancel{14}}}{\underset{1}{\cancel{2}} \cdot \underset{3}{\cancel{9}}} = \frac{7}{3} = 2\frac{1}{3}$

Brüche dividieren

$\frac{7}{9} : 14 = \frac{7}{9} : \frac{14}{1} = \frac{7}{9} \cdot \frac{1}{14} = \frac{\overset{1}{\cancel{7}} \cdot 1}{9 \cdot \underset{2}{\cancel{14}}} = \frac{1}{18}$

$\frac{3}{5} : \frac{3}{4} = \frac{3}{5} \cdot \frac{4}{3} = \frac{\overset{1}{\cancel{3}} \cdot 4}{5 \cdot \underset{1}{\cancel{3}}} = \frac{4}{5}$

---

1. Erkennst du die Bruchteile?

a) 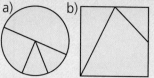 b) c)

2. Bestimme den farblich gekennzeichneten Bruchteil der ganzen Strecke.

a)

b)

3. Suche die fehlenden Zähler und Nenner:

a) $\frac{1}{2} = \frac{\blacksquare}{10}$ b) $\frac{3}{\blacksquare} = \frac{6}{14}$ c) $\frac{2}{\blacksquare} = \frac{8}{100}$

$\frac{3}{4} = \frac{6}{\blacksquare}$ $\frac{\blacksquare}{5} = \frac{12}{20}$ $\frac{15}{\blacksquare} = \frac{5}{8}$

4. Verwandle in

a) gemischte Zahlen: $\frac{7}{2}$, $\frac{8}{6}$, $\frac{95}{10}$

b) unechte Brüche: $1\frac{4}{5}$, $3\frac{12}{15}$, $7\frac{5}{7}$

5. Verwandle in Bruchteile

a) von einem Jahr:
8 Monate, 2 Monate, 1 Monat

b) von einem Meter:
50 cm, 75 cm, 1 dm, 140 cm

6. Richtig oder falsch?

a) $\frac{3}{4} = \frac{12}{16}$ b) $\frac{6}{12} = \frac{1}{2}$ c) $\frac{6}{5} = 1\frac{4}{10}$

7. $<$, $>$ oder $=$?

a) $\frac{6}{9} \; \bullet \; \frac{2}{3}$ b) $1\frac{4}{5} \; \bullet \; \frac{7}{5}$ c) $\frac{5}{8} \; \bullet \; \frac{2}{3}$

8. Bestimme jeweils den Hauptnenner:

a) Halbe   b) Drittel   c) Drittel
Drittel   Fünftel   Sechstel
Viertel   Halbe   Zehntel

9. Klaus hat bei seiner Mathematikhausaufgabe $\frac{2}{3}$ aller Aufgaben richtig gelöst, Andreas $\frac{5}{12}$ aller Aufgaben falsch gelöst. Wer hat mehr Aufgaben richtig gelöst?

10. Ein Pokalendspiel endete nach regulärer Spielzeit 0 : 0. Es wurde um 2 · 15 Minuten verlängert. Das entscheidende Tor zum 1 : 0-Sieg wurde in der 105. Minute erzielt. Welcher Bruchteil der gesamten Spielzeit war bis dahin schon abgelaufen?

Bruchzahlen wiederholen

11.

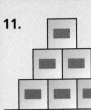

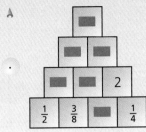

Übertrage die Türme ins Heft und ergänze.

12. a) $\frac{3}{12}+\frac{4}{12}$ b) $\frac{7}{9}-\frac{2}{9}$ c) $2\frac{1}{5}+3\frac{3}{5}$

d) $5\frac{7}{8}-2\frac{2}{8}$ e) $3\frac{7}{10}+2\frac{5}{10}$ f) $4\frac{2}{7}-2\frac{5}{7}$

g) $\frac{3}{5}+\frac{7}{10}$ h) $1\frac{7}{8}-\frac{3}{4}$ i) $\frac{2}{3}+\frac{2}{5}$

k) $\frac{2}{3}-\frac{3}{8}$ l) $2\frac{5}{6}+3\frac{3}{4}$ m) $3\frac{4}{5}-1\frac{1}{2}$

13. Richtig oder falsch?

a) $5\frac{1}{4}-2\frac{2}{3}=3\frac{7}{12}$ b) $2\frac{2}{3}+3\frac{1}{2}-1\frac{3}{4}=4\frac{5}{12}$

14. Welche Zahl muss man zu $3\frac{7}{10}$ addieren, um $10\frac{3}{8}$ zu erhalten?

15. Addiere (subtrahiere) den größtmöglichen Bruch, den man mit den Ziffern 3 und 8 bilden kann zu (von) 100.

16. <, > oder = ?

a) $7\cdot\frac{5}{8}$ ⬤ $5\cdot\frac{7}{8}$ b) $4\cdot\frac{3}{5}$ ⬤ $12\cdot\frac{2}{10}$

c) $6\cdot\frac{1}{2}$ ⬤ $9\cdot\frac{4}{6}$ d) $8\cdot\frac{5}{7}$ ⬤ $5\cdot\frac{9}{7}$

17. a) $9\cdot\frac{1}{2}\cdot4$ b) $6\cdot5\cdot\frac{5}{6}$ c) $5\cdot\frac{27}{100}\cdot20$

d) $2\cdot\frac{5}{2}\cdot3$ e) $3\cdot12\cdot\frac{1}{6}$ f) $5\cdot\frac{40}{50}\cdot10$

18. a) $\frac{3}{8}+\frac{1}{4}\cdot10$ b) $9\cdot\frac{2}{5}+\frac{1}{2}\cdot3$

c) $\frac{4}{8}+\frac{2}{3}\cdot2-\frac{3}{4}$ d) $\frac{4}{5}-\frac{1}{7}\cdot3$

e) $6\cdot\frac{2}{3}=\blacksquare\cdot\frac{2}{6}$ f) $7\cdot\frac{4}{5}=2\cdot\frac{\blacksquare}{5}$

g) $\frac{7}{10}+\frac{1}{2}=4\cdot\frac{\blacksquare}{10}$ h) $\blacksquare\cdot\frac{4}{15}=4\cdot\frac{1}{3}$

19. Für ein Theaterstück sollen 12 Mädchenkleider angefertigt werden, zu denen man je Stück $2\frac{1}{4}$ m Stoff braucht. Außerdem will man vom gleichen Stoff noch 6 größere schneidern, zu denen je Stück $2\frac{4}{5}$ m gebraucht werden. Wie viel Meter Stoff müssen eingekauft werden?

20. a) $\frac{5}{6}:5$ b) $9\frac{6}{7}:3$ c) $3\frac{3}{4}:5$

d) $\frac{5}{8}:3$ e) $2\frac{1}{3}:4$ f) $\frac{5}{6}:\frac{3}{4}$

21. Rechenringe:

a)
b)

$4\frac{3}{8}:7$	$73\frac{5}{6}-69\frac{11}{24}$	$18\frac{11}{24}\cdot4$	$\frac{5}{8}+17\frac{5}{6}$
$5\frac{3}{4}+12\frac{7}{8}$	$18\frac{5}{8}\cdot6$	$111\frac{3}{4}-77\frac{1}{4}$	$34\frac{1}{2}:6$

22. a) $12\cdot4\frac{5}{18}+15\frac{2}{9}$ b) $20\cdot5\frac{3}{8}+25\frac{5}{6}\cdot2$

c) $28\cdot3\frac{5}{16}-32\frac{7}{10}$ d) $15\cdot4\frac{7}{10}-2\cdot13\frac{2}{5}$

23. a) Ein Maurer arbeitet täglich $7\frac{1}{2}$ Stunden. Wie viel Stunden arbeitet er in einer Fünftagewoche?

b) Ein Seidenfaden ist durchschnittlich $\frac{3}{250}$ mm dick. Wie dick erscheint er unter einem Mikroskop mit 75facher Vergrößerung?

c) Von den Kosten einer Klassenfahrt werden $\frac{1}{4}$ von der Schule und $\frac{1}{3}$ von der Gemeinde übernommen. Welchen Teil der Kosten muss die Klasse tragen?

24. Ein Zimmer ist 5 m lang und $4\frac{3}{4}$ m breit. Es soll mit einem Teppichboden ausgelegt werden.

a) Wie viel m² werden benötigt?

b) Wie teuer kommt der Teppichboden, wenn 1 m² 60 € kostet und kein Rest anfällt?

25. Deniz ist auf dem Volksfest. Beim „Autoskooter" verbraucht er die Hälfte seines Geldes. Vom Rest benötigt er an der Achterbahn noch einmal $\frac{1}{3}$ seines ursprünglichen Guthabens. Dann kauft er sich für 1,50 € eine Bratwurst. 50 Ct bleiben ihm übrig. Mit wie viel Geld war er zum Volksfest gegangen?

26. „Wenn ich an meinem Mantel $\frac{1}{3}$ aller Knöpfe aufknöpfe und dann wieder $\frac{1}{4}$ zuknöpfe, bleibt ein Knopf offen." Wie viele Knöpfe hat der Mantel?

Trimm-dich-Runde 1

●●●● **1.** Welcher Bruchteil ist jeweils gekennzeichnet?

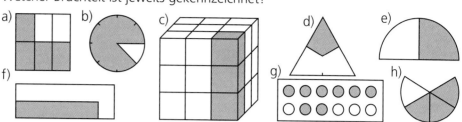

a) b) c) d) e) f) g) h)

●●● **2.** Bestimme jeweils die fehlenden Bruchteile.

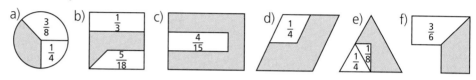

a) $\frac{3}{8}$, $\frac{1}{4}$ b) $\frac{1}{3}$, $\frac{5}{18}$ c) $\frac{4}{15}$ d) $\frac{1}{4}$ e) $\frac{1}{4}$, $\frac{1}{8}$ f) $\frac{3}{6}$

●●●● **3.** Verwandle in

a) Minuten: $\frac{3}{4}$ h, $\frac{1}{3}$ h, $1\frac{1}{2}$ h, $1\frac{1}{10}$ h b) Gramm: $\frac{1}{8}$ kg, $\frac{3}{5}$ kg, $1\frac{1}{4}$ kg, $\frac{7}{10}$ kg

c) Meter: 50 cm, 1 dm, $1\frac{1}{4}$ km d) Liter: $\frac{1}{2}$ hl, $1\frac{1}{4}$ hl, 50 ml

●● **4.** Bestimme die fehlenden Bruchzahlen auf dem Zahlenstrahl (Hilfsmittel Lineal):

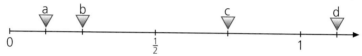

●● **5.** a) Erweitere mit 7: $\frac{3}{8}$ $\frac{4}{5}$ b) Kürze: $\frac{27}{36}$ $\frac{48}{60}$

●● **6.** Suche die fehlenden Zähler und Nenner:

a) $\frac{1}{3} = \frac{\blacksquare}{12}$ b) $\frac{2}{5} = \frac{6}{\blacksquare}$ c) $\frac{\blacksquare}{10} = \frac{80}{100}$ d) $\frac{6}{9} = \frac{\blacksquare}{15}$

●●●● **7.** Welche Brüche sind kleiner als $\frac{1}{2}$?

a) $\frac{4}{9}$, $\frac{4}{7}$, $\frac{2}{5}$ b) $\frac{11}{20}$, $\frac{400}{1000}$, $\frac{49}{100}$

●●●● **8.** a) $\frac{3}{12} + \frac{4}{12}$ b) $1\frac{7}{8} - \frac{3}{4}$ c) $1\frac{5}{6} + \frac{3}{4}$ d) $3\frac{4}{5} - 1\frac{1}{2}$

●●●● **9.** a) $4 \cdot \frac{2}{3}$ b) $3 \cdot 2\frac{2}{9}$ c) $\frac{3}{7} \cdot \frac{2}{5}$ d) $3\frac{1}{2} \cdot 1\frac{5}{6}$

●●●● **10.** a) $\frac{5}{6} : 5$ b) $\frac{5}{8} : 3$ c) $9\frac{6}{7} : 3$ d) $3\frac{3}{4} : 5$

●● **11.** In einem Sportverein gehören $\frac{1}{3}$ der Mitglieder der Turnabteilung an, $\frac{4}{9}$ der Mitglieder der Fußballabteilung und $\frac{8}{36}$ der Mitglieder spielen Handball. Welche Sparte hat die meisten Mitglieder?

● **12.** In der Weinkelterei werden $\frac{3}{4}$ von 1 120 l Frankenwein in $\frac{7}{10}$-l-Flaschen abgefüllt. Wie viele gefüllte Flaschen erhält man?

● **13.** Herr Haubner bezahlt für $2\frac{3}{4}$ kg Rinderbraten 22 €. Wie viel € kostet ein Kilogramm?

Stellenwertschreibweise

a) Erkläre die Stufenzeichen. Lies die folgenden Zahlen:

M	HT	ZT	T	H	Z	E
			3	0	2	1
1	0	2	5	4	0	0
		6	5	0	4	9
	5	3	2	6	4	8
7	0	4	3	0	2	5
9	5	9	0	1	2	7

b) Zeichne die Stellenwerttafel in dein Heft und trage die Zahlen ein:
5 Millionen, 2 Zehntausender, 15 Zehner, 9 Einer, 4 Tausender, 19 Hunderter, 4 Hunderttausender

c) Trage die Zahlen in die Stellenwerttafel ein und lies sie dann:
4567890   909099   70401   205000
5442   90487   7120935   2303486

Gerundete Zahlen

a) Die Höhenangaben der Berge in den Alpen sind nicht gerundet. Woran erkennst du das? Runde sinnvoll.

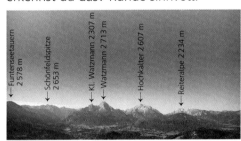

b) Runde auf
Zehner: 12   29   418   3235   200099
Hunderter: 7654   5807   753806   55
Tausender: 1203   3711   13488   98825
Millionen: 8045278   3290498

Grundrechenarten

Überschlage zuerst, dann rechne:

a) 748 + 336 + 256 + 29
4483 + 654 + 1529 + 8931

b) 6045 – 836   43276 – 5740

c) 326 · 56   44 · 3333
1835 · 90   79 · 80090

d) 4015 : 11   1470 : 30
15903 : 31   109184 : 32

Zahlen in Schaubildern

Eine Umfrage der Klasse 6a nach den Hobbies ihrer Mitschüler ergab folgende Strichliste:

– Inline-Skating: ## ## ## ## ## ## ## ##
/
– Lesen: ## ## ## ## ## ## ## ////
– Tennis: ## ## ## ///
– Musik hören: ## ## ## ## ## ## ## ##
//
– Rad fahren: ## ## ## ## ## ///
– Fußball: ## ## ## ## ## ## ## ##
//

a) Lies für jedes Hobby ab, wie viele Schüler sich gemeldet haben.

b) Wie viele Schüler wurden insgesamt befragt, wenn sich jeder Schüler nur einmal melden durfte?

c) Stelle das Ergebnis in einem Balkendiagramm dar (1 mm für 1 Schüler).

Geometrische Körper

a) Benenne die Körper:

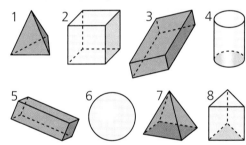

b) Welcher Körper könnte das sein?

A	Keine Kante und eine Fläche
B	6 Ecken und 9 Kanten
C	4 Flächen und 6 Kanten
D	8 Ecken und 12 Kanten

c) Wie viele Würfel sind es jeweils?

d) Wie viele Würfel passen in den Quader?

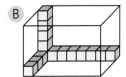

KREUZ UND QUER

Geraden

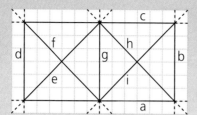

a) Zeichne die Figur ab.

b) Überprüfe, welche Geraden senkrecht zueinander stehen. Schreibe: a ⊥ b, …

c) Überprüfe, welche Geraden parallel zueinander sind. Schreibe: c ∥ a …

Schrägbilder

a) Übertrage in dein Heft und ergänze zum Schrägbild. Welcher Körper wird jeweils dargestellt?

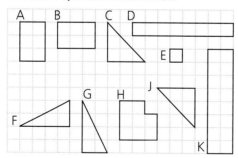

b) Wie viele Kanten (Ecken) hat ein Quader bzw. ein Würfel?

c) Welche Kanten stehen beim Quader (Würfel) senkrecht aufeinander, welche sind parallel zueinander?

Rechteck und Quadrat

a) Setze jeweils 2 Flächen zu einem Rechteck bzw. Quadrat zusammen:

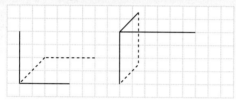

b) Zeichne und benenne die Flächen. Berechne Umfang und Flächeninhalt:
Fläche A: a = 5 cm; b = 3 cm
Fläche B: a = 4 cm; b = 4 cm
Fläche C: a = 2,5 cm; b = 5,5 cm
Fläche D: a = 3,5 cm; b = 3,5 cm

Terme

a) Berechne:

$10 - 6 : 3$	$2 \cdot 3 + 11$
$7 \cdot 4 + 2 \cdot (3 - 1)$	$(7 + 17) : 3$
$6 \cdot 8 - 5 \cdot (6 - 3)$	$8 \cdot 6 + 94 \cdot 4$

b) Ordne den richtigen Rechenplan zu:
Eine Fahrt mit dem Taxi kostet 1,50 € für jeden Kilometer. Bei jeder Fahrt wird noch eine Grundgebühr von 2 € hinzugerechnet. Ayse fährt 9 Kilometer.

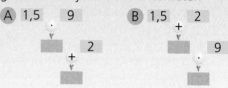

c) Stelle eine Term auf und berechne: Anja kauft sich 2 T-Shirts zu je 16 € und eine Jeans für 35 €. Wie viel muss sie bezahlen?

Gleichungen

a) Löse mit der Umkehraufgabe:

$2 \cdot x = 12$	$x + 3 = 12$	$x : 8 + 48 = 66$

b) Ordne zu und bestimme x:

G_1 $x \cdot 6 = 36$	G_2 $36 - x = 6$	G_3 $x + 6 = 36$

T_1	Subtrahiere eine Zahl von 36. Das Ergebnis ist 6.
T_2	Addiere zu einer Zahl 6. Du erhältst 36.
T_3	Multipliziert man eine Zahl mit 6, so erhält man 36.

c) Stelle eine Gleichung auf und löse: Verdopple eine Zahl und subtrahiere davon 200. Das Ergebnis ist 54.

Sachaufgaben

a) Ein 28 m langer und 12 m breiter Garten wird eingezäunt. Für das 4 m breite Tor fallen 224 € und für 1 m Zaun 13,50 € an Kosten an. Wie viel kostet die Einzäunung insgesamt?

b) Bei einer viertägigen Auto-Rallye sind insgesamt 1 790 km zurückzulegen. Am ersten Tag ist die Strecke 430 km lang, am zweiten 87 km mehr als am ersten. Am dritten Tag sind 478 km zu fahren. Wie viele km sind es am letzten Tag?

Geometrie 1

Wo finden sich an diesem Fachwerk **Rechtecke**, **Trapeze** oder
Rauten? Welche geometrische Figuren kannst du noch erkennen?

Vor allem mit **Vierecken** wollen wir uns in diesem Kapitel
genauer beschäftigen.

Vierecke

Viereck

Parallelogramm

Raute

Trapez

Drachen

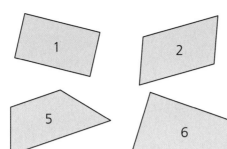

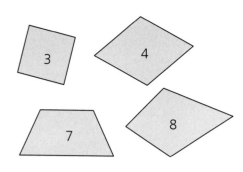

1. Benenne die Figuren mit Parallelogramm, Raute, Rechteck, Quadrat, Drachen, Trapez und Viereck.

2. Gib gemeinsame Eigenschaften an
   a) bei Figur 1 und Figur 3,
   b) bei Figur 2 und Figur 4,
   c) bei Figur 5 und Figur 7,
   d) bei Figur 3 und Figur 4.

3. Welche Vierecke können das sein?
   a) Gegenüberliegende Seiten sind zueinander parallel.
   b) Gegenüberliegende Seiten sind gleich lang.
   c) Je zwei Nachbarseiten sind gleich lang.
   d) Nachbarseiten stehen zueinander senkrecht.
   e) Ein Paar Gegenseiten sind zueinander parallel.
   f) Alle Seiten sind gleich lang.

4. a)   b)   c)   d)

Mittellinien

Wenn man bei Vierecken die Mittelpunkte gegenüberliegender Seiten verbindet, erhält man **Mittellinien**.
   a) Bei welchen Figuren stehen die Mittellinien aufeinander senkrecht?
   b) Bei welchen Figuren verlaufen die Mittellinien parallel (senkrecht) zu den Seiten?

5. Zeichne ein Viereck mit A (1|1), B (5|3), C (7|7) und D (3|5) und trage die Mittellinien ein. Wie heißt die Figur? In welche Figuren wird sie durch die Mittellinien aufgeteilt?

symmetrisches Trapez

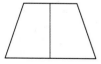

Eine Mittellinie ist Symmetrieachse.

6. Ein symmetrisches Trapez nennt man auch gleichschenkliges Trapez. Erläutere an der Skizze.

7. Zeichne ein symmetrisches Trapez, bei dem die Grundlinie 4 cm lang ist.

8. Zeichne die Vierecke und benenne sie. Trage jeweils die Mittellinie ein, die zugleich Symmetrieachse der Figur ist (Einheit cm).

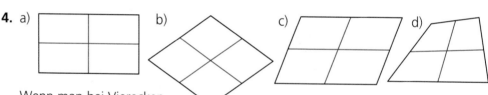

a) A (2|1), B (6|1), C (5|3), D (3|3)	b) A (1|3), B (3|1), C (6|1), D (1|6)
c) A (1|3), B (4|2), C (4|6), D (1|5)	d) A (1|1), B (3|1), C (5|3), D (5|5)

Jedes Rechteck hat 4 rechte Winkel.

9. Das Quadrat ist ein Rechteck. Begründe.

Vierecke

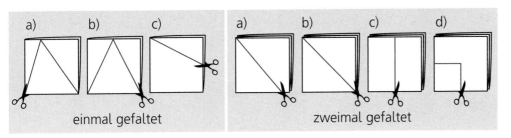

einmal gefaltet   zweimal gefaltet

deckungsgleich

1. a) Welche Figuren entstehen? Prüfe nach.
  b) Welche Strecken und Winkel sind in den Vierecken deckungsgleich?
    Färbe sie gleich und prüfe durch Überdecken nach.

2.

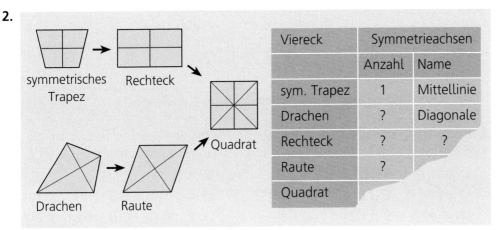

achsensymmetrische
Vierecke

Viereck	Symmetrieachsen	
	Anzahl	Name
sym. Trapez	1	Mittellinie
Drachen	?	Diagonale
Rechteck	?	?
Raute	?	
Quadrat		

Übertrage die Tabelle und fülle sie aus.

3. Welche Vierecke können das sein?
  a) Beide Diagonalen sind Symmetrieachsen und alle Seiten gleich lang.
  b) Beide Mittellinien sind Symmetrieachsen und die gegenüberliegenden Seiten
    gleich lang.
  c) Beide Mittellinien sind Symmetrieachsen und alle Seiten gleich lang.
  d) Nur eine Diagonale ist Symmetrieachse.
  e) Nur eine Mittellinie ist Symmetrieachse.
  f) Je zwei Seiten werden durch die Symmetrieachse halbiert.
  g) Die Diagonalen sind gleich lang.
  h) Die Diagonalen halbieren sich.
  i) Die Diagonalen stehen senkrecht aufeinander.
  k) Diagonalen und Mittellinien sind Symmetrieachsen.

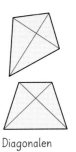

Diagonalen

4. Zeichne ein Rechteck mit Mittellinien von 6 cm und 4 cm (5 cm und 3 cm;
  4 cm und 4 cm).

5. Ein Quadrat hat Mittellinien von jeweils 5 cm (3,6 cm; 4,2 cm; 6,4 cm). Zeichne.

6. Zeichne ein Viereck mit zwei Symmetrieachsen; eine soll 4 cm, die andere 6 cm
  lang sein. Finde zwei Lösungen.

7. Von einer Raute sind die Punkte A (6|1), B (11|4) und der Schnittpunkt der
  Diagonalen M (6|4) gegeben (Einheit Karokästchen). Vervollständige die Figur.

Parallelogramme zeichnen

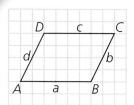

Parallelogramm

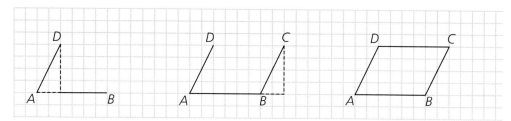

1. Zeichne das Parallelogramm wie angegeben, dann in doppelter Größe. Benenne Ecken und Seiten.

2.

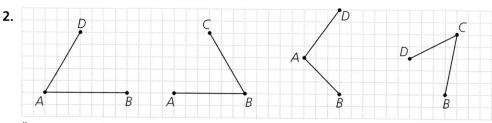

Übertrage und ergänze jeweils zu einem Parallelogramm.

3. Ein Parallelogramm hat die angegebenen Eckpunkte. Zeichne es und gib die Gitterzahlen des fehlenden Eckpunktes an (Einheit Karokästchen):

a) A (1|2)   B (8|2)   C (11|7)   b) A (7|9)   C (7|17)   D (4|13)

c) B (19|3)   C (23|10)   D (15|8)   d) A (13|9)   B (21|12)   D (15|15)

e) A (2|1)   B (11|2)   D (3|8)   f) B (17|1)   C (15|10)   D (4|13)

4. Übertrage und vervollständige jeweils zu einer Raute:

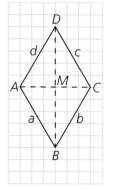

Raute

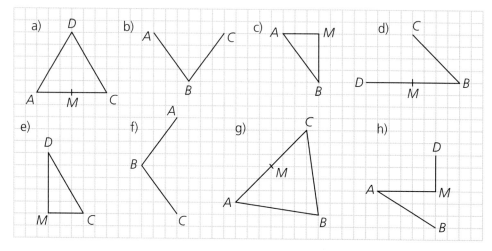

5. Führt der folgende Weg wirklich immer zu einem Parallelogramm? Zeichne mehrere unterschiedliche Vierecke und überprüfe.

Viereck

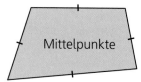

Mittelpunkte

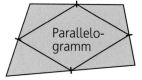

Parallelo-gramm

Streckenzüge

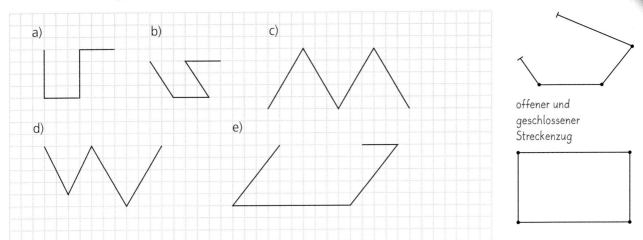

offener und
geschlossener
Streckenzug

1. Mehrere zusammenhängende Strecken nennt man einen Streckenzug.
Denke dir den jeweiligen Streckenzug beweglich. Welche Vierecke können
daraus entstehen, wenn der Streckenzug geschlossen wird? Zeichne zuerst
den Streckenzug, dann dazu mögliche Vierecke.

2.

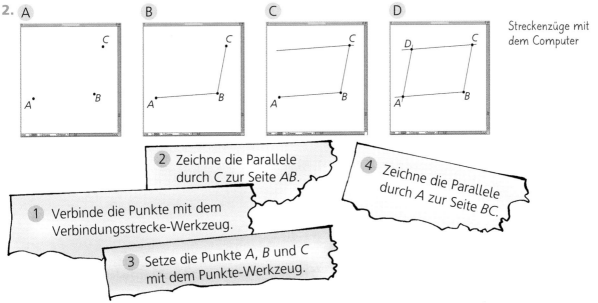

Streckenzüge mit
dem Computer

Streckenzüge oder Dreieck- und Vierecksformen kann man auch mit Computer-
programmen erstellen. Im Internet findest du dazu verschiedene Angebote.
a) Ordne bei dem Beispiel die Angaben den jeweiligen Bildern zu.
b) Wie kannst du in Abbildung D durch „Ziehen" an den Punkten A, B, C
erzeugen:
  – ein Trapez   – eine Raute   – einen Drachen
  – ein Rechteck   – ein Quadrat   – ein Dreieck

3. Welche Figuren entstehen, wenn die Ecke eines Quadrats längs einer Quadrat-
seite auf die Nachbarecke „zuwandert"?

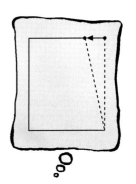

4. Welche Figuren entstehen, wenn drei Ecken eines Quadrats um gleiche Strecken
auf ihren Diagonalen nach innen „wandern"?

Kreise

1. Wie entstehen jeweils die Kreise? Erläutere und probiere selbst.

Mittelpunkt

2.

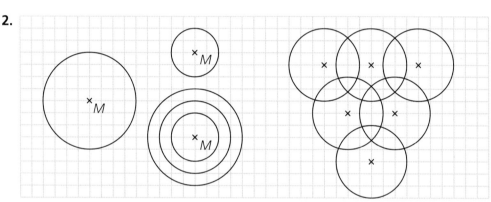

Zeichne die Kreise ins Heft. Markiere immer zuerst den Kreismittelpunkt.

Zirkelmine Zirkelspitze

3.

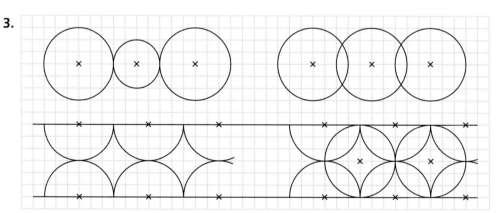

Zeichne die Muster über eine Heftbreite. Male in verschiedenen Farben aus.

M = Mittelpunkt
d = Durchmesser
r = Radius
k = Kreislinie

4. Zeichne Kreise:
a) Radius $r = 3$ cm (2,5 cm; 4,5 cm; 3,2 cm; 2,6 cm)
b) Durchmesser $d = 4$ cm (7 cm; 5 cm; 4,8 cm; 4,4 cm; 4,2 cm)

5. Zeichne einen Kreis mit Radius r = 3 cm. Kennzeichne mit verschiedenen Farben Mittelpunkt, Durchmesser, Radius und Kreislinie.

Kreise

a) 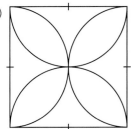 b) 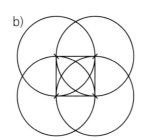 c)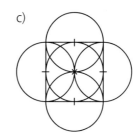

1. Zeichne in beliebiger Größe nach. Entwirf selbst ähnliche Figuren und male aus.

2. Zeichne ein Quadrat mit 3 cm und ein zweites mit 4 cm Seitenlänge.
Zeichne jeweils um das Quadrat einen Kreis, der die 4 Eckpunkte berührt.

3. Zeichne jeweils zwei Kreise mit den Radien 3 cm und 2 cm nach folgenden
Lagebedingungen:
a) Beide Kreise berühren sich in einem Punkt.
b) Beide Kreise schneiden sich in zwei Punkten.
c) Der Mittelpunkt eines Kreises liegt auf der Kreislinie des anderen.
d) Beide Kreise haben den Mittelpunkt gemeinsam.

1 Punkt?

4. Ein Rasensprenger überstreicht eine Kreisfläche mit einem Durchmesser von
7 m. Nach einiger Zeit wird er um 5 m nach rechts versetzt.
Zeichne im Maßstab 1 : 100 und färbe das Gebiet, das zum zweiten Mal
besprengt wird.

5. Zeichne die Figuren mit einem Radius von 2 cm über eine Heftbreite.
Finde selbst weitere Muster und male sie aus.

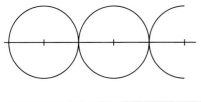 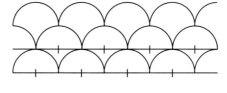

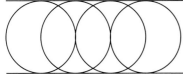 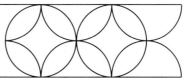

6. Auch hier entstehen Kreise. Findest du eine Erklärung?

Figuren drehen

achsensymmetrisch

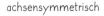

Symmetrieachse

Regensburger Dom – Münchener Frauenkirche – Augsburger Rathaus – Würzburger Residenz –
Bayreuther Festspielhaus – Landshuter Rathaus

1. a) Wer kennt sich mit berühmten Bauwerken in bayerischen Städten aus?
Ordne den Bauwerken die richtigen Namen zu.
b) Erläutere den Begriff „achsensymmetrisch" an den Beispielen.

Eine Drehung ist bestimmt
durch Drehpunkt, Drehmaß
(= Drehwinkel) und Dreh-
richtung.

2.

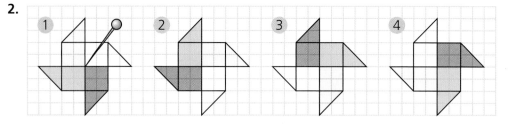

a) Übertrage Figur a) auf Karopapier, schneide sie aus und probiere:
Um welches Drehmaß (z. B. Vierteldrehung) musst du sie nach rechts (links)
drehen, um die Figuren 2 , 3 und 4 zu erhalten?
b) Welche Figuren erhältst du nach einer Halbdrehung (Viertel-, Dreiviertel-,
Volldrehung) der Figuren 2 , 3 und 4 in verschiedene Richtungen?

3. Die roten Figuren sind durch Drehen der braunen entstanden. Zeichne ins Heft,
markiere jeweils den Drehpunkt und gib Drehwinkel und Drehrichtung an.

Vierteldrehung nach links
oder Dreivierteldrehung
nach rechts

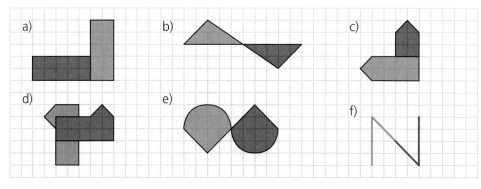

Figuren drehen

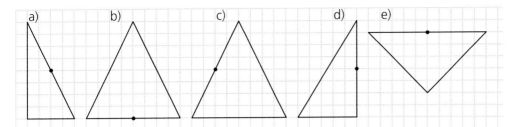

1. Führe eine Halbdrehung um den angegebenen Drehpunkt aus. Zeichne Anfangs- und Endlage. Benenne die jeweils entstandene Gesamtfigur.

2. Zeichne ein Quadrat mit einer Seitenlänge von 2 cm. Drehe es dreimal hintereinander um eine Vierteldrehung nach links um den Punkt A.
   a) Welche Form hat die Gesamtfigur?
   b) Wie viele Quadrate entdeckst du?

3. a)   b)   c)   d)   Deckdrehungen

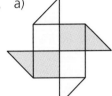  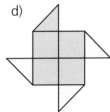

Wie groß muss die Drehung mindestens sein, damit die Figur mit sich selbst wieder zur Deckung kommt?

> Jede Figur hat mindestens eine Deckdrehung (Volldrehung). Haben Figuren mehr als eine Deckdrehung, nennt man sie drehsymmetrisch.

drehsymmetrische Figuren

4. Welche Figuren der Abbildungen a) bis d) in Aufgabe 3 sind demnach drehsymmetrisch?

5. Alle folgenden Figuren sind drehsymmetrisch. Nenne jeweils die kleinste mögliche Deckdrehung (z. B. Halb-, Drittel-, Vierteldrehung).

6. Übertrage ins Heft und ergänze zu drehsymmetrischen Figuren, die jeweils durch eine Halbdrehung mit sich selbst zur Deckung kommen.

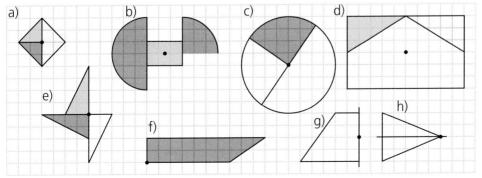

Figuren verschieben

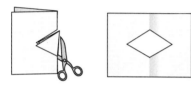

1. So ein fortlaufendes Muster nennt man auch Bandornament.
   a) Beschreibe den Vorgang. Erläutere, welche Bedeutung der Klebestreifen und die Markierungen auf ihm haben.
   b) Versuche mit einer Schablone aus Papier ein ähnliches Bandornament ins Heft zu zeichnen.

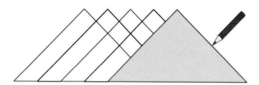

2. a) Nimm dein Geodreieck und zeichne das Muster über eine Heftbreite.
   b) Entwirf selbst weitere Muster, indem du das Geodreieck verschiebst.

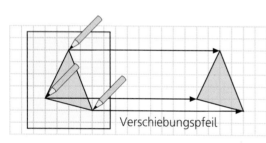

Verschiebungspfeil

3. Beim Verschieben wurde hier der Weg der Eckpunkte durch Verschiebungspfeile gekennzeichnet.
   a) Wie weit wurden jeweils zusammengehörige Punkte verschoben?
   b) Wie verlaufen die Verschiebungspfeile zueinander?

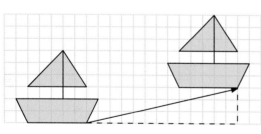

4. Zeichne die Schiffe in dein Heft. Trage weitere Verschiebungspfeile ein. Miss jeweils ihre Länge und achte darauf, wie sie zueinander verlaufen.

> Ist zu einer Figur auch nur ein Verschiebungspfeil gegeben, lässt sich die Verschiebungsfigur zeichnen, weil alle **Verschiebungspfeile** zueinander **parallel** sind und die **gleiche Länge** haben.

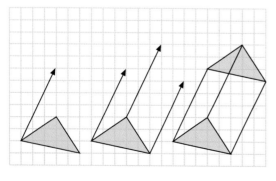

5. a) Wie lautet die Anweisung für die nebenstehende Verschiebung?
   b) Verschiebe das vorgegebene Dreieck 3 Kästchen nach rechts und 2 Kästchen nach oben.
   c) Verschiebe das Dreieck immer um 3 Kästchen nach rechts, so dass ein Muster entsteht.

Figuren verschieben

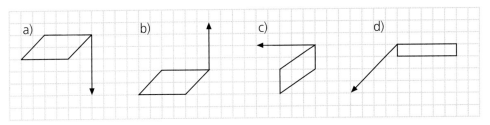

a) b) c) d)

Schrägbilder

Würfel

Quader

1. Zeichne entsprechend dem angegebenen Verschiebungspfeil und trage zwischen zusammengehörigen Eckpunkten die Verbindungslinien ein. Von welchen Körpern hast du jeweils ein Schrägbild gezeichnet?

2. Zeichne ein Dreieck ABC mit A (1|1), B (3|1) und C (2|3). Verschiebe diese Figur vier Kästchen nach rechts und drei Kästchen nach oben. Trage zwischen den Eckpunkten die Verbindungslinien ein. Von welchem Körper hast du ein Schrägbild erhalten?

3.

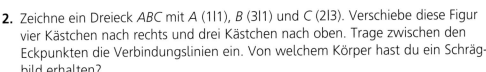

a) b) c) d)

Hier sind Grundflächen von Schrägbildern verschiedener Körper gezeichnet. Die Höhe ist angegeben. Zeichne die vollständigen Schrägbilder ins Heft.

4. Zeichne ein Rechteck mit A (5|1), B (8|1), C (8|3) und D (5|3). Verschiebe es so, dass das Schrägbild eines Quaders entsteht. Finde zwei Lösungen.

5. Zeichne ein Parallelogramm mit A (2|3), B (4|3), C (6|5) und D (4|5). Verschiebe es so, dass das Schrägbild eines Quaders entsteht. Finde zwei Lösungen.

6. Zeichne ein Rechteck ABCD mit A (2|4), B (4|2), C (8|6) und D (6|8). Wie muss man das Rechteck verschieben, damit als Gesamtfigur ein Quadrat entsteht?

7. Aus welcher Figur kann eine andere durch Verschiebung entstanden sein? Gib die Verschiebungsvorschrift an.

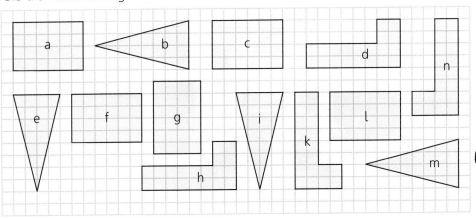

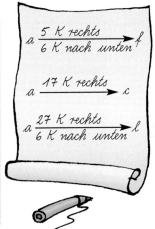

$a \xrightarrow[\text{6 K nach unten}]{\text{5 K rechts}} f$

$a \xrightarrow{\text{17 K rechts}} c$

$a \xrightarrow[\text{6 K nach unten}]{\text{27 K rechts}} l$

Kunst durch Verschieben

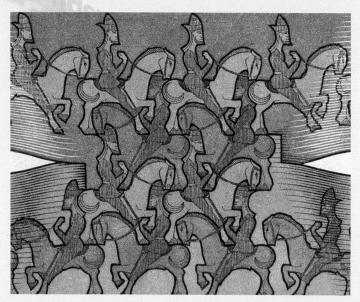

Auch hier werden Figuren verschoben. Freilich geschieht das so geschickt, dass die Zwischenräume wieder gleiche Figuren ergeben.

Ein Meister dieser Kunst war der niederländische Maler M. C. Escher (1898 bis 1972). Ihm gelang es mit besonders ausgeklügelten Formen, Flächen nicht nur lückenlos auszulegen, sondern dabei auch beeindruckende Bilder zu schaffen.

Die regelmäßige Flächenaufteilung beherrschten in früheren Zeiten in besonderem Maße die Mauren. Im 13. und 14. Jahrhundert schufen sie in Südspanien, z.B. im Schloss Alhambra, kunstvoll gestaltete Wände und Böden, die mit gleichen Fliesen ausgeschmückt waren. Da die Mauren Moslems waren, gebrauchten sie dabei nur geometrische Formen. Ihr Glaube verbot ihnen, Menschen oder Tiere in religiösen Bauwerken abzubilden.

Kunst durch Verschieben

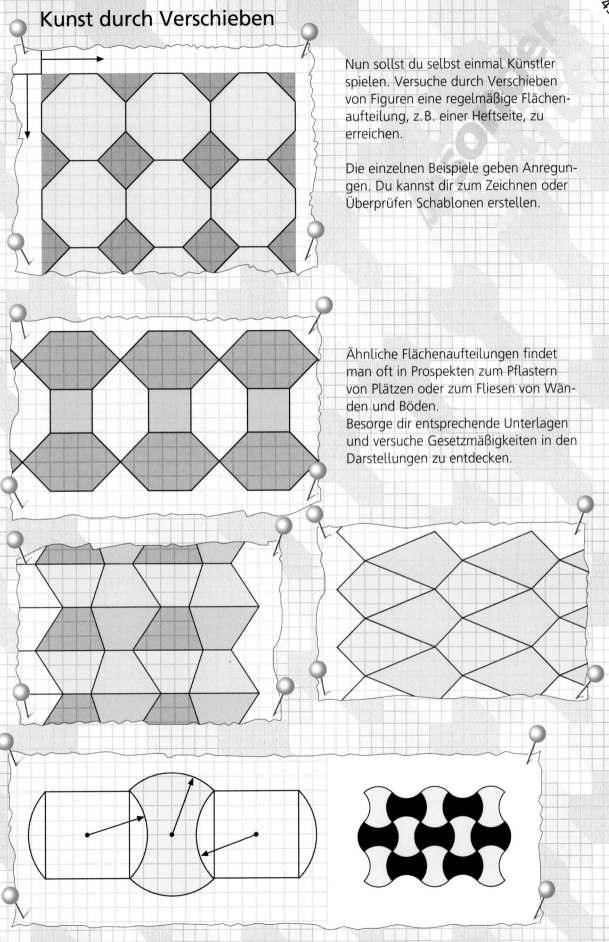

Nun sollst du selbst einmal Künstler spielen. Versuche durch Verschieben von Figuren eine regelmäßige Flächenaufteilung, z.B. einer Heftseite, zu erreichen.

Die einzelnen Beispiele geben Anregungen. Du kannst dir zum Zeichnen oder Überprüfen Schablonen erstellen.

Ähnliche Flächenaufteilungen findet man oft in Prospekten zum Pflastern von Plätzen oder zum Fliesen von Wänden und Böden.
Besorge dir entsprechende Unterlagen und versuche Gesetzmäßigkeiten in den Darstellungen zu entdecken.

Winkel

„toter Winkel"

Ich sehe Laura weder durch das rechte Seitenfenster noch im Außenspiegel!

1. Laura kann vom LKW-Fahrer nicht gesehen werden. Sie befindet sich im „toten Winkel".
Erläutere an der Skizze, welche Bereiche der LKW-Fahrer einsehen kann.
Welche Gefahr droht, wenn der LKW rechts abbiegt? Warum bezeichnet man den Bereich, der nicht eingesehen werden kann, als so genannten „toten Winkel"?

2. Wo findest du in deiner Umgebung (rechte) Winkel? Nenne Kennzeichen von Winkeln.

Winkel

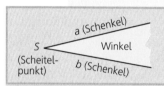

Gebiete mit einem Scheitelpunkt (S) und zwei davon ausgehenden Schenkeln nennt man in der Geometrie Winkel.

3.

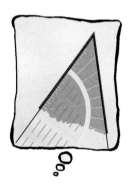

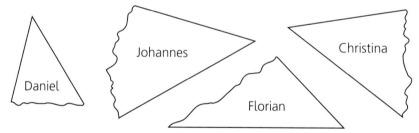

Daniel, Christina, Johannes und Florian haben sich Winkel aus einem Papierstück abgerissen. Welcher Winkel ist wohl am größten? Überprüfe, indem du jeweils mit der passenden Ecke des Geodreiecks überdeckst.

Größe von Winkeln

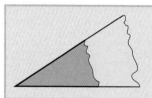

Passen die Schenkel zweier Winkel genau aufeinander, so sind die Winkel gleich groß.
Die Länge der Schenkel spielt dabei keine Rolle.

4. Zeichne ähnlich wie in der Abbildung auf ein Blatt Papier. Färbe die Winkel unterschiedlich und kennzeichne jeweils den Scheitelpunkt. Schneide die Winkel aus, lege sie übereinander und ordne sie so der Größe nach.

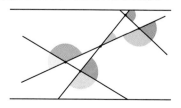

Winkel

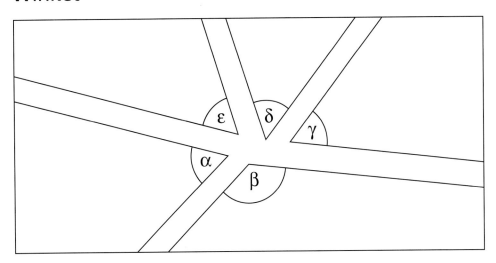

Winkel bezeichnet man mit kleinen griechischen Buchstaben:

α   β
Alpha   Beta

γ   δ
Gamma   Delta

ε
Epsilon

1. a) Schreibe je eine Zeile α, β, γ, δ, ε.
   b) Schätze, wie die Winkel α, β, γ, δ, ε der Größe nach zu ordnen sind.
   c) Stelle einen zum Winkel α gleich großen her und überprüfe damit die anderen. Die folgenden Abbildungen helfen dir.

 → 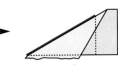 →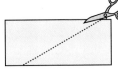

Winkel übertragen

Ein Blatt Papier darauf legen, Blattkante liegt unten genau an

Entlang der roten Linie falten

Entlang der Faltkante abschneiden

2. a) Zeichne die folgenden Vierecke (Einheit cm) auf ein Blatt. Kennzeichne die Winkel mit α, β, γ, δ.
   b) Schneide die Winkel aus. Lege sie übereinander und ordne sie der Größe nach. Schreibe jeweils die Reihenfolge auf, beginne immer mit dem größten Winkel.

Viereck 1
β > α > δ > γ

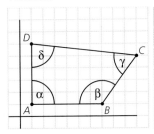

Viereck 1	A (1|1)	B (7|1)	C (10|5)	D (1|6)
Viereck 2	A (2|1)	B (6|3)	C (7|7)	D (1|8)
Viereck 3	A (2|2)	B (14|4)	C (10|9)	D (2|8)
Viereck 4	A (1|1)	B (10|1)	C (14|3)	D (2|6)
Viereck 5	A (2|3)	B (14|4)	C (9|7)	D (2|9)
Viereck 6	A (1|1)	B (12|1)	C (7|4)	D (6|9)

Winkelarten

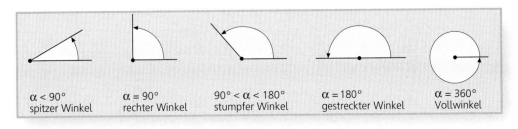

α < 90°
spitzer Winkel

α = 90°
rechter Winkel

90° < α < 180°
stumpfer Winkel

α = 180°
gestreckter Winkel

α = 360°
Vollwinkel

spitz   stumpf

3. a) Finde auf dieser Seite spitze, rechte und stumpfe Winkel.
   b) Schneide aus Papier so viele Winkel aus, dass du für jede Art Beispiele hast. Ordne und benenne sie.

Winkel messen und zeichnen

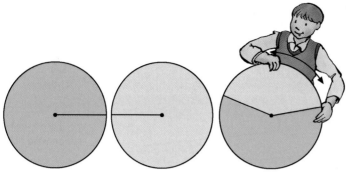

1. Winkelspiel:
Du musst dir zwei gleich große Kreisscheiben ausschneiden, verschieden färben und jeweils bis zum Mittelpunkt einschneiden. Steckst du beide Teile ineinander, kannst du durch Drehen Winkel erzeugen.
Lass deinen Nachbarn die Winkelart bestimmen.

2.

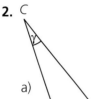
a)

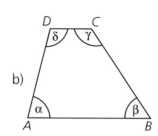
b)

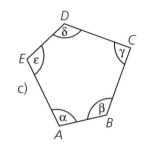
c)

Gib jeweils die Winkelart für α, β, γ, δ, ε an.

Winkelmaß: 1 Grad (1°)

Ein Vollwinkel hat 360 Grad (360°).

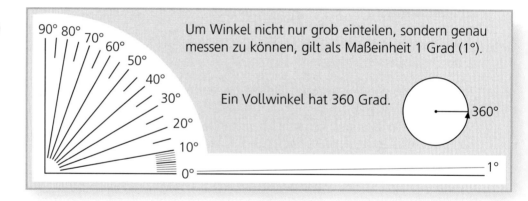

Um Winkel nicht nur grob einteilen, sondern genau messen zu können, gilt als Maßeinheit 1 Grad (1°).

Ein Vollwinkel hat 360 Grad.

3. a) Zeichne einen Kreis ($r = 6$ cm) und schneide ihn aus. Zeige daran die Winkelgröße von 360°.
b) Stelle durch Falten Winkel von 180°, 90°, 45°, 22,5° her. Schneide sie aus und beschrifte die Teile mit den Winkelmaßen.

4. Erkläre die Gradeinteilung am Geodreieck. Überprüfe die Winkel von Aufgabe 3.

5. a) Beschreibe, wie man mit dem Geodreieck Winkel misst.
b) Zeichne vier spitze und vier stumpfe Winkel. Miss sie und schreibe die genaue Größe dazu.

Winkel messen

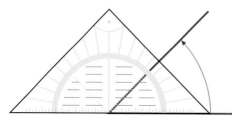
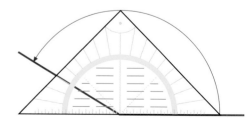

Winkel messen und zeichnen

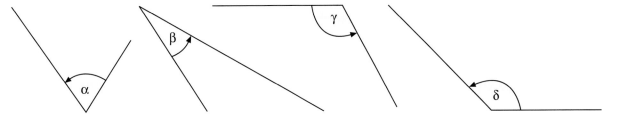

1. Gib die Winkelart an und schätze die Größe. Miss nach und schreibe auf.

2. a) Erläutere, wie beide Male jeweils ein Winkel von 50° gezeichnet wird.
   b) Zeichne folgende Winkel, schreibe Winkelmaß und Winkelart dazu:
      20°, 35°, 55°, 72°, 85°, 90°, 100°, 135°, 145°

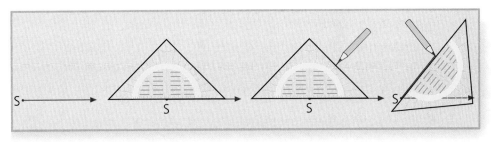

Winkel zeichnen

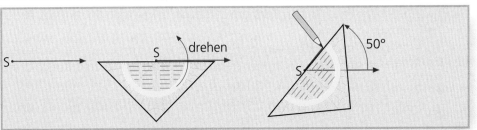

3. Zeichne folgende Winkel zuerst nach Augenmaß. Prüfe dann mit dem Geodreieck nach: 90°, 45°, 60°, 30°, 75°, 100°, 120°, 135°, 145°, 160°, 180°

4. Lena sollte die Winkel $\alpha = 110°$, $\beta = 120°$ und $\gamma = 140°$ zeichnen.
   Welcher Fehler ist ihr jedes Mal unterlaufen? Zeichne die Winkel richtig.

5. a) Zeichne zwei sich schneidende Geraden
      und bezeichne die Winkel mit α, β, γ und δ.
   b) Winkel, die sich an einem Scheitelpunkt
      gegenüberliegen, heißen Scheitelwinkel.
      Markiere sie in der gleichen Farbe und
      vergleiche ihre Größe. Was stellst du fest?
   c) Sind Scheitelwinkel immer gleich groß?
      Überprüfe an weiteren vier Beispielen.

Scheitelwinkel

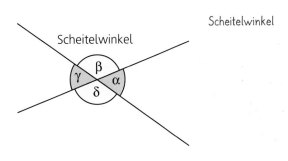

Winkel messen und zeichnen

1. Eine Uhr geht eine Viertelstunde (halbe, Dreiviertelstunde, ganze Stunde) vor. Um welchen Winkel musst du den großen Zeiger zurück drehen?

2. Nenne Beispiele für Uhrzeiten, bei denen großer und kleiner Zeiger einen Nullwinkel, rechten Winkel, gestreckten Winkel, spitzen Winkel, stumpfen Winkel bilden.

3. In welcher Zeit beschreibt der große (kleine) Zeiger einen Vollwinkel, einen rechten Winkel, einen gestreckten Winkel?

4. Wie groß ist der Winkel, den der Minutenzeiger einer Uhr beschreibt

    a) in 10 Minuten, 20 Minuten?   b) in 5 Minuten, 25 Minuten?

5. Wie groß ist der Winkel, wenn sich die Wetterfahne dreht von:

    a) O nach NO   b) S nach W   c) N nach S
    d) NO nach SW   e) SO nach W   f) NO nach W
    g) W nach SW   h) N nach NO   i) W nach NW

    Gib für jede Aufgabe jeweils zwei Lösungen an.

6. Ein Polizeihubschrauber startet in Punkt M (10|0) (Einheit cm) und fliegt zur Kontrolle des Autoverkehrs 5 km in NW-Richtung.
Dort ändert er seinen Kurs um 30° nach links. Nach 6 km fliegt er zum Startplatz zurück.
    a) Zeichne den Flugweg ins Heft (1 km ≙ 1 cm).
    b) Wie viele km musste der Hubschrauber ab der letzten Kursänderung bis zum Landeplatz fliegen?
    c) Gib die Winkel der jeweiligen Richtungsänderungen an.

7. a) Ein Fußballtor ist 7,32 m breit. In welchem Winkelbereich muss ein Elfmeter-Schütze auf das Tor schießen, um es zu treffen? Zeichne im Maßstab 1 : 100.
    b) Wie ändert sich der Bereich, wenn sich ein Stürmer näher am Tor befindet?
    c) Mitunter sagt man: „Der Winkel für einen Torschuss war zu spitz." Erläutere.

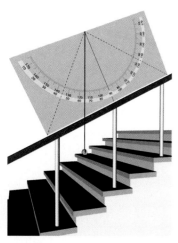

8. Oskar hat sich die Skala des Geodreiecks vergrößert kopiert und auf einen festen Karton geklebt. Am Mittelpunkt hat er eine Art „Senkblei" aus Schnur und Schraubenmutter befestigt. Mit diesem Neigungswinkel-messer möchte er nun die Steigung des Treppengeländers gegenüber der Waagrechten messen.
    a) Wo verläuft die Schnur, wenn das Messgerät an einer waagrechten Latte angelegt wird? Wie groß ist dann der Steigungswinkel des Geländers?
    b) Baue selbst einen Neigungswinkelmesser und bestimme Steigungen in deiner Umgebung.

Geometrische Figuren und Beziehungen wiederholen

Vierecke

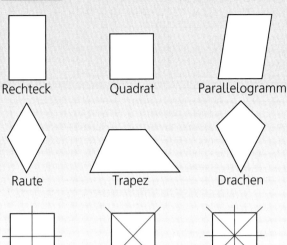

Rechteck   Quadrat   Parallelogramm

Raute   Trapez   Drachen

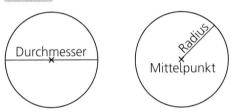

Mittellinien   Diagonalen   Symmetrieachsen

Kreise

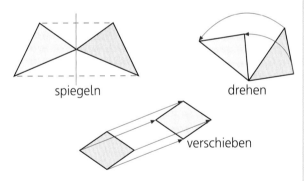

Durchmesser

Radius
Mittelpunkt

Symmetrische Abbildungen

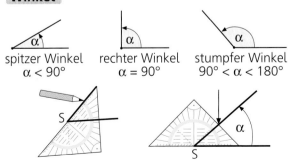

spiegeln   drehen

verschieben

Winkel

spitzer Winkel   rechter Winkel   stumpfer Winkel
α < 90°   α = 90°   90° < α < 180°

Winkel zeichnen   Winkel messen

1.

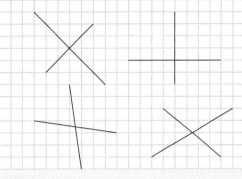

Welche Vierecke gehören zu diesen Diagonalen? Zeichne und überprüfe.

2. In welchen Vierecken
  a) halbieren sich die Diagonalen (Mittellinien)?
  b) stehen die Diagonalen (Mittellinien) aufeinander senkrecht?
  c) sind die Diagonalen (Mittellinien) Symmetrieachsen?

3.

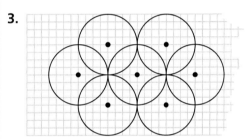

Übertrage das Muster und setze es über die Heftbreite fort.

4. Die weiße Figur wird um P als Drehpunkt um 180° gedreht. Welche der Figuren A bis E zeigt das Ergebnis?

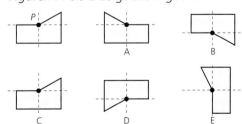

5. Überlege und gib jeweils ohne nachzumessen die Größe der Winkel α und β an.

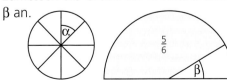

Geometrische Figuren und Beziehungen wiederholen

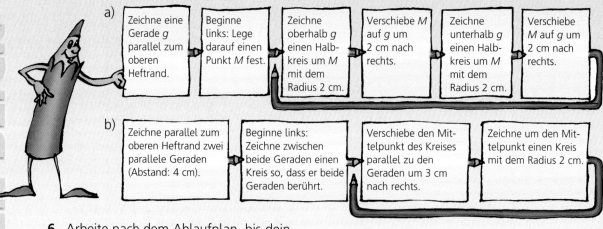

a)

| Zeichne eine Gerade g parallel zum oberen Heftrand. | Beginne links: Lege darauf einen Punkt M fest. | Zeichne oberhalb g einen Halbkreis um M mit dem Radius 2 cm. | Verschiebe M auf g um 2 cm nach rechts. | Zeichne unterhalb g einen Halbkreis um M mit dem Radius 2 cm. | Verschiebe M auf g um 2 cm nach rechts. |

b)

| Zeichne parallel zum oberen Heftrand zwei parallele Geraden (Abstand: 4 cm). | Beginne links: Zeichne zwischen beide Geraden einen Kreis so, dass er beide Geraden berührt. | Verschiebe den Mittelpunkt des Kreises parallel zu den Geraden um 3 cm nach rechts. | Zeichne um den Mittelpunkt einen Kreis mit dem Radius 2 cm. |

6. Arbeite nach dem Ablaufplan, bis dein Muster eine Heftseite breit ist.

7.

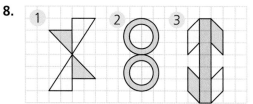

a)   b)

Zeichne die Figuren ab und drehe sie am angegebenem Punkt um eine Halbdrehung. Welche der neuen Gesamtfiguren ist achsensymmetrisch? Zeichne die Symmetrieachsen ein.

8.

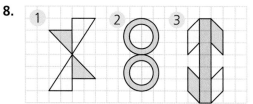

1   2   3

a) Welche Figuren sind drehsymmetrisch?
b) Welche Figuren sind achsensymmetrisch?
c) Welche Figuren sind achsensymmetrisch, wenn man die Farben nicht berücksichtigt?

9.

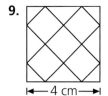 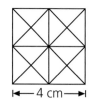

|← 4 cm →| |← 4 cm →|

Übertrage die Figuren ins Heft. Färbe sie so, dass drehsymmetrische Muster durch Vierteldrehungen entstehen.

10. Aus welcher Figur entsteht eine andere durch Achsenspiegelung, Drehung oder Verschiebung? Erstelle eine Tabelle wie auf der Lösungsseite.

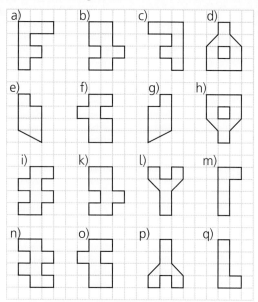

a)   b)   c)   d)

e)   f)   g)   h)

i)   k)   l)   m)

n)   o)   p)   q)

11. 1   2

 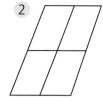

a) Gib an, ob in Abbildung ① die Figuren b) bis f) durch Spiegeln, Drehen oder Verschieben aus der Figur a) entstehen.
b) Wie viele Parallelogramme siehst du in der Abbildung ② ?

Geometrische Figuren und Beziehungen wiederholen

12. a)

b)

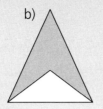

c)

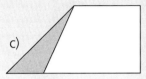

d)

Aus welchen Vierecken sind diese Figuren gefaltet?

17.

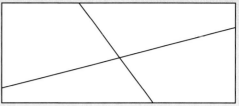

Wie viele Winkel findest du in der Figur?
Wie viele sind gleich groß?
Zeichne ein großes Rechteck und trage ähnlich die Linien ein.
Nummeriere die Winkel und markiere gleich große mit gleicher Farbe.

13.

falten   falten   schneiden

Welche Figur entsteht?

14. Welche Winkelart bilden großer und kleiner Zeiger um 12 Uhr (24 Uhr, 6 Uhr, 15 Uhr, 18 Uhr, 21 Uhr, 1 Uhr, 3 Uhr, 17 Uhr)?

15.

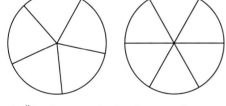

a) Überlege und gib ohne nachzumessen die Größe der Winkel um den Mittelpunkt an.
b) Zeichne einen Kreis mit Radius $r = 6$ cm. Teile die Kreisfläche in 3 (9) gleiche Teile auf.

16. Mit drei Streichhölzern sollen drei Winkel von 60° gelegt werden.

18.

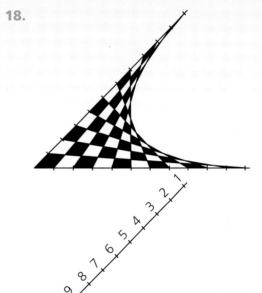

Wie entsteht aus dem Winkelfeld (45°, Schenkel in cm-Einteilung) dieses geschwungene Muster? Probiere.

19. Welches Bild zeigt, was die Maus sieht?

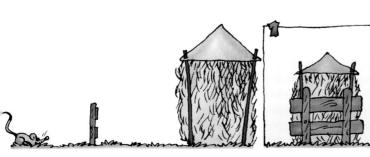

Trimm-dich-Runde 2

○○○○ **1.** a) Übertrage und ergänze zu einem Parallelogramm bzw. zu einer Raute.
   b) Zeichne die beiden Kreisfiguren.

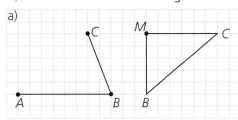

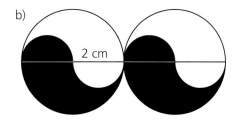

○○○○ **2.**

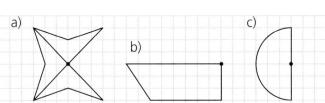

Ergänze so zu drehsymmetrischen Figuren, dass sie durch Vierteldrehung mit
sich selbst zur Deckung kommen. Zeichne ins Heft.

○○○ **3.** a) Führe mit der Figur eine Halbdrehung um den angegebenen Drehpunkt durch. Zeichne Anfangs- und Endlage.
   b) Zeichne in die Gesamtfigur die Symmetrieachsen ein.
   Wie heißt die Figur?

○○○ **4.** Zeichne das Dreieck ABC mit A (1|2), B (5|1) und C (4|5). Verschiebe die Figur
um 4 Kästchen nach rechts und 5 Kästchen nach oben. Von welchem Körper
hast du ein Schrägbild erhalten?

○○○ **5.** Miss und gib die Größe der Winkel an.
Benenne die Winkelart von α, β und γ.

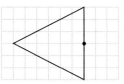

○○○ **6.** Zeichne Winkel von 50°, 110° und 180°.

○○○
○○○ **7.** Zeichne die Dreiecke (Einheit cm).
Miss in jedem Dreieck die Winkel.
Gib dann jeweils die Winkel-
summe an.

	a)	b)
	A (1|1)	A (1|6)
	B (8|1)	B (4|1)
	C (2|7)	C (9|1)
	α + β + γ = ?	α + β + γ = ?

○○ **8.** Wie groß ist der Winkel, den der Minutenzeiger einer Uhr beschreibt
   a) in 15 Minuten, 30 Minuten?   b) in 1 Minute, 4 Minuten?

Bruchzahlen

a) Welcher Bruchteil ist gefärbt?

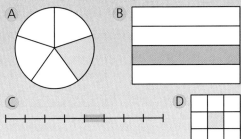

A   B

C   D

b) Zeichne eine Strecke mit der angegebenen Länge. Markiere den Bruchteil der Strecke farbig:

$\frac{1}{2}$ von 5 cm $\frac{1}{5}$ von 10 cm $\frac{1}{4}$ von 8 cm

c) $<$, $>$ oder $=$?

$\frac{4}{5}$ ● $\frac{3}{5}$	$\frac{3}{8}$ ● $\frac{5}{8}$	$\frac{7}{10}$ ● $\frac{3}{10}$
$\frac{2}{3}$ ● $\frac{5}{6}$	$\frac{4}{5}$ ● $\frac{9}{10}$	$\frac{3}{4}$ ● $\frac{6}{8}$

d) Ordne die Brüche der Größe nach. Beginne mit dem kleinsten Bruch:

$\frac{2}{3}$, $\frac{4}{5}$, $\frac{11}{15}$	$\frac{3}{6}$, $\frac{4}{9}$, $\frac{1}{3}$	$\frac{7}{20}$, $\frac{3}{10}$, $\frac{25}{60}$

e)

$\frac{4}{11} + \frac{6}{11}$	$\frac{3}{7} + \frac{2}{7}$	$\frac{6}{9} + \frac{2}{9} + \frac{5}{9}$
$\frac{9}{10} - \frac{3}{10}$	$\frac{3}{4} - \frac{1}{4}$	$\frac{17}{20} - \frac{5}{20} - \frac{9}{20}$

Grundrechenarten

a) Überschlage zuerst das Ergebnis, schreibe dann richtig untereinander und addiere bzw. subtrahiere:

30 548 + 246 809	23 004 − 7 365
304 676 + 7 084	98 073 − 9 284

b) Überschlage zuerst das Ergebnis, dann rechne:

259 · 408	802 · 634	3 078 · 862
4 944 : 8	11 740 : 20	13 015 : 19

Im Maßstab zeichnen

a) Wie lang ist die Strecke in Wirklichkeit (Maßstab in Klammern)?
5 cm (1 : 10 000)   14 cm (1 : 100 000)

b) Wie lang sind folgende Strecken auf der Karte (Maßstab in Klammern)?
20 km (1 : 125 000)   80 m (1 : 10 000)

c) Ermittle den zugehörigen Maßstab:

Länge in der Zeichnung	Länge in der Wirklichkeit
6 cm	6 km
14 cm	2 800 km
7,5 mm	75 m
17,5 cm	350 km

Koordinatensystem

a) Übertrage die Figuren in dein Heft und gibt die Koordinaten der Eckpunkte an:

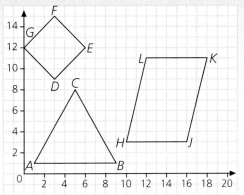

b) Zeichne ein Koordinatensystem (Einheit 1 cm). Trage die Punkte ein und verbinde sie in der angegebenen Reihenfolge zu einem Viereck. Welches Viereck entsteht?

A (2|0)	B (8|0)	C (8|6)	D (2|6)
E (1|1)	F (7|1)	G (7|5)	H (1|5)
I (3|2)	K (8|2)	L (7|6)	M (2|6)

c) Übertrage die Abbildung in dein Heft. Spiegle die gegebenen Punkte an der Symmetrieachse und gib die Koordinaten der gespiegelten Punkte an:

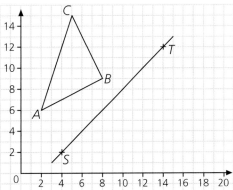

KREUZ UND QUER

Größen

a) Notiere mit Komma in der größeren Einheit:

420 Ct	9 Ct	6430 Ct	98 Ct
56 mm	135 cm	8760 m	75 m
3700 g	8950 kg	250 g	50 g
500 ml	3250 l	78,6 l	8 l

b)

Anfang	9.15	13.30	■
Dauer	■	2 h 15 min	3 h 30 min
Ende	11.30	■	20.15

Terme und Gleichungen

a) Berechne. Beachte die Klammer- und die Punkt-vor-Strich-Regel:

$23 \cdot (164 - 64)$	$10000 : (215 + 35)$
$(4 + 16) \cdot (24 + 26)$	$(57 - 7 \cdot 3) : 3$
$119 + 4 \cdot 16 - 83$	$(416 - 216) : 5 + 6$

b) Stelle einen Term auf und berechne:
   - Dividiere die Summe aus 66 und 34 durch 4.
   - Multipliziere die Differenz aus 68 und 54 mit 12.
   - Subtrahiere vom Produkt der Zahlen 25 und 8 den Quotienten aus den Zahlen 78 und 2.

c) Löse die Gleichungen mit Hilfe von Umkehraufgaben:

$x + 18 = 44$	$y - 66 = 34$
$12 \cdot z = 132$	$y : 4 = 19$

d) Notiere als Gleichung und löse:
   - Multipliziert man eine Zahl mit 6, so erhält man 72.
   - Dividiert man eine Zahl durch 15, so erhält man 11.
   - Jessica hat 78 € gespart. Sie kauft sich einen Pullover und hat dann noch 43 € übrig. Wie viel kostet der Pullover?
   - Silke stellt fest: „Wenn ich noch 18 cm wachse, bin ich genauso groß wie meine Mutter." Ihre Mutter misst 168 cm. Wie groß ist Silke?

Rechteck und Quadrat

a) Übertrage in dein Heft und ergänze jeweils zu einem Quadrat bzw. Rechteck:

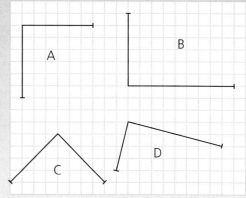

b) Zeichne folgende Rechtecke (Quadrate) auf unliniertem Papier:

Länge	6 cm	5 cm	7,4 cm	3,8 cm
Breite	4 cm	5 cm	3,9 cm	3,8 cm

c) Ein rechteckiger Garten hat einen Umfang von 120 m. Wie lang können die Seiten sein? Gib vier Möglichkeiten an. Welche Seitenlänge hätte ein quadratischer Garten mit diesem Umfang?

Sachaufgaben

a) Welche Angabe fehlt jeweils?
   - Frau Hart hat 53 l Benzin getankt. Was bekommt sie zurück, wenn sie mit einem 100-€-Schein bezahlt?
   - Benedikt mischt 2,5 l Orangensaft mit Mineralwasser. Wie viele Gläser zu 0,2 l kann er abfüllen?
   - Ein Kaufmann verkauft CD-Player für 75 € das Stück. Wie viel Gewinn erzielt er, wenn er insgesamt 1125 € eingenommen hat?

b) Miriam möchte 5 Tage Ski fahren. Folgende Preise gibt es bei den Liftkarten:

Liftkarten:	
Tageskarte	35 €
Zweitageskarte (Preis für 2 Tage)	60 €
Wochenkarte (Preis für 7 Tage)	175 €

Finde die günstigste Möglichkeit für Miriam heraus.

Dezimalbrüche

Die weitesten Sprünge

... macht das in Australien beheimatete **Rote Riesenkänguru**, das als größtes Beuteltier bis zu 2,10 m groß werden kann. Auf einer Treibjagd soll ein Weibchen mit Rekordsätzen von über 12,50 m das Weite gesucht haben.

Die kleinsten Hunde

... sind die **Chihuahuas** (sprich: tschiwawas), eine Hunderasse mit auffallender Jagdleidenschaft, die aus Mexiko stammt. Sie sind echte Zwerge, die nur zwischen ca. 1,2 kg und 2,5 kg schwer werden.

Der schlimmste Trödler

... unter den Landsäugetieren ist das im tropischen Amerika lebende **Ai** oder **Dreizehen-Faultier**. Am Boden schafft es gerade ein Tempo von 2,45 m pro min. Immerhin: In den Bäumen erreicht es eine Geschwindigkeit von maximal 4,6 m pro min!

Das gefräßigste Landtier

... ist der **Afrikanische Buschelefant**. Pro Tag vertilgt er fast 0,5 t Grünzeug (Das entspricht einem ganzen Laster voller Nahrung!).
Klar, dass er den ganzen Tag über damit beschäftigt ist, sich mit Nahrung einzudecken.

Bei diesen Tierrekorden findest du viele **Dezimalbrüche**. Dezimalbrüche erkennst du am Komma. Dezimalbrüche lassen sich als Brüche mit dem Nenner 10, 100, 1000 ... usw. schreiben:

$$0,1 = \frac{1}{10} \qquad 0,29 = \frac{29}{100} \qquad 0,325 = \frac{325}{1000} \qquad 1,7 = 1\frac{7}{10} \qquad 1,25 = 1\frac{25}{100}$$

Dezimalbrüche kommen sehr häufig vor und sind im alltäglichen Leben bedeutsamer als die allgemeinen Brüche.

Dezimale Schreibweise

(cm)

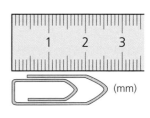

(mm)

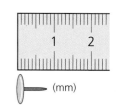

(mm)

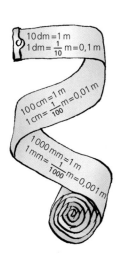

10 dm = 1 m
1 dm = $\frac{1}{10}$ m = 0,1 m

100 cm = 1 m
1 cm = $\frac{1}{100}$ m = 0,01 m

1000 mm = 1 m
1 mm = $\frac{1}{1000}$ m = 0,001 m

1. a) Gib die Länge in der jeweils angegebenen Einheit an und schreibe wie im Beispiel in m.
b) Notiere ebenso:

4 dm	7 dm	9 dm	13 dm	126 dm
75 cm	28 cm	8 cm	10 cm	105 cm
895 mm	437 mm	1 100 mm	75 mm	3 mm

2 dm = $\frac{2}{10}$ m = 0,2 m

45 cm = $\frac{45}{100}$ m = 0,45 m

325 mm = $\frac{325}{1000}$ m = 0,325 m

2. Dreimal drei gleiche Längenangaben. Finde sie heraus:

| a) 3 m + 5 cm | b) $\frac{7}{1000}$ m | c) 0,95 m | d) 3 $\frac{50}{100}$ m | | e) 0,007 m | f) 9,5 dm |
| g) 7 mm | | h) 95 cm | i) 305 cm | k) 9 dm + 5 mm | l) $\frac{305}{100}$ m | m) 0,7 dm |

3. a) Erkläre die Stellenwerttafel.
b) Notiere die fehlenden Brüche und Dezimalbrüche.

Schreibweise:
4,251 m
Sprechweise:
vier-Komma-zwei-
fünf-eins Meter

4. Trage in eine Stellenwerttafel ein:

9,427 m   50,405 m
2,051 m   0,723 m
6,02 m   3,9 m

m		dm	cm	mm	Bruch	Dezimal-bruch
10 m	1 m	$\frac{1}{10}$ m	$\frac{1}{100}$ m	$\frac{1}{1000}$ m		
	4	2	5	1	4 $\frac{251}{1000}$ m	4,251 m
	7	8	3	6		
1	2	3	0	9		
2	0	0	7	2		
	0	1	0	4		

1 000 g = 1 kg
100 g = $\frac{1}{10}$ kg = 0,1 kg
10 g = $\frac{1}{100}$ kg = 0,01 kg
1 g = $\frac{1}{1000}$ kg = 0,001 kg

5. a) Schreibe in Gramm:
3,8 kg   0,175 kg   5,078 kg   1,204 kg   0,362 kg   10,07 kg   0,092 kg
b) Gib die Gewichtsangaben in Kilogramm an:
1 234 g   15 780 g   350 g   2 058 g   1 002 g   105 g   65 g   4 g

100 Ct = 1 €
1 Ct = $\frac{1}{100}$ € = 0,01 €
10 Ct = $\frac{1}{10}$ € = 0,1 €

6. a) Schreibe die €-Beträge in Ct:
3,50 €   2,49 €   1,78 €   17,10 €   0,59 €   112,98 €   0,33 €
b) Rechne in €-Beträge um:
160 Ct   245 Ct   1 825 Ct   805 Ct   10 510 Ct   65 Ct   9 Ct   5 € 2 Ct

7. 1,34 hl = 1 hl 34 l = 1 hl $\frac{34}{100}$ hl

Schreibe ebenso:
2,4 hl   5,5 hl   12,16 hl   98,7 hl
0,6 hl   0,37 hl   0,07 hl   0,04 hl

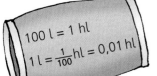

100 l = 1 hl
1 l = $\frac{1}{100}$ hl = 0,01 hl

8. <, > oder = ?

a) 0,5 l ● $\frac{5}{10}$ l

b) 1,5 hl ● 150 l

c) 0,33 l ● 33 l

d) 0,25 l ● $\frac{25}{100}$ l

e) 1,25 hl ● 1 $\frac{2}{10}$ hl

f) 0,03 l ● 0,03 hl

Dezimalbrüche in der Stellenwerttafel

	H	Z	E	z	h	t	zt	Dezimal-bruch
	100	10	1	$\frac{1}{10}$	$\frac{1}{100}$	$\frac{1}{1000}$	$\frac{1}{10000}$	
1. Zahl		••	•	••	•	•••	••	21,2132
2. Zahl		•		•	•••••	•••••		
3. Zahl	•	•••••	•••••		•••••		•••••	
4. Zahl		••	••	••		••		

1. a) Schreibe als Dezimalbruch. Ordne der Größe nach. Beginne mit der kleinsten Zahl.

b) Notiere in Bruchstrichschreibweise: $21 + \frac{2}{10} + \frac{1}{100} + \frac{3}{1000} + \frac{2}{10000} = 21\frac{2132}{10000}$

2. a) Zeichne eine Stellenwerttafel und stelle die Dezimalbrüche wie im oberen Beispiel dar: 55,5 5,005 505,05 50,505 500,5055

b) Notiere die Dezimalbrüche in der Bruchstrichschreibweise.

3.

H	Z	E	z	h	t	zt	ht
		1	2	2	3		
	2	0	3	0	5	7	
2	0	2	2	2	0	2	2
	0	2	3	0	2	3	

a) Schreibe und lies die Dezimalbrüche:

1,223: eins-Komma-zwei-zwei-drei

b) Schreibe wie im Beispiel:

$1,223 = 1 + \frac{2}{10} + \frac{2}{100} + \frac{3}{1000} = 1\frac{223}{1000}$

4. a) Zeichne eine Stellenwerttafel und trage ein:

$8\frac{4}{10}$ $5\frac{3}{100}$ $20\frac{4}{1000}$ $125 + \frac{1}{10} + \frac{3}{1000}$ $405 + \frac{7}{100} + \frac{5}{10000}$ $\frac{5}{10} + \frac{4}{10000}$

b) Trage ebenso in die Stellenwerttafel ein:
fünf-Komma-sieben-zwei-neun   dreißig-Komma-vier-eins
einhundertzwei-Komma-null-drei   zweihundertzehn-Komma-acht

c) Diktiert euch weitere Dezimalbrüche und tragt diese in die Stellenwerttafel ein.

5.

	E	z	h	t	zt
1. Zahl		••		•	
2. Zahl	•		•••		
3. Zahl			•	••	
4. Zahl		••			

a) Tina notiert als erste Zahl 0,2010 und Alexander 0,201. Wer hat Recht?

b) Stelle die übrigen Zahlen auf zwei Arten dar. Welche Bedeutung haben die Endnullen?

c) Sind 0,2 km, 0,20 km und 0,200 km gleichlange Strecken? Überprüfe.

Kürzen: $\frac{20300}{100000} = \frac{203}{1000}$ Erweitern: $\frac{501}{1000} = \frac{5010}{10000} = \frac{50100}{100000}$

0,20300 = 0,203   0,501 = 0,5010 = 0,50100

Kürzen
Endnullen weglassen

Erweitern
Endnullen anhängen

Die Endnullen eines Dezimalbruches verändern seinen Wert nicht. Wenn wir sie weglassen, kürzen wir den Bruch und wenn wir Nullen anhängen, erweitern wir ihn.

6. a) Kürze so weit wie möglich: 2,230 0,00500 2,0300 0,50500 8,0008 0,020

b) Erweitere auf Tausendstel: 0,8 0,88 0,08 3,03 3,3 0,99 0,09 0,909

7. Wo passt das Gleichheitszeichen? Notiere die entsprechenden Buchstaben:

a) 5,30 = 5,3 N   b) 100,2 = 100,200 U   c) 2,9 = 2,09 I

d) 0,73 = 0,703 S   e) 19,6000 = 19,6 L   f) 1,023 = 1,0230 L

Dezimalbrüche am Zahlenstrahl

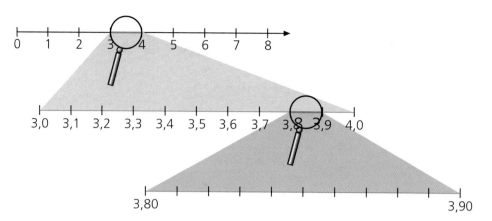

1. a) Benenne alle markierten Stellen auf dem orangen Zahlenstrahl.
   b) Wähle einen anderen Ausschnitt auf dem Zahlenstrahl und nimm ihn ebenso „unter die Lupe."

2. a) Zeige am Zahlenstrahl: 3,0   5,5   1,3   7,8   11,1   9,7
   b) Zu jedem Dezimalbruch gehört ein Buchstabe. Ordne zu und notiere das Lösungswort:

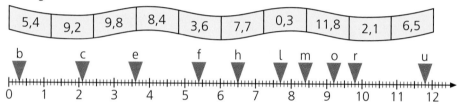

   c) Verschlüssle selbst ein Wort am Zahlenstrahl im Heft.

3. a) Notiere jeweils sechs Dezimalbrüche:

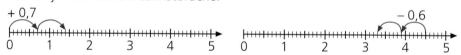

   b) Zeichne einen Zahlenstrahl in dein Heft. Wähle Startzahl und Sprünge selbst und trage mit verschiedenen Farben ein.

4. Zu jedem Dezimalbruch gehört ein Buchstabe. Ordne zu und notiere das Lösungswort:

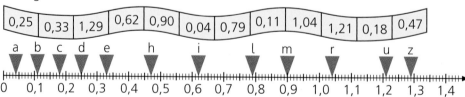

5. Welche Dezimalbrüche sind durch Pfeile markiert?

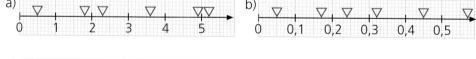

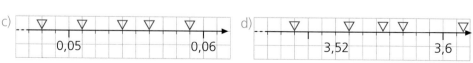

Dezimalbrüche vergleichen und ordnen

Bei einem Skiwettbewerb wurden im
ersten Durchgang von den fünf Erstplat-
zierten folgende Ergebnisse erzielt:

1. Starterin	2. Starterin	3. Starterin
53,39 s	53,32 s	54,06 s

4. Starterin	5. Starterin
54,11 s	53,73 s

1. a) Wie genau wurden die Zeiten gemessen?
   b) Gib die Platzierungen nach dem 1. Durchgang an.

2. Schreibe in dein Heft und setze das richtige Zeichen (<, >, =):

a) 1,37 ● 1,73   **b)** 1,048 ● 1,048   **c)** 5,1 ● 5,100
   3,48 ● 3,48   0,21 ● 0,019   2,318 ● 2,0318
   0,50 ● 0,05   0,203 ● 0,203   12,04 ● 12,040
   7,12 ● 7,21   3,479 ● 3,48   0,80808 ● 0,8088

3. Ordne ebenso der Größe nach. Beginne mit der kleinsten Zahl.

a) 4,37; 4,18; 4,29   **b)** 3,071; 3,069; 3,073
c) 0,81; 0,801; 0,80; 0,812   **d)** 9,4; 9,4218; 9,4203; 9,41

Zehntel unter Zehntel, Hundertstel unter Hundertstel, Tausendstel unter Tausendstel ...

4. Ordne ebenso der Größe nach. Beginne jeweils mit der kleinsten Zahl.

a)

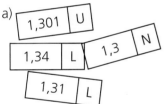

1,301	U
1,34	L	1,3	N
1,31	L

b)

4,202	B
4,2202	M
4,222	O
4,022	R	4,02	P
4,2201	E	4,22	L	4,20	O

5. a) Bilde mit den Kärtchen alle zehn möglichen
   Dezimalbrüche. Verwende immer alle Kärtchen.
   b) Ordne die Dezimalbrüche der Größe nach.
   Beginne mit der kleinsten Zahl.

| 0 | 1 | 5 | , |

6. Wandle in die größere angegebene Maßeinheit um und ordne dann der Größe
   nach. Beginne jeweils mit der kleinsten Größenangabe.

a) 0,75 m   7,4 dm   73 dm   0,72 m
b) 0,125 t   1 250 kg   0,127 t   123 kg
c) 625 m   0,621 km   6,025 km 6 052 m

7. Bestimme alle Dezimalbrüche mit zwei Stellen nach dem Komma, für die gilt:

a) 3,97 < ■ ≤ 4,11   **b)** 1,02 ≥ ■ > 0,88

8. Gib alle Dezimalbrüche an, die zwischen 1,5 und 1,6 liegen.

Bruch und Dezimalbruch

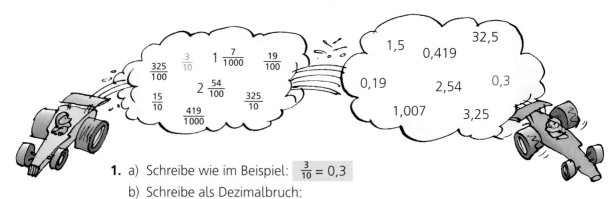

1. a) Schreibe wie im Beispiel: $\frac{3}{10} = 0,3$

b) Schreibe als Dezimalbruch:

$$\frac{9}{10}; \ \frac{12}{100}; \ \frac{201}{100}; \ \frac{37}{10}; \ \frac{327}{1000}; \ \frac{17}{1000}; \ \frac{512}{10}; \ \frac{3456}{100}; \ 5\frac{9}{100}; \ 8\frac{49}{1000}$$

c) Schreibe als Bruch: 0,2 0,7 0,03 0,67 0,209 5,1 4,07 7,105 19,009

Vom Bruch zum Dezimalbruch

2.

Bruch	erweitern	Bruch mit dem Nenner 10, 100, 1 000 …	Dezimalbruch
$\frac{1}{2}$	$\frac{1 \cdot 5}{2 \cdot 5}$	$\frac{5}{10}$	0,5
$\frac{1}{5}$	$\frac{1 \cdot 2}{5 \cdot 2}$	$\frac{2}{10}$	0,2
$\frac{1}{4}$	$\frac{1 \cdot 25}{4 \cdot 25}$	$\frac{25}{100}$	0,25
$\frac{1}{8}$	$\frac{1 \cdot 125}{8 \cdot 125}$	$\frac{125}{1000}$	0,125

Erkläre jeweils den Weg vom Bruch zum Dezimalbruch an den oberen Beispielen.

Merke:
$\frac{1}{2} = 0,5$ $\frac{1}{4} = 0,25$
$\frac{3}{4} = 0,75$ $\frac{1}{5} = 0,2$
$\frac{2}{5} = 0,4$ $\frac{3}{5} = 0,6$
$\frac{1}{8} = 0,125$ $\frac{3}{8} = 0,375$

3. $\frac{3}{5} = \frac{6}{10} = 0,6$

$$\frac{4}{5}; \ \frac{2}{5}; \ \frac{3}{4}; \ \frac{9}{20}; \ \frac{11}{20}; \ \frac{17}{20}; \ \frac{9}{50}; \ \frac{17}{50}; \ \frac{12}{25}; \ \frac{1}{4}; \ \frac{11}{50}; \ \frac{17}{25}$$

$\frac{3}{200} = \frac{15}{1000} = 0,015$

$$\frac{3}{8}; \ \frac{5}{8}; \ \frac{7}{8}; \ \frac{49}{200}; \ \frac{31}{500}; \ \frac{7}{125}; \ \frac{43}{250}; \ \frac{91}{250}; \ \frac{3}{40}; \ \frac{11}{200}; \ \frac{9}{40}; \ \frac{13}{125}$$

4. a) $\frac{6}{30} = \frac{2}{10} = 0,2$ $\frac{27}{300} = \frac{9}{100} = 0,09$ b) $\frac{6}{12} = \frac{1}{2} = \frac{5}{10} = 0,5$

$$\frac{9}{30}; \ \frac{28}{40}; \ \frac{49}{70}; \ \frac{6}{200}; \ \frac{217}{700}; \ \frac{903}{3000}; \ \frac{2406}{6000}$$

$$\frac{7}{14}; \ \frac{8}{32}; \ \frac{9}{60}; \ \frac{45}{75}; \ \frac{12}{150}; \ \frac{3}{24}; \ \frac{49}{56}$$

Lösungen zu 4

0,31 0,5
0,15 0,3
0,03 0,6
0,08 0,875
0,301 0,7
0,25 0,7
0,401 0,125

5. $0,55 = \frac{55}{100} = \frac{11}{20}$ 0,14 0,8 0,78 0,005 0,026 4,04 7,08 0,24

6. a) Verwandle folgende Brüche durch fortlaufendes Dividieren in Dezimalbrüche: $\frac{3}{5}; \ \frac{3}{8}; \ \frac{17}{20}; \ \frac{11}{50}; \ \frac{7}{25}; \ \frac{7}{200}; \ \frac{9}{250}$

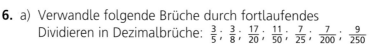

$\frac{1}{5} = 1 : 5$

1,0 : 5 = 0,2
−10
‒ ‒

b) Brüche in Bruchstrichschreibweise, die bei der Umrechnung in Dezimalbrüche ohne Rest aufgehen, nennt man endliche Dezimalbrüche (= abbrechende Dezimalbrüche).
Sind $\frac{1}{40}, \ \frac{3}{3}, \ \frac{3}{20}, \ \frac{1}{60}$ endliche Dezimalbrüche?

7. a) Verwandle durch fortlaufendes Dividieren ebenfalls in Dezimalbrüche. Beende die Division, wenn dir eine Gesetzmäßigkeit auffällt: $\frac{2}{5}; \ \frac{1}{6}; \ \frac{5}{6}; \ \frac{1}{9}; \ \frac{4}{9}; \ \frac{3}{11}; \ \frac{7}{11}$

b) Dezimalbrüche, die nicht enden und eine immer wiederkehrende Ziffernfolge aufweisen, nennt man auch periodische Dezimalbrüche.
Prüfe, ob es sich um periodische Dezimalbrüche handelt: $\frac{5}{9}; \ \frac{17}{25}; \ \frac{9}{11}; \ \frac{3}{16}$

Dezimalbrüche runden

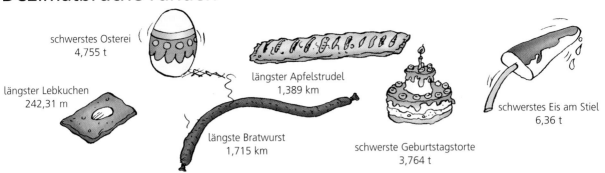

schwerstes Osterei
4,755 t

längster Lebkuchen
242,31 m

längster Apfelstrudel
1,389 km

längste Bratwurst
1,715 km

schwerste Geburtstagstorte
3,764 t

schwerstes Eis am Stiel
6,36 t

1. a) Warum rundet Michael diese Angaben aus einem „Guinness Buch der Rekorde"?
   b) Auf welche Stelle rundet er und wie geht er vor?
   c) Runde die anderen Angaben entsprechend.

Die Ziffer rechts nach der Rundungsstelle entscheidet,) auf- oder abgerundet wird.

Rundungs-
stelle

Bei 5, 6, 7, 8, 9 wird aufgerundet.

Zehntel   1,7|55 km   ≈   1,8 km (aufgerundet)
   ist rund

          1,7|15 km   ≈   1,7 km (abgerundet)

Bei 0, 1, 2, 3, 4 wird abgerundet.

Rundungsregel

2. Runde auf Zehntel:
   3,14   46,89   99,98   111,79   990,95   0,98   1,91   99,9129

3.

4,80751	E	z	h	t	zt	ht	
a) gerundet auf zt:	4	8	0	7	5	1	also abgerundet: 4,8075
b) gerundet auf t:	4	8	0	7	5	1	also aufgerundet: 4,808
c) gerundet auf h:	4	8	0	7	5	1	also aufgerundet: 4,81
d) gerundet auf z:	4	8	0	7	5	1	also abgerundet: 4,8
e) gerundet auf E:	4	8	0	7	5	1	also aufgerundet: 5

Runde ebenso der Reihe nach: 13,47869   4,53784   10,08446   3,72095   0,98721

4. Wurde auf- oder abgerundet?
a) 3,53 ≈ 3,5   b) 8,835 ≈ 8,84   c) 7,8 ≈ 8   d) 0,234 ≈ 0,23   e) 99,82 ≈ 100

5. a) Runde auf Zehntel: 2,43   37,852   8,97   0,95   88,91
    b) Runde auf Hundertstel: 6,905   0,097   28,073   57,698   99,996
    c) Runde auf Tausendstel: 7,0044   1,0078   0,9091   13,6995   1,9997

Aufgepasst bei Ziffer 9 an der Rundungsstelle!

6. Welche Dezimalbrüche mit zwei Stellen nach dem Komma ergeben beim Runden die angegebene Zahl?
a) 2,8 m   b) 7,3 m   c) 3,0 m

7. Welche drei der folgenden Strecken kannst du auf 5,7 m runden?
573 cm   565 dm   5658 mm   0,057 km   0,00574 km

Dezimalbrüche addieren

1. a) Erkläre, wie Simon und Franz die Streckenlänge ihrer Fahrradtour ermitteln.
   b) Führe beide Rechenwege zu Ende und vergleiche die Ergebnisse.
   c) Worauf muss man beim Rechenweg von Franz besonders achten?

2. Rechne ebenso auf verschiedene Weise. Bei richtiger Rechnung fällt dir etwas auf.
   a) 2,1 km + 3,7 km + 4,2 km   b) 5,8 kg + 2,9 kg + 1,3 kg
   c) 4,5 m + 3,2 m + 2,3 m   d) 2,78 € + 4,29 € + 2,93 €

3. Löse möglichst im Kopf:

4,2 + 3,5	0,5 + 6,2	8,1 + 0,9	2,3 + 7,7	8,1 + 1,8	3,3 + 4,4
0,21 + 2,01	2,21 + 1,12	3,12 + 1,32	4,55 + 1,50	2,42 + 4,24	10,10 + 1,01

Komma unter Komma

4.

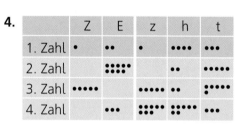

	Z	E	z	h	t
1. Zahl	•	••	•	••••	•••
2. Zahl		••••••		••	•••••
3. Zahl	•••••		•••••• ••	••••••
4. Zahl		•••	•••••• ••	•••••• ••	•••

Z	E	z	h	t
1	2	1	4	3
₁	9	0	2	5
2	1	1	6	8

```
  12,143
+  9,025
      1
  21,168
```

   a) Wie heißen die Zahlen, die am Rechenbrett dargestellt sind?
   b) Addiere jede Zahl mit allen übrigen nach dem vorgegebenem Beispiel.
      Es gibt noch fünf weitere Aufgaben mit jeweils unterschiedlichem Ergebnis.

Lösungen zu 5

10,009	31,01
3,21	5,6
4,83	3,77	10,11
20,006	9,5

5. a) 0,9 + 4,7   b) 2,58 + 1,19   c) 3,11 + 0,02 + 1,70
      7,21 + 2,29   19,04 + 11,97   2,748 + 0,350 + 7,012
      3,147 + 0,063   7,538 + 2,471   13,081 + 5,400 + 1,525

6.

Fehlende Endnullen
ergänzen
Ganze Zahlen in Dezimal-
brüche umwandeln

```
Aufgabe:      5,3 + 9,754       18 + 4,25 + 7,09
Überschlag:   5 + 10 = 15       18 + 4 + 7 = 29
Rechnung:        5,300             18,00
              +  9,754              4,25
                    1               7,09
                15,054            1  1
                                 29,34
```

   a)   2,94   b)   6,06
      + 3,127   + 60,6

   c)   3,12   d)   7,981
         2,978   9
      + 1,5346   + 1,9875

Ergebnisse

8,8488	899,993
9,649	6,656

7. a) 2,02 + 2,1 + 2,102 + 0,434   b) 1,1 + 6 + 0,429 + 2,12
   c) 4,4 + 1,04 + 2,4042 + 1,0046   d) 230,62 + 441,373 + 228

8. Addiere jeweils zwei Zahlen, so dass du 33,99 erhältst:

16,25	23,01	17,74	12,15	16,98	0,66
10,98	17,01	32,89	33,33	1,1	21,84

Dezimalbrüche subtrahieren

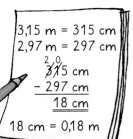

$3{,}15$ m $= 315$ cm
$2{,}97$ m $= 297$ cm

$$\begin{array}{r} \overset{2\ 0}{3{,}\!\!\!\!/}15\ \text{cm} \\ -\ 297\ \text{cm} \\ \hline 18\ \text{cm} \end{array}$$

18 cm $= 0{,}18$ m

E	z	h
$\overset{2}{3}$	$\overset{0}{1}$	5
2	9	7
0	1	8

$$\begin{array}{r} \overset{2\ 0}{3{,}\!\!\!\!/}15\ \text{m} \\ -\ 2{,}97\ \text{m} \\ \hline 0{,}18\ \text{m} \end{array}$$

3,15 m!
Und du Ina?

2,97 m!

1. a) Susi und Ina vergleichen ihre Leistungen. Erkläre ihre Rechenwege.
   b) Vergleiche die Leistungen der beiden Mädchen jeweils mit
   dem Schulrekord, der bei 3,64 m liegt.

2. a) $2{,}93 - 0{,}85$　　b) $5{,}32 - 4{,}47$　　c) $6{,}3 - 3{,}4 - 0{,}7$
   $7{,}07 - 2{,}38$　　　　$9{,}326 - 6{,}409$　　　$11{,}04 - 5{,}32 - 4{,}25$
   $13{,}42 - 8{,}09$　　　$17{,}105 - 11{,}430$　　$34{,}47 - 20{,}09 - 6{,}89$

Komma unter Komma

5,33	2,2	4,69
0,85	7,49	5,675
2,917		1,47
	2,08	

3. Löse mit Hilfe einer Subtraktion:
   a) $786{,}56 +$ ▬ $= 1\,197{,}68$　　b) ▬ $+ 2\,346{,}57 = 8\,765{,}46$
   c) ▬ $+ 896{,}32 = 3\,691{,}23$　　d) $9\,875{,}11 +$ ▬ $= 10\,000{,}10$
   e) $10\,000{,}9 = 4\,320{,}2 +$ ▬　　f) $20\,002{,}2 = 15\,555{,}5 +$ ▬

4. Übertrage ins Heft. Ergänze vor dem Rechnen entsprechend:

   a)　$5{,}8$　b)　$5{,}1$　c)　$12{,}079$　d)　21　e)　$47{,}458$
   　$-\,3{,}85$　　$-\,0{,}789$　　$-\,8{,}9$　　$-\,7{,}63$　　$-\,29$

   f)　$24{,}5$　g)　$70{,}053$　h)　125　i)　$204{,}79$　k)　$329{,}09$
   　$-\,8{,}79$　　$-\,29{,}8$　　$-\,74{,}61$　　$-\,149$　　$-\,197{,}2$

Fehlende Endnullen
ergänzen
Ganze Zahlen in Dezimal-
brüche umwandeln

5. Die Ergebnisse weisen jeweils gleiche Ziffernfolgen auf:
   a) $302{,}02 - 2{,}2 - 77{,}6$　b) $150 - 11{,}29 - 27{,}6$　c) $127{,}07 - 19 - 61{,}1 - 13{,}64$

6.

Aufgabe:	Rechnung:	Probe:
$48{,}053 - 19{,}754 =$ ▬	$\overset{3\ 7\ 9\ 4}{48{,}053}$	$19{,}754$
	$-\ 19{,}754$	$+\ 28{,}299$
Überschlag:	$\overline{}$	$\overset{1\ 1\ 1\ 1}{}$
$50 - 20 = 30$	$28{,}299$	$48{,}053$

Rechne nach dem gleichen Muster:
   a) $27{,}34 - 18{,}79$　　b) $129{,}5 - 96{,}237$　　c) $72{,}45 - 13{,}9$
   d) $41{,}32 - 8{,}47 - 21{,}09$　e) $56{,}38 - 23{,}702 - 6{,}3$　f) $89{,}7 - 3{,}2 - 14{,}09$

7. Rechen-Domino:
   Das Ergebnis einer Aufgabe erscheint als erste Zahl einer anderen Aufgabe.

$60{,}18 - 5{,}784 =$ ▬

$19{,}89 - 0{,}9 =$ ▬

$54{,}396 - 29{,}5 =$ ▬

$24{,}896 - 2{,}096 =$ ▬

$22{,}8 - 2{,}91 =$ ▬

$7{,}49 - 5{,}85 =$ ▬

$1{,}64 + 58{,}54 =$ ▬

$18{,}99 - 11{,}5 =$ ▬

Dezimalbrüche addieren und subtrahieren

0,8 2,4 1,4 0,4 1,2 6,3 10,6 6,2 9,8
8,4 2,6 0,7 0,5 1,2 3,2 0,2 0,7 0,1 4,3 8,2 5,2 0,3 1,3

1. Wer trifft mit den Bällen in die Tore? Du darfst beliebig viele der angegebenen Zahlen addieren.

2. Rechne im Kopf:

a) 0,3 + ■ = 1
    2,6 + ■ = 3
    4,1 + ■ = 5
    6,0 + ■ = 7

b) 3,2 + ■ = 5
    4,7 + ■ = 9
    ■ + 4,6 = 12
    ■ + 6,1 = 15

c) 0,55 + ■ = 1
    ■ + 4,08 = 7
    0,975 + ■ = 2
    ■ + 0,278 = 1

3. Wie heißen jeweils die nächsten zehn Zahlen?

a)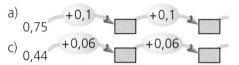
0,75 +0,1 → ☐ +0,1 → ☐

b)
5,3 −0,2 → ☐ −0,2 → ☐

c)
0,44 +0,06 → ☐ +0,06 → ☐

d)
1,21 −0,003 → ☐ −0,003 → ☐

4. Ausgangszahl ist immer die Zahl 5. Ermittle die fehlenden Werte in der Tabelle:

Rechenoperation	− 0,5	+ 0,25	■	+ 0,3	■	+ 0,15
Anzahl der Rechenoperationen	■	8	10	■	10	40
Endzahl	1	■	3	7,7	1	■

5. Berechne die fehlenden Werte im Heft:

a)
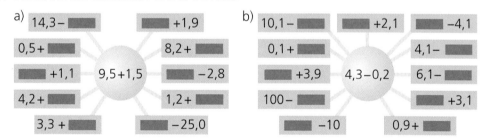

14,3 − ■   ■ +1,9
0,5 + ■   8,2 + ■
■ +1,1   9,5+1,5   ■ − 2,8
4,2 + ■   1,2 + ■
3,3 + ■   ■ − 25,0

b)
10,1 − ■   ■ +2,1   ■ −4,1
0,1 + ■   4,1 − ■
■ +3,9   4,3−0,2   6,1− ■
100 − ■   ■ +3,1
■ −10   0,9+ ■

6. Löse die Rechentreppen in deinem Heft:

a)
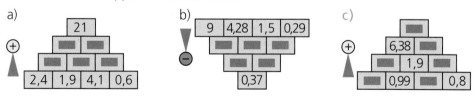

⊕   21
    ■ ■
   ■ ■ ■
  2,4 | 1,9 | 4,1 | 0,6

b)
▼   9 | 4,28 | 1,5 | 0,29
⊖   ■ | ■ | ■
     ■ | ■
      0,37

c)
⊕   ■
    6,38 | ■
   ■ | 1,9
  ■ | 0,99 | ■ | 0,8

7. Das Ergebnis einer Aufgabe erscheint als erste Zahl einer anderen Aufgabe:

9,62 − 2,9   10,015 − 4,4   12,705 − 3,085   6,72 + 3,295   5,615 + 7,09

8. Wie heißt es richtig: „0,8 und 0,7 ist 1,3" oder „0,8 plus 0,7 sind gleich 1,3"?

Dezimalbrüche addieren und subtrahieren

a)
■	■	1,8
■	1,5	■
1,2	■	1,6

b)
2,9	■	3,1
3,4	■	■
3,3	■	■

c)
1,6	0,3	1	0,5
■	■	0,8	1,1
0,7	1,2	0,1	■
■	■	■	■

1. Ermittle die fehlenden Zahlen in den Zauberquadraten.

2. Welche beiden Dezimalbrüche aus dem Keller bzw. Erdgeschoss ergeben bei Addition bzw. Subtraktion ein Ergebnis im Dachgeschoss?

a)
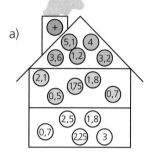

b)
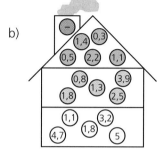

c)
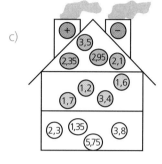

3. Jeweils zwei Rechnungen führen zum gleichen Ergebnis. Probiere im Heft:

a) $0,75 + 0,25 - 0,1 + 9,1$
b) $199,82 - 99,1 + 0,19 + 98,9$
c) $10,1 - 9,10 + 6,200 + 2,8$
d) $1\,000,1 - 100,1 - 300,09 - 400,1$
e) $797,07 + 2,93 + 188,88 - 2,2 - 220,02$
f) $300,2 - 10,1 - 102,02 + 30,14 + 548,44$

4.
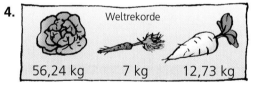

Vergleiche die Rekorde der jeweiligen Gemüseart miteinander.

5. Tanja kauft sich einen Zirkelkasten für 21,85 €, eine Packung Fineliner für 8,99 € und einen Füller. Von einem 50-€-Schein bringt sie noch 2,66 € mit nach Hause.

6. Herr Vogel hat sein Wohnzimmer mit einem neuen Parkettboden versehen. Wie viele Meter Randleisten werden mindestens benötigt?

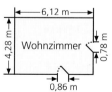

7. Maria wiegt 28,4 kg. Ihr älterer Bruder ist 9,7 kg schwerer als sie und 43,7 kg leichter als der Vater. Mutter und Vater wiegen zusammen 140,3 kg. Wie viel wiegt die Mutter?

8. Setze für die Figuren die Zahlen 0,2; 0,3 oder 0,5 ein. Gleiche Zeichen bedeuten gleiche Zahlen. Probiere aus.

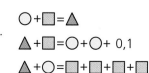

HOKUSPOKUS

Magische Zahlenhäuser

Ergänze so, dass sich waagrecht, senkrecht und diagonal stets die Summe ergibt, die im Giebeldreieck steht.

Zauberlehrling

5,4

		1,5
	1,8	2,2
		1,7

8,85

2,68		
4,13		1,77
	3,59	3,22

9,75

	4,41	
3,83		2,67
3,54		

Magisches Domino

Setze die vorgegebenen Dominosteine so in die Felder ein, dass sich waagrecht und senkrecht stets die Summe 1,5 ergibt.

0,2	0,6
0,3	0,3

0,3	0,4
0,4	0,5

0,5	0,5
0,6	0,1

Zaubergeselle

Magisches Dreieck

Verteile die vorgegebenen Dezimalbrüche so, dass sich auf jeder Seite des Dreiecks die Summe 1,0 ergibt.

0,1 0,2 0,3 0,4 0,5 0,6

Verteile die vorgegebenen Dezimalbrüche jetzt so, dass die Summe auf jeder Dreiecksseite 1,2 beträgt.

Zaubermeister

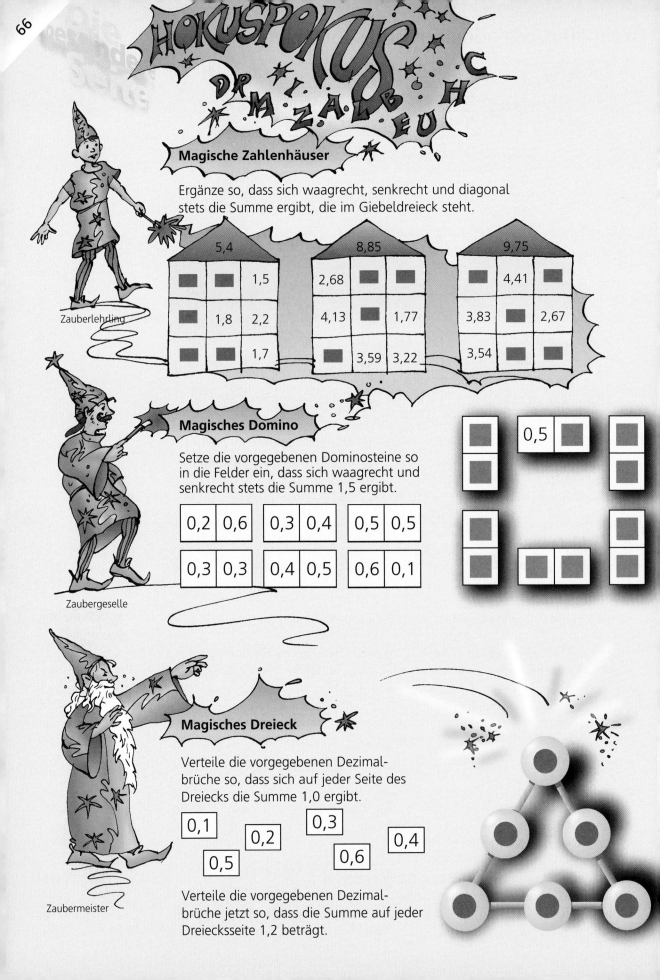

Dezimalbrüche multiplizieren

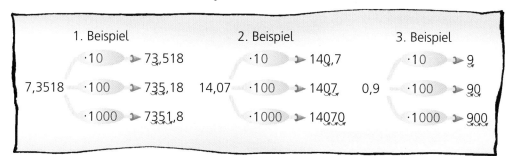

	1. Beispiel	2. Beispiel	3. Beispiel
	·10 ➤ 73,518	·10 ➤ 140,7	·10 ➤ 9
7,3518	·100 ➤ 735,18	14,07 ·100 ➤ 1407	0,9 ·100 ➤ 90
	·1000 ➤ 7351,8	·1000 ➤ 14070	·1000 ➤ 900

1. a) Betrachte die Beispiele genau. Welche Regel lässt sich ableiten?
   b) Multipliziere folgende Dezimalbrüche mit 10, 100 und 1000:

   1,9558   7,007   3,25   1,8   0,7654   0,403

> Dezimalbruch mit 10 (100, 1000, ...) multiplizieren
> Komma um eine (zwei, drei, ...) Stelle(n) nach rechts verschieben

2. Multipliziere folgende Größen mit 10, 100, 1000:

   a) 1,7 hl   0,50 €   2,9 m   3,1 km   0,02 t
   b) 0,4 hl   0,73 €   0,03 m   0,9 km   0,037 t
   c) 0,24 hl   2,80 €   0,75 m   0,375 km   0,006 t
   d) 0,8 kg   3,2 kg   0,71 kg   0,358 kg   4 g

3. Aktien werden oft zu 10 bzw. 100 Stück gehandelt. Ermittle den Kaufpreis, wenn der Kurs für eine Aktie bei 58,43 € (127,50 €; 97,25 €; 273,08 €) steht.

4. Ermittle jeweils die fehlende Zahl:
   a) 17,15 ···· ·100 ➤ ▬   b) 7,02 ···· ·10 ➤ ▬
   c) 0,8135 ···· ·1000 ➤ ▬   d) 9,05 ···· ·1000 ➤ ▬
   e) ▬ ···· ·10 ➤ 6   f) ▬ ···· ·100 ➤ 107

5. a) 1,204 ···· · ▬ ➤ 120,4   b) 0,042 ···· · ▬ ➤ 0,42
   c) 3,03 ···· · ▬ ➤ 3030   d) 0,2 ···· · ▬ ➤ 200

6. Bei schönem Wetter fahren manche Kinder mit dem Rad zur Schule.

Name des Kindes	Toni	Susi	Peter	Alexandra
Einfache Entfernung Wohnung-Schule	2,3 km	0,9 km	1,8 km	1,4 km

   a) Welche Strecke legt jedes der Kinder an einem Tag zurück?
   b) Toni will wissen, welche Strecke er nach fünf Tagen gefahren ist. Erkläre und ergänze den Rechenplan:

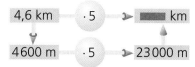

4,6 km · 5 ➤ ▬ km
4600 m · 5 ➤ 23000 m

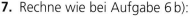

   c) Berechne ebenso, welche Strecke jedes Kind nach 5 (12) Tagen gefahren ist.

7. Rechne wie bei Aufgabe 6 b):
   a) 0,355 kg · 6   b) 4,5 t · 4   c) 3,34 m² · 14   d) 18,80 € · 44   e) 14,6 hl · 4

Dezimalbrüche multiplizieren

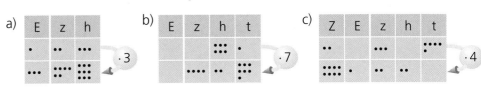

a) | E | z | h |
b) | E | z | h | t |
c) | Z | E | z | h | t |

1. Erkläre die Abbildungen und schreibe die entsprechenden Multiplikationen auf.

2. Berechne ebenso:
a) $2,12 \cdot 4$ b) $4,12 \cdot 8$ c) $3,726 \cdot 3$ d) $5,025 \cdot 4$ e) $13,402 \cdot 7$

Multipliziere wie bei den natürlichen Zahlen! Setze das Komma gemäß Überschlag!

3. a) Erkläre am Beispiel.
b) Berechne ebenso:

$3,21 \cdot 9$ $14,68 \cdot 5$
$18,453 \cdot 7$ $9,075 \cdot 3$
$24,608 \cdot 6$ $0,832 \cdot 7$

Aufgabe	$4,72 \cdot 8 = $ ▬
Überschlag	$5 \cdot 8 = 40$
Rechnung	$4,72 \cdot 8$
	$37,76$

4.

Aufgabe	Überschlagsrechnung	Rechnung ohne Komma	Ergebnis
$11,7 \cdot 8,3$	$12 \cdot 8 = 96$	$117 \cdot 83 = 9711$	$97,11$
$2,36 \cdot 2,5$	$2 \cdot 3 = 6$	$236 \cdot 25 = 5900$	▬

a) Erkläre die Tabelle und gib für die zweite Aufgabe das Ergebnis an.
b) Lege dir selbst eine solche Tabelle an und löse entsprechend:

$12,3 \cdot 4,6$ $3,24 \cdot 11,8$ $7,14 \cdot 8,93$
$8,45 \cdot 0,8$ $0,87 \cdot 2,65$ $0,931 \cdot 17,07$

c) Zähle bei jeder Aufgabe die Kommastellen der beiden Dezimalbrüche zusammen. Vergleiche jeweils mit der Anzahl der Kommastellen im Ergebnis.

Rechne wie mit natürlichen Zahlen. Streiche im Ergebnis so viele Stellen von rechts ab, wie beide Dezimalbrüche zusammen nach dem Komma haben.

5.

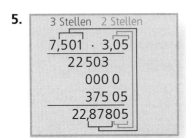

```
  3 Stellen   2 Stellen
   7,501  ·  3,05
     22503
     0000
     375 05
     22,87805
```

Rechne ebenso:
a) $4,15 \cdot 3,2$ b) $6,83 \cdot 1,2$
   $8,65 \cdot 2,52$ $24,18 \cdot 7,63$
   $14,731 \cdot 9,83$ $100,712 \cdot 2,39$

c) $14,9 \cdot 9,08$ d) $3,09 \cdot 4,06$
   $37,24 \cdot 2,02$ $11,34 \cdot 0,8$
   $90,71 \cdot 5,408$ $117,2 \cdot 0,14$

6. In drei Ergebnissen wurde das Komma falsch gesetzt. Finde und korrigiere sie:
a) $11,2 \cdot 6,8 = 7,616$ b) $7,02 \cdot 4,3 = 30,186$ c) $8,23 \cdot 7,86 = 64,6878$
d) $0,9 \cdot 18,4 = 165,6$ e) $13,4 \cdot 5,78 = 77,452$ f) $24,75 \cdot 40,1 = 9\,924,75$

7. Rechne nach. Wohin gehört im Ergebnis das Komma?

a) $2,55 \cdot 3,456$ b) $37,84 \cdot 0,91$ c) $40,3 \cdot 2,05$ d) $7,02 \cdot 0,702$
   765   0000   806   4914
   1020   34056   000   1404
   1275   3784   2015   492804
   1530   344344   82615
   881280

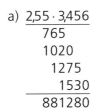

Lösungen zu 8

43,89	46,8
28,872	29,561
91,304	98,735
94,333	44,928

8. a) $19,5 \cdot 2,4$ b) $30,38 \cdot 3,25$ c) $60,86 \cdot 1,55$ d) $6,24 \cdot 7,2$
e) $8,02 \cdot 3,6$ f) $36,05 \cdot 0,82$ g) $14,25 \cdot 3,08$ h) $18,08 \cdot 5,05$

Dezimalbrüche multiplizieren

1. Berechne den Flächeninhalt der Spielflächen und vergleiche.

2. Berechne folgende Flächeninhalte von Rechtecken:

Länge:	2,6 dm	42,5 m	5,5 m	3,75 m	3,8 m	24,6 cm	29,6 cm
Breite:	1,3 dm	21,1 m	2,25 m	1,2 m	3,4 m	28 cm	20,85 cm

3. Ein rechteckiger Bauplatz ist 42,5 m lang und 33,5 m breit. Wie teuer ist das Grundstück, wenn ein Quadratmeter Bauland 152,50 € kostet?

4. Berechne z möglichst im Kopf:

	a)	b)	c)	d)	e)	f)	g)
x	0,7	0,9	0,05	1,2	0,002	0,02	0,02
y	0,8	0,7	0,08	0,4	0,03	0,2	2,0

5. Bei jeweils vier Aufgaben ist das Ergebnis gleich:

a) 60,05 · 27   b) 600,5 · 2,7   c) 0,6005 · 2 700   d) 0,27 · 6 005

e) 6,005 · 2,7   f) 60,05 · 0,27   g) 0,6005 · 27   h) 0,027 · 600,5

6.

Berechne:

a) 3,1 · 0,3   0,8 · 0,25   7,82 · 0,04

b) 0,26 · 0,3   1,02 · 0,06   0,38 · 0,14

c) 3,03 · 0,002   0,34 · 0,027   0,0259 · 0,05

Hat das Ergebnis zu wenig Ziffern dann, stellt man einfach Nullen voran!

7. Suche alle Fehler und berichtige sie:

a) 2,02 · 2,02
      404
      404
    0,4444

b) 0,027 · 0,27
         54
        189
      0,0739

c) 1,200 · 1,200
        1200
       24000
      0,144000

d) 6,02 · 2,06
       12040
        3612
      1,5652

8. <, > oder = ?

a) 3,300 · 0,2200 ● 3,3 · 0,22   b) 4,020 · 4,0200 ● 4,2 · 4,2

c) 0,025 · 0,2500 ● 0,25 · 0,025   d) 4,404 · 4,4 ● 44,04 · 0,44

e) 3,03 · 0,33 ● 0,303 · 0,33   f) 0,200 · 0,500 ● 2,00 · 0,05

9. Berechne den Wert folgender Produkte:

a) 2,3 · 7,1 · 4,5   b) 18,3 · 0,45 · 4,16   c) 0,25 · 2,5 · 7,3   d) 5,05 · 400 · 1,32

5,8 · 0,2 · 1,9   3,725 · 0,04 · 15   3,76 · 0,03 · 4   0,001 · 50 · 10,71

zu 9

2,204	0,4512
0,5355	34,2576
2 666,4	4,5625
73,485	2,235

Dezimalbrüche dividieren

	1. Beispiel		2. Beispiel		3. Beispiel
	:10 ➤ 45,032		:10 ➤ 2,42		:10 ➤ 0,095
450,32	:100 ➤ 4,5032	24,2 :100 ➤ 0,242	0,95	:100 ➤ 0,0095
	:1000 ➤ 0,45032		:1000 ➤ 0,0242		:1000 ➤ 0,00095

1. a) Betrachte die Beispiele genau. Welche Regel lässt sich ableiten?
   b) Dividiere folgende Zahlen durch 10, 100 und 1000:
   7 043,8   127,65   209,4   1 300,2   3 274,0   1,05

Dezimalbruch durch 10 (100, 1 000, …) teilen

Komma um eine (zwei, drei, …) Stelle(n) nach links verschieben

2. Ermittle die fehlenden Werte im Kopf:
   a) Umrechnungstabelle Dollar-€

US-$	1	10	100	1000
€	▬	▬	▬	1148

   b) Durchschnittlicher Benzinverbrauch

km	1	10	100	1000
Benzin (l)	▬	▬	▬	72

3. Dividiere durch 10, 100 und 1000. Runde bei den Aufgaben c) und d) sinnvoll.
   a) 528 kg   b) 90 500 km   c) 823,17 €   d) 1 050,86 €
      2 670,0 kg   8 765,0 km   412,30 €   84,07 €

4. Ermittle die fehlenden Werte:

   a)   54,06   : 10 ➤ ▬   b) 10 378,1   : 1000 ➤ ▬
   c) 721,34   : 100 ➤ ▬   d)   34,293   : 1000 ➤ ▬
   e) ▬   : 10 ➤ 0,606   f) ▬   : 100 ➤ 1,005

5. Briefmarken werden in Hunterbögen gedruckt. Welchen Wert hat eine Marke, wenn ein Bogen 45 € (55 €, 100 €, 144 €, 5 €) kostet?

6. Im Supermarkt werden zwei verschieden große Waschpulververpackungen angeboten. Welche Packung ist preisgünstiger?
   a) Erkläre den Rechenplan und ergänze ihn.

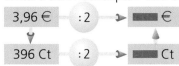

3,96 € : 2 ➤ ▬ €
↓
396 Ct : 2 ➤ ▬ Ct

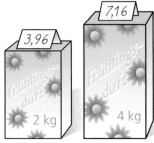

   b) Berechne auch den Preis für 1 kg Waschpulver in der größeren Packung und vergleiche.

7. Wandle vor dem Dividieren in kleinere Einheiten um, so dass kein Komma mehr vorkommt. Schreibe danach das Ergebnis wieder in der ursprünglichen Einheit an:
   a) 3,6 m : 6   b) 0,50 hl : 4   c) 18,15 m : 15   d) 1,8 t : 12
   e) 39,6 km : 18   f) 19,2 kg : 24   g) 1 687,80 € : 12   h) 4,32 m² : 36

8. Erkläre die Abbildungen und notiere die entsprechenden Divisionen:

   a)    b) 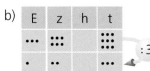   c)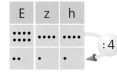

Dezimalbrüche dividieren

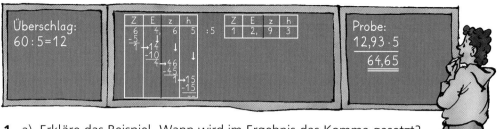

Überschlag:
60 : 5 = 12

Z	E	z	h		Z	E	z	h
---	---	---	---		---	---	---	---
6	4	6	5	: 5	1	2,	9	3

Probe:
12,93 · 5
64,65

Lösungen

1,7	2,775
5,73	2,18
2,03	1,42
4,15	12,7
8,05	42,613

1. a) Erkläre das Beispiel. Wann wird im Ergebnis das Komma gesetzt?
b) Wozu dient der Überschlag? Warum ist die Probe nützlich?
c) Rechne ebenso:

5,68 : 4	10,2 : 6	13,875 : 5	340,904 : 8	54,81 : 27
40,25 : 5	12,45 : 3	40,11 : 7	495,3 : 39	26,16 : 12

2.

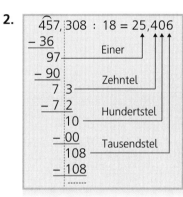

457,308 : 18 = 25,406
− 36
97 ──── Einer
− 90
7 3 ──── Zehntel
− 7 2
10 ──── Hundertstel
− 00
108 ──── Tausendstel
− 108

Überschlage, berechne und mache die Probe.
Jeweils zwei Ergebnisse sind gleich.

a) 1 129,5 : 45   b) 308,2 : 23
c) 627,75 : 25   d) 120,45 : 15
e) 451,998 : 18   f) 59,532 : 12
g) 200,8 : 8   h) 297,66 : 60
i) 276,21 : 11   k) 113,4 : 42
l) 351,554 : 14   m) 37,8 : 14
n) 460,46 : 23   o) 616,4 : 46
p) 1 441,44 : 72   q) 361,35 : 45

Beim Überschreiten des Kommas in der Rechnung wird im Ergebnis das Komma gesetzt.

3. Die Klasse 6a (29 Schüler) hat bei einer Sammlung 228,81 € in der Kasse.
Wie viel € hat jedes Kind durchschnittlich gesammelt?

4. Die Siegerzeit in einer 4 · 100-m-Staffel bei den Männern ist 37,40 s.
Wie viele Sekunden benötigt ein Läufer durchschnittlich für 100 m?

5.

Aufgabe:	24,9 : 6
Überschlag:	24 : 6 = 4
Rechnung:	24,90 : 6 = 4,15
	− 24
	9
	− 6
	30
	− 30
	− −

Rechne ebenso:
a) 23,4 : 4   b) 5,0 : 4
45,9 : 18   14,0 : 8
16,4 : 8   0,5 : 2
15,6 : 5   0,6 : 30
27,3 : 6   1,8 : 5

Hat die erste Zahl zu wenig Kommastellen dran, hängt man einfach Nullen an.

6. Eine Sommerrodelbahn ist 762,5 m lang. Für diese
Strecke benötigte Michael 1 min 8 s.
Runde jeweils auf zwei Stellen nach dem Komma.
a) Welchen Weg legte er durchschnittlich in 1 s zurück?
b) Welcher Geschwindigkeit in $\frac{km}{h}$ entspricht dies?

7. Peter meint: „Ob ich eine Zahl mit 0,1 multipliziere oder durch 10 dividiere,
ist gleichgültig. Das Ergebnis ist immer dasselbe." Hat er Recht? Begründe deine
Antwort mit zwei einfachen Beispielen.

Dezimalbrüche dividieren

a) 15 : 3	b) 7 200 : 800	c) 1575 : 500	d) 4,97 : 7
150 : 30	720 : 80	157,5 : 50	49,7 : 70
1500 : 300	72 : 8	15,75 : 5	497 : 700

1. Vergleiche die Ergebnisse. Welche Erkenntnis lässt sich daraus ableiten?

60 | 2 000
30 | 120
400 | 130
300 | 16
3 000 | 20
200 | 120

2.

```
  64  : 0,8              Probe:   80 · 0,8          42  : 0,14       Probe:   300 · 0,14
  ·10   ·10                       64,0            ·100   ·100                  300
   ↓     ↓                                          ↓      ↓                  1200
  640 :   8 = 80                                 4 200 :  14 = 300            42,00
```

Erkläre den Lösungsweg und berechne ebenso:

a) 39 : 0,3 b) 48 : 0,24 c) 39 : 0,325 d) 24 : 0,08
   108 : 0,9   52 : 0,13   242 : 0,121   18 : 0,3
   51 : 1,7   25 : 1,25   82 : 5,125   54 : 0,018

Dezimalbruch durch Dezimalbruch
Verschiebe bei beiden Zahlen das Komma um gleich viele Stellen nach rechts, bis der Teiler eine ganze Zahl wird.

3.

1. Beispiel:	2. Beispiel:	3. Beispiel:	4. Beispiel:
7,8 : 2,5	14,26 : 3,1	3,916 : 1,78	17,55 : 3,375
·10 ·10	·10 ·10	·100 ·100	·1000 ·1000

```
1. Beispiel:           2. Beispiel:          3. Beispiel:          4. Beispiel:
  78 : 25 = 3,12        142,6 : 31 = 4,6      391,6 : 178 = 2,2     17550 : 3375 = 5,2
- 75                   - 124                 - 356                 - 16875
   30                    18 6                  35 6                  6750
 - 25                  - 18 6                - 35 6                - 6750
   50                    ===                   ===                   ====
 - 50
   ===
```

a) Erkläre bei jedem Beispiel das Vorgehen.
b) Welche Regel für das Dividieren durch Dezimalbrüche lässt sich daraus ableiten?
c) Berechne:
   32,4 : 4,5   22,14 : 3,6   18,90 : 2,52
   39,56 : 9,2   50,542 : 6,83   25,494 : 7,284

4. Überschlage, rechne und mache die Probe:
   a) 5,4 : 1,2   b) 7,8 : 0,8   c) 14,76 : 4,5
   d) 21,01 : 2,2   e) 9,35 : 4,25   f) 32,3 : 4,75
   g) 9,639 : 4,59   h) 15,453 : 2,02   i) 35,525 : 5,8
   k) 14,705 : 4,325   l) 40,15 : 9,125   m) 29,7 : 4,125

2,2 | 7,65
9,55 | 9,75
7,2 | 3,4
4,4 | 6,8
4,5 | 3,28
2,1 | 6,125

5. Die Ziffernfolge ist bei jedem Ergebnis richtig, aber dreimal ist das Komma falsch gesetzt:
   a) 37,65 : 1,5 = 25,1   b) 32,32 : 1,6 = 2,02   c) 3,125 : 0,5 = 62,5
   d) 11,613 : 4,9 = 2,37   e) 8,255 : 0,65 = 12,7   f) 15,96 : 0,35 = 456,0

6. Ein Lastwagen hat ein Ladegewicht von 10,5 t. Wie viele Kisten mit einem Gewicht von je 0,75 t können aufgeladen werden?

7. Der Tank eines Pkws fasst 54 l. Auf 100 km verbraucht der Wagen 7,2 l.

8. Ein Liter Benzin kostet 118,9 Ct. Frau Röckl muss 47,56 € bezahlen.

Dezimalbrüche multiplizieren und dividieren

1. Multipliziere die Zahlen der äußeren mit denen der inneren Kästchen. Rechne dabei im Kopf.

	1	2	3	4	
1000	0,2	0,3			5
		0,4	0,5		
100		0,6	0,9		6
10	9	8			7

2. Multipliziere im Kopf bzw. mit Hilfe von Notizen:

   a) 3 · 1,5   b) 6 · 1,2   c) 9 · 1,03   d) 5 · 0,25

   e) 2 · 3,125   f) 2,3 · 0,2   g) 0,4 · 0,6   h) 1,9 · 0,3

3. Rechne im Kopf:

   a)   2,8   4,02   0,75   ·   10   100   1000   b)   1 236,4   208,7   10,8   :   10   100   1000

   c)   1,2   3,6   9,6   :   2   4   6   d)   2,4   7,2   16,8   :   2   3   8

4. Suche jeweils die Regel und ergänze die Zahlenfolge im Heft.

   a) 100   10   1   0,1   ■   ■   ■   0,00001

   b) 0,2   0,4   0,8   1,6   ■   ■   ■   51,2

   c) 0,01   0,03   0,09   0,27   ■   ■   ■   21,87

5. Rechne zuerst nach den Rechenplänen und ersetze danach jede Aufgabe durch eine einzige Rechnung:

   a) 0,4 ⤳ ·2 ⤳ ■ ⤳ ·1000 ⤳ ■ ⤳ ·2 ⤳ ■   b) 0,9 ⤳ :3 ⤳ ■ ⤳ ·6 ⤳ ■ ⤳ ·100 ⤳ ■

   c) 7,2 ⤳ :2 ⤳ ■ ⤳ :2 ⤳ ■ ⤳ :100 ⤳ ■   d) 0,2 ⤳ ·0,1 ⤳ ■ ⤳ ·100 ⤳ ■ ⤳ ·0,1 ⤳ ■

6. Beim Ergebnis fehlt jeweils noch das Komma. Wo gehört es hin?

a) 14,5 · 15,8	b) 0,36 · 15,05	c) 2,05 · 1,1	d) 0,123 · 0,123
22910	54180	2255	15129
e) 0,202 · 0,5	f) 0,025 · 25,5	g) 3,3 · 0,33	h) 0,006 · 5,5
1010	6375	1089	330

7.

Ergebnisse: 1,476   0,016   0,65   0,369   0,1625   1,04   2,3616   0,01   0,064   23,985

0,32   3,25   0,05   0,2   7,38

Wähle aus den gegebenen Dezimalbrüchen zwei verschiedene so aus, dass

a) der kleinste mit dem größten multipliziert wird.

b) das Produkt größer als 1 ist.

c) das Produkt kleiner als 1 ist.

Ermittle jeweils das Ergebnis.

8. Das Ergebnis der Rechnung 0,6 · ■ soll 4 Stellen nach dem Komma haben. Gib die drei Dezimalbrüche an, die diese Bedingung erfüllen und ermittle jeweils das Ergebnis.

    3,8   1,234   7,14   11,11   12,401   19,3   9,05   15,328

9. a) 4 · 0,6 = ■ : 2   b) 0,85 : 2 = ■ : 1   c) 2,4 : 8 = ■ : 4

   d) 6,2 : 2 = ■ : 3   e) 26,05 · 10 = ■ · 100   f) 606 : 1000 = ■ · 10

   g) 0,9 : 100 = ■ · 0,3   h) 0,24 · 10 = ■ : 2   i) 0,36 : 6 = ■ : 8

Lösungen zu 9

0,425   9,3   0,48   4,8   4,8   1,2   0,0606   0,03   2,605

Dezimalbrüche multiplizieren und dividieren

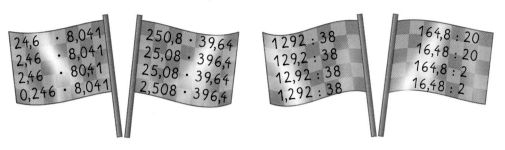

24,6 · 8,041
2,46 · 8,041
2,46 · 8041
0,246 · 8,041

250,8 · 39,64
25,08 · 396,4
25,08 · 39,64
2,508 · 396,4

1292 : 38
129,2 : 38
12,92 : 38
1,292 : 38

164,8 : 20
16,48 : 20
164,8 : 2
16,48 : 2

1. Berechne jeweils nur ein Produkt bzw. einen Quotienten. Bestimme die anderen ohne Rechnung.

2.

Aufgabe	Überschlagsrechnung	Probe
a) 220,5 : 12 = ■	200 : 10 = ■	■ · 12 = 220,5
b) 1080,12 : 24 = ■	1100 : 20 = ■	24 · ■ = 1080,12
c) 4414,9 : 98 = ■	■ : 100 = 44	■ · 98 = 4414,9

3.

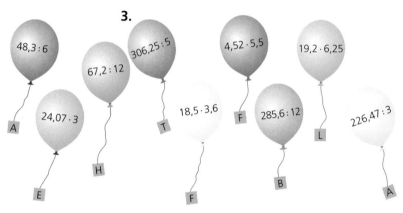

48,3 : 6   A
24,07 · 3   E
67,2 : 12   H
306,25 : 5   T
18,5 · 3,6   F
4,52 · 5,5   F
285,6 : 12   B
19,2 · 6,25   L
226,47 : 3   A

Berechne und ordne die Ergebnisse in der vorgegebenen Reihenfolge:

66,6   8,05   23,8   72,21   120 –

5,6   75,49   24,86   61,25

Welches Lösungswort erhältst du?

4. Ordne die Ergebnisse den Aufgaben zu. Überschlagsrechnen kann teilweise ein genaues Ausrechnen ersetzen.

126,2 · 0,175   140,7 : 6   25,4 · 4,05   947,52 : 9

603,75 : 21   34,085 · 3   343,5 : 15   597,45 · 0,214

127,8543   22,9   102,87   23,45   28,75   22,085   105,28   102,255

5. a) Multipliziere den kleinsten einstelligen mit dem größten einstelligen Dezimalbruch.

b) Multipliziere den kleinsten vierstelligen Dezimalbruch mit 10 (100; 1000; 10000).

c) Dividiere den größten dreistelligen (vierstelligen) Dezimalbruch durch 3 (9).

d) Dividiere das Ergebnis aus 0,2 · 0,4 durch das Ergebnis aus 0,1 · 100.

e) Welche Zahl musst du mit 100 multiplizieren, um 0,1 zu erhalten?

6. Mit einer Tankfüllung von 60 l konnte ein Auto 800 km fahren. Wie weit reicht der Reservekanister mit 5 l Benzin bei annähernd gleicher Geschwindigkeit? Runde auf Kilometer.

Formel 1

Großer Preis von Deutschland
(Hockenheim)

Großer Preis von Europa
(Nürburgring)

START

DISTANZ: 67 Runden (je 4,574 km)

DISTANZ: 68 Runden (je 4,556 km)

1. Über wie viele Kilometer führt der Große Preis (GP) von Deutschland bzw. von Europa? Runde jeweils auf ganze Kilometer.

2. Ein Rennfahrer fährt mit einer durchschnittlichen Geschwindigkeit von 212,8 km pro h. Welche Strecke legt er dabei in $1\frac{1}{4}$ h zurück?

Häufigste Boxenstopps GP Großbritannien (1993)

Reifenwechsel: 69
Grund: Aprilwetter
Zeit je Wechsel: 8,8 s

Wie lange standen die Autos bei dieser durchschnittlichen Wechselzeit insgesamt in den Boxen?

3. **Kürzester Weltmeisterschaftslauf GP Australien (1991)**

Rennstrecke: 62,930 km
Rundenlänge: 4,495 km

Nach wie vielen Runden wurde das Rennen wegen Regens abgebrochen?

Schnellstes Rennen GP Italien (2003)

Distanz: 53 Runden
Rundenlänge: 5,793 km
Dauer: 1,24 h

Wie groß war die durchschnittliche Geschwindigkeit? Runde auf ganze Kilometer.

PREIS N MOB
DEUT AND
CKE 2004

306   2627,5
248   266
607,2   310   14

Endspurt

4. Der Sieger eines Rennens hatte 45 s Vorsprung. Wie viele Meter waren dies, wenn die durchschnittliche Geschwindigkeit 210,2 km pro h betrug?

Dezimalbrüche wiederholen

Dezimalbruch

Kommazahlen nennt man auch Dezimalbrüche:
Ganze stehen vor, Bruchteile nach dem Komma.

Bruch und Dezimalbruch

$$\frac{3}{5} = \frac{6}{10} = 0{,}6 \qquad \frac{7}{20} = \frac{35}{100} = 0{,}35$$

Auf einen Bruch mit dem Nenner 10, 100, …
erweitern und als Dezimalbruch schreiben.

$$\frac{3}{5} = 3 : 5 = 0{,}6 \qquad \frac{7}{20} = 7 : 20 = 0{,}35$$

Zähler durch Nenner dividieren.

$$0{,}6 = \frac{6}{10} = \frac{3}{5} \qquad 0{,}35 = \frac{35}{100} = \frac{7}{20}$$

Als Bruch mit dem Nenner 10, 100, …
schreiben und gegebenenfalls kürzen.

Runden

Bei den Ziffern 0, 1, 2, 3 und 4 wird abgerundet,
bei den Ziffern 5, 6, 7, 8 und 9 wird aufgerundet.

Addition/Subtraktion

$$
\begin{array}{r}
28{,}170 \\
13{,}000 \\
+\ \ 4{,}057 \\
\underline{1\ \ 1} \\
45{,}227
\end{array}
$$

1. Komma unter Komma
2. Fehlende Endnullen ergänzen
3. Ganze Zahlen in Dezimalbrüche umwandeln
4. Rechnen wie mit ganzen Zahlen

Multiplikation

3 Stellen ⊕ 2 Stellen

$$
\begin{array}{r}
0{,}128 \cdot 0{,}12 \\
\hline
128 \\
256 \\
\hline
0{,}01536
\end{array}
$$

5 Stellen

1. Multiplizieren wie mit ganzen Zahlen
2. Im Ergebnis so viele Stellen von rechts abstreichen, wie beide Dezimalbrüche zusammen nach dem Komma haben

Division durch ganze Zahl

$$
\begin{array}{l}
32{,}6 : 20 = 1{,}63 \\
\underline{-\ 20} \\
12\,|6 \\
\underline{-\ 12\ 0} \\
60 \\
\underline{-\ 60} \\
\cdots\cdots
\end{array}
$$

1. Dividieren wie mit ganzen Zahlen
2. Komma beim Überschreiten im Ergebnis setzen

---

1. Notiere in der angegebenen Einheit:
   a) 8 dm (m)   b) 3 425 g (kg)
   c) 208 Ct (€)   d) 320 l (hl)
   e) 7 005 m (km)   f) 90 g (kg)

2. Schreibe mit Ziffern:
   a) zehn Komma drei sieben
   b) acht Komma null drei eins
   c) dreihundert Komma zwei null neun
   d) null Komma null null vier

3. Schreibe als Dezimalbruch:
   a) $\frac{7}{10}$; $\frac{41}{100}$; $\frac{3}{100}$; $\frac{208}{1000}$; $\frac{9}{1000}$
   b) $4\frac{3}{10}$; $17\frac{18}{100}$; $21\frac{16}{1000}$; $9\frac{99}{10\,000}$
   c) $6 + \frac{7}{10} + \frac{4}{100}$
   d) $17 + \frac{6}{100} + \frac{5}{10\,000}$

4. a) Verwandle in einen Dezimalbruch:
   $\frac{4}{5}$; $\frac{11}{20}$; $\frac{21}{50}$; $\frac{9}{25}$; $\frac{113}{200}$; $\frac{12}{125}$
   b) Verwandle in einen Bruch:
   0,3; 0,19; 0,45; 0,08; 0,075

5. a) Runde auf Zehntel:
   7,825   0,651   19,24   9,964
   b) Runde auf Hundertstel:
   14,307   6,281   32,083   0,898
   c) Runde auf Tausendstel:
   3,4752   7,8005   0,4693   19,9997

6. Schreibe untereinander und rechne:
   a) 17,8 + 19,67   b) 21,1 − 13,59
   c) 23 − 9,349   d) 34 + 29,836
   e) 20,05 + 38 + 18,957 + 6,8

7. a) 7,28 · 3,5   b) 16,2 · 9,3
   c) 15,61 · 2,93   d) 23,892 · 8,7
   e) 6,39 · 4,05   f) 50,72 · 0,85

8. a) 58,4 : 8   b) 45,6 : 12
   c) 44,94 : 14   d) 76,02 : 21
   e) 45,9 : 18   f) 1,875 : 25

Dezimalbrüche wiederholen

9. Trage in eine Stellenwerttafel ein und schreibe dann als Dezimalbruch:

a) $\frac{7}{10}$; $\frac{39}{100}$; $\frac{71}{100}$; $\frac{9}{100}$; $\frac{601}{1000}$; $\frac{19}{1000}$

b) $5\frac{3}{10}$; $21\frac{53}{100}$; $50\frac{1}{100}$; $7\frac{7}{1000}$

10. Notiere die am Zahlenstrahl gekennzeichneten Dezimalbrüche:

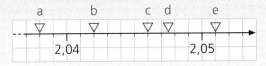

11. Runde auf Zehntel, Hundertstel und Tausendstel:

7,8647   14,0729   99,9695

12. Runde die Angaben sinnvoll:

a) Preis für 1 l Benzin: 1,199 €

b) Längste Brücke der Welt: 38,42 km

c) Einwohnerzahl: 3,25 Mio.

d) Körpergewicht: 39,7 kg

13. Rechne im Kopf:

a) 3,6 + 4,9   b) 5,2 − 0,7

c) 0,9 · 3   d) 14,8 : 2

e) 13 − 7,8   f) 5 · 1,5

g) 36,9 : 3   h) 10,3 + 9,8

14. Berechne das Beispiel und bestimme bei den Aufgaben a) bis d) das Ergebnis möglichst ohne Rechnung:

a) 9,6 · 43   b) 9,6 · 0,43

c) 0,0043 · 9,6   d) 0,96 · 0,43

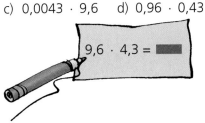

9,6 · 4,3 = ▬

15. Löse die Rechenkette:

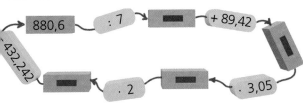

880,6 — : 7 — ▬ — + 89,42 — 432,242 — ▬ — · 2 — ▬ — · 3,05

16. Zwölf Aufgaben, aber nur vier verschiedene Ergebnisse:

4,5 · 6,08	87,095 + 75,463
112,31 − 84,95	82,1 · 1,98
82,08 : 3	8,409 + 0,821
24,95 · 3,8	200,1 − 105,29
207,62 − 45,062	64,61 : 7
55,38 : 6	19,008 + 8,352

17. Anna hat 291,50 € gespart. Sie kauft sich davon ein Fahrrad für 219,− €, einen Fahrradhelm für 29,90 € und einen Fahrrad-Computer für 13,90 €.
Wie viel Geld bleibt ihr übrig?

18. Im Supermarkt beträgt der Preis bei Melonen 1,20 € je kg.

a) Wie viel kostet eine Melone, die 2,45 kg wiegt?

b) Welches Gewicht hat eine Melone, die 3,42 € kostet?

19. Ergänze die fehlenden Ziffern:

a) 4,▨ + ▨,7 = 7   b) ▨,8 − 7,1 = 2,▨

c) 8 · ▨,3 = 2,▨   d) 8,▨ : 7 = ▨,2

20. Für gleiche Zeichen musst du gleiche Zahlen einsetzen:

a) 2,7 + ▬ = 6,2

  ● + 1,3 = ▬

b) △ + △ = ◯

  15,9 − △ = 7,3

c) ☆ − ◇ = 40,4

  ☆ − 45,6 = 9,9

21. Welche Zahl bedeutet jeder Buchstabe, wenn Folgendes bekannt ist:

S = U : 0,4

E = R · 3

U = E + R

R = 2,8 : 7

S + U + P + E + R = 10

Trimm-dich-Runde 3

○○○○ **1.** Schreibe jeweils mit Komma in der Einheit, die in Klammern angegeben ist:
   a) 415 Ct (€)   b) 203 cm (m)   c) 2403 g (kg)   d) 230 l (hl)
   8 Ct (€)   428 mm (m)   38 g (kg)   48 l (hl)

○○ **2.** Schreibe als Dezimalbruch:
   a) $4 + \frac{5}{10} + \frac{3}{100} + \frac{8}{1000}$ b) $\frac{7}{10} + \frac{1}{1000} + \frac{4}{10000}$ c) $16\frac{9}{100}$ d) $\frac{12}{10}$

○○○ **3.** Zeichne einen Zahlenstrahl bis 2,5.
   Markiere darauf 0,7; 1,3; 2,1; 0,25; 1,85; 2,25.

○○○ **4.** Ordne jedem Bruch den entsprechenden Dezimalbruch zu:

○○○ **5.** Ordne der Größe nach. Beginne mit der kleinsten Zahl:
   a) 7,404; 7,04; 7,440; 7,044   b) 0,4; $\frac{8}{1000}$; $\frac{3}{10}$; 0,03

○○ **6.** Runde jeweils auf die in Klammern angegebene Stelle:
   a) 7,4835 (h)   b) 1,459 (z)   c) 3,8002 (t)   d) 4,097 (h)

○○○ **7.** Übertrage die Rechentreppe
   in dein Heft und ergänze sie:

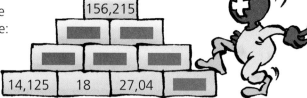

○○○ **8.** Berechne:
   a) 18,78 · 4   b) 92,96 : 8   c) 13,52 · 6,3
   d) 8,475 · 3,06   e) 63,15 : 12   f) 144,50 : 34

○○○ **9.** Ergänze jeweils die fehlenden Ziffern im Heft:

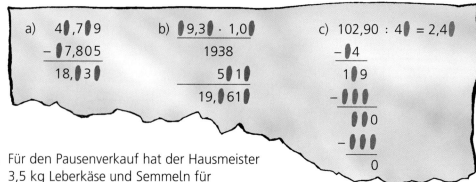

○○○○ **10.** Für den Pausenverkauf hat der Hausmeister
   3,5 kg Leberkäse und Semmeln für
   insgesamt 38,75 € eingekauft.
   a) Auf eine Semmel kommen circa 50 g Leberkäse.
      Wie viele Semmeln kann er belegen?
   b) Er bietet eine Semmel für 0,80 € an.
      Wie viel nimmt er ein, wenn er alle Semmeln verkaufen kann?
   c) Wie groß ist sein Gewinn?

KREUZ und QUER

Natürliche Zahlen

a) Auf welche Zahl zeigt jeweils der Pfeil?

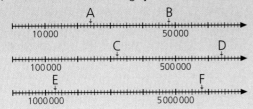

b) Runde auf Zehner, Hunderter und Tausender:

118 354   99 872   6 085 665

c) Die meisten Schülerinnen und Schüler der 6. Jahrgangsstufe sind in einem Sportverein aktiv. 18 von ihnen spielen Fußball, 8 turnen, 12 spielen Volleyball, 6 spielen Badminton und 4 gehen zum Schwimmen. Übertrage und ergänze das unvollständige Diagramm:

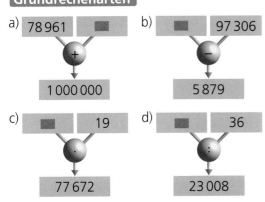

Grundrechenarten

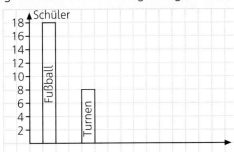

e) Finde mit Hilfe des Überschlags die falschen Ergebnisse:

86 860 : 2 = 4 343	9 625 : 25 = 385
48 980 : 5 = 9 796	5 040 : 9 = 56
7 650 · 8 = 6 120	815 · 12 = 9 750
1 967 · 11 = 21 637	1 250 · 18 = 2 250

Bruchzahlen

a) Welcher Bruchteil ist gefärbt?

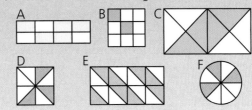

b) Wandle um in

Minuten:	$\frac{3}{4}$ h	$\frac{1}{3}$ h	$1\frac{1}{4}$ h
Gramm:	$\frac{1}{2}$ kg	$\frac{1}{8}$ kg	$1\frac{3}{10}$ kg
Zentimeter:	$\frac{7}{10}$ m	$\frac{3}{5}$ m	$2\frac{1}{4}$ m
Liter:	$\frac{1}{2}$ hl	$\frac{5}{8}$ hl	$1\frac{4}{5}$ hl

Achsenspiegelung

a) Übertrage in dein Heft und ergänze zu achsensymmetrischen Figuren:

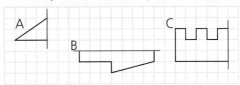

b) Übertrage in dein Heft und zeichne alle möglichen Symmetrieachsen ein:

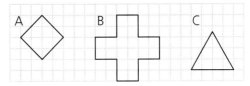

Verschiebung

a) Übertrage ins Heft und verschiebe nach den angegebenen Vorschriften:

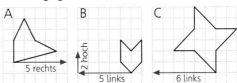

b) Notiere, nach welchen Vorschriften verschoben wurde:

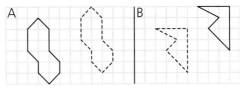

Würfel und Quader

a) Welches Netz ergibt einen Würfel bzw. einen Quader?

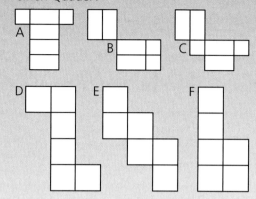

b) Welcher Quader passt zu welchem Netz?

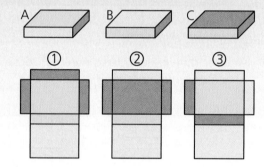

c) Ordne jedem Würfel ein Netz zu:

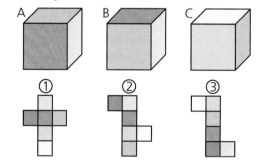

Senkrechte und parallele Geraden

Notiere, welche Geraden senkrecht (⊥) aufeinander stehen bzw. parallel (∥) zueinander verlaufen:

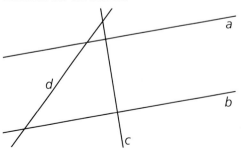

Sachaufgaben

Lehrerin Schmid organisiert für die 22 Schüler der Klasse 6b eine Klassenfahrt in die 125 km entfernte Jugendherberge. Sie fahren am Montag um 9.00 Uhr von der Schule ab. Als feste Kosten fallen dabei an: 253 € Busfahrt für die Klasse, 58 € Vollpension pro Schüler, für Eintritt ins Erlebnisbad 1,50 € pro Schüler, 55 € Eintritt ins Museum für die ganze Klasse.

a) Welche Fragen kannst du nicht beantworten?

- A Welchen Betrag zahlt jeder Schüler für die Busfahrt?
- B Wie lange dauert der Aufenthalt?
- C Welchen Betrag zahlt jeder Schüler für den Museumseintritt?
- D Wie lange dauert die Busfahrt?
- E Welchen Gesamtbetrag muss jeder Schüler bezahlen?

b) Welche Informationen fehlen für die Fragen, die du nicht beantworten kannst?

c) Berechne die Fragen, für die du genügend Informationen im Text findest.

Knobelaufgabe

Auf einem großen Bahnhof mit den Gleisen A bis F stehen verschieden lange Züge. In einem von ihnen sitzt Tante Silke.

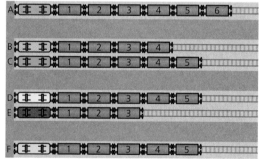

Auf welchem Gleis steht der Zug, in dem Tante Silke sitzt?

a) Tante Silke sitzt in einem Zug, der kürzer ist als der Zug auf Gleis A.

b) Der gesuchte Zug steht zwischen zwei anderen Zügen.

c) Tante Silkes Zug ist länger als der Zug auf Gleis E.

d) Der gesuchte Zug ist genau so lang wie der Zug auf Gleis D.

Geometrie 2

Durch den 171 Kilometer langen Main-Donau-Kanal zwischen dem Main bei Bamberg und der Donau bei Kelheim wird eine rund 3 500 Kilometer lange Schifffahrtsstraße hergestellt. Sie verbindet die Nordseehäfen an der Rheinmündung mit den Häfen an der Mündung der Donau ins Schwarze Meer. Verfolge den Verlauf der Wasserstraße auf einer Karte von Europa.

Mit Hilfe von Schleusen überwinden Schiffe beträchtliche Höhenunterschiede. In Leerstätten, Eckersmühlen und Hilpoltstein befinden sich die größten je in Deutschland gebauten Schleusen. Sie sind 200 m lang, 12 m breit und haben eine Hubhöhe von etwa 25 m. Wie viel Wasser muss wohl in die Schleusenkammer gepumpt werden, um ein Schiff 25 m zu heben?

Am Ende des Kapitels werden wir das Fassungsvermögen berechnen können. Zuerst wollen wir aber noch unsere Kenntnisse über geometrische Grundkörper vertiefen und auch unser räumliches Vorstellungsvermögen schulen.

Main-Donau-Kanal

Schweinfurt, Würzburg, Bamberg, Fürth, Erlangen, Nürnberg, Europäische Wasserscheide, Hilpoltstein, Berching, Dietfurt, Riedenburg, Kelheim, Regensburg, Donauwörth, Ingolstadt

Geometrische Körper

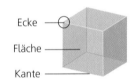

Geometrische
Grundkörper

Kegel

Pyramide

Würfel

Quader

Kugel

Zylinder

Dreiseitiges
Prisma

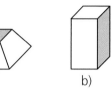 a)   b)   c)   d)   e) f)

 g)   h)   i)   k)   l)   m)

1. Welche Teile gehören zusammen? Benenne die entstehenden geometrischen Körper.

2.

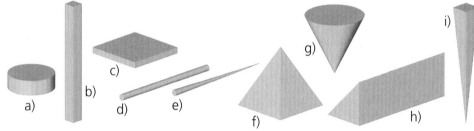

Benenne die Körper. Beschreibe Eigenschaften von Quader, Pyramide, Kegel, Zylinder und dreiseitigem Prisma.

3. Welcher der geometrischen Grundkörper hat
   a) nur Rechtecke als Begrenzungsflächen? b) Dreiecke als Grund- und Deckfläch
   c) Rechtecke als Seitenflächen?   d) nur 2 Begrenzungsflächen?
   e) 3 Begrenzungsflächen?   f) 12 Kanten und 8 Ecken ?
   g) 8 Kanten und 5 Ecken?   h) 9 Kanten und 6 Ecken?
   i) 1 Kante und keine Ecke?   k) 4 Flächen und 6 Kanten?
   l) 3 Flächen und keine Ecke?   m) 5 Flächen und 9 Kanten?

Stellt euch gegenseitig weitere Aufgaben.

Ecke ——

Fläche ——

Kante ——

4. Gib an, welche Grundkörper du auf den Bildern entdeckst:

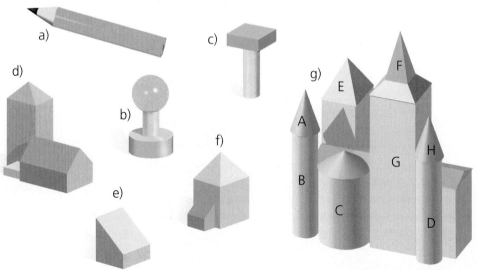

Geometrische Körper

1. a) b) c) d)

Die eingezeichneten Körper werden aus den Holzwürfeln herausgesägt.
Welche Körper entstehen jeweils?

2.

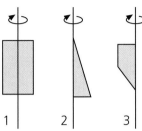  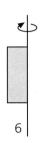 

1	2	3	4	5	6	7	8

Welche Körper entstehen, wenn du die Flächen um die Achse drehst?

3. a) Welche Körper können durch eine Drehung von Flächen entstanden sein?
   Erläutere.

  b) Suche in Aufgabe 2 die Figuren, aus denen diese Drehkörper entstanden sind.

A	B	C	D	E	F	G	H	I

Drehkörper

4. Die Augen von Spielwürfeln sind nach einer bestimmten Regel angeordnet.
   Du findest sie, wenn du die Augenzahlen einander gegenüberliegender Flächen
   addierst. Bei drei Spielwürfeln sind die Augen falsch aufgedruckt.
   Finde sie heraus und begründe.

a) b) c) d) e) f)

5. Welche Netze ergeben einen richtigen Spielwürfel?
   Denke an die Augenzahlen gegenüberliegender Flächen.

a) 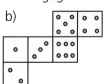 b) 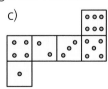 c) 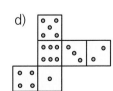 d)

6. Übertrage die Netze dieses Würfels ins Heft. Trage die fehlenden Augenzahlen ein.

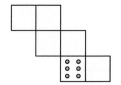 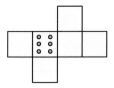 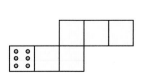

Ansichten von Körpern

Draufsicht

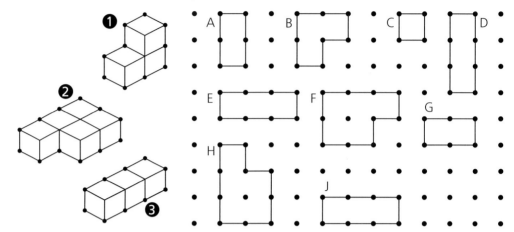

1. Welche Körper 1, 2 und 3 passen auf die Draufsichten A bis J?

2.

Jeder der vier Schüler hat die Schachteln so gezeichnet, wie er sie sieht.
Ordne die Zeichnungen den einzelnen Kindern zu.

3. Welche geometrischen Körper erkennst du? Zeichne selbst ähnliche Rätselbilder.

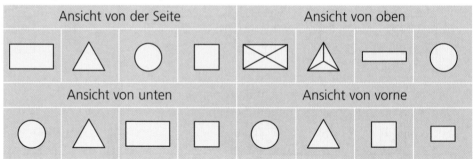

4. Hier siehst du sonderbare Ansichten. Rate, was jeweils dargestellt ist.

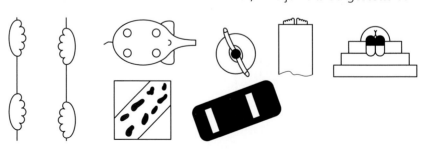

Schrägbilder zeichnen

1. Welche Abbildung zeigt das Schrägbild eines Würfels?
Miss die Länge der Kanten nach.
Was fällt dir auf?

a) 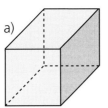   b)

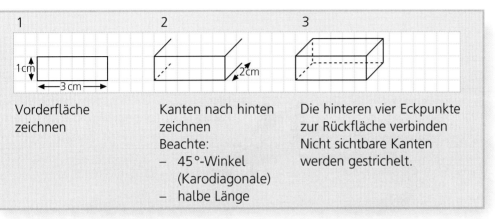

1	2	3
Vorderfläche zeichnen	Kanten nach hinten zeichnen Beachte: – 45°-Winkel (Karodiagonale) – halbe Länge	Die hinteren vier Eckpunkte zur Rückfläche verbinden Nicht sichtbare Kanten werden gestrichelt.

2. Übertrage das Schrägbild des Quaders wie oben angegeben. Zeichne es dann in doppelter Größe.

3. Zeichne Schrägbilder von Quadern bzw. Würfeln.

	a)	b)	c)	d)	e)	f)	g)	h)
Länge	4 cm	6 cm	3 cm	4 cm	2 cm	3 cm	2 cm	3 cm
Breite	2 cm	4 cm	3 cm	4 cm	5 cm	3 cm	2 cm	4 cm
Höhe	2 cm	3 cm	4 cm	4 cm	2 cm	3 cm	2 cm	1 cm

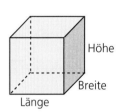

4. a) Zeichne das Schrägbild eines Quaders von 6 cm Länge, 4 cm Breite und 2 cm Höhe.
b) Zeichne den gleichen Quader so, dass die lange Kante nach hinten führt.
c) Stelle den Quader auf die kleinste Fläche und zeichne.

5. Zeichne das Schrägbild von drei Würfeln mit einer Kantenlänge von 3 cm,
a) wenn sie nebeneinander stehen.   b) wenn sie hintereinander stehen.

6. Ein Würfel (Kantenlänge 4 cm) soll in zwei gleich große Körper aufgeteilt werden. Zeichne in die Schrägbilder des Würfels verschiedene Möglichkeiten ein.

7. Zwei quaderförmige Schachteln (6 cm, 4 cm, 2 cm) sind wie in der Skizze aufgestellt.
a) Zeichne das Schrägbild.
b) Zeichne Schrägbilder von anderen Ansichten der beiden Schachteln.

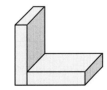

8. Wie viele Würfel siehst du?
(Drehe das Buch um und zähle nochmals.)

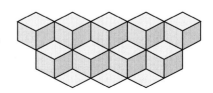

Geschenke – pfiffig verpackt

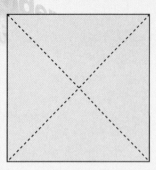

Ideenreiche Verpackungen bringen Geschenke oft erst richtig zur Geltung, besonders dann, wenn sie selbst hergestellt werden.

Hier brauchst du nur zwei Bögen farbiges Papier (z. B. Tonpapier) und eine Schere.

Geschenke – ~~originell verpackt~~

Material:

- Wellpappe (farbig)
- Schaschlikspieß
- Holzperlen
- Lochzange
- Bastelmesser

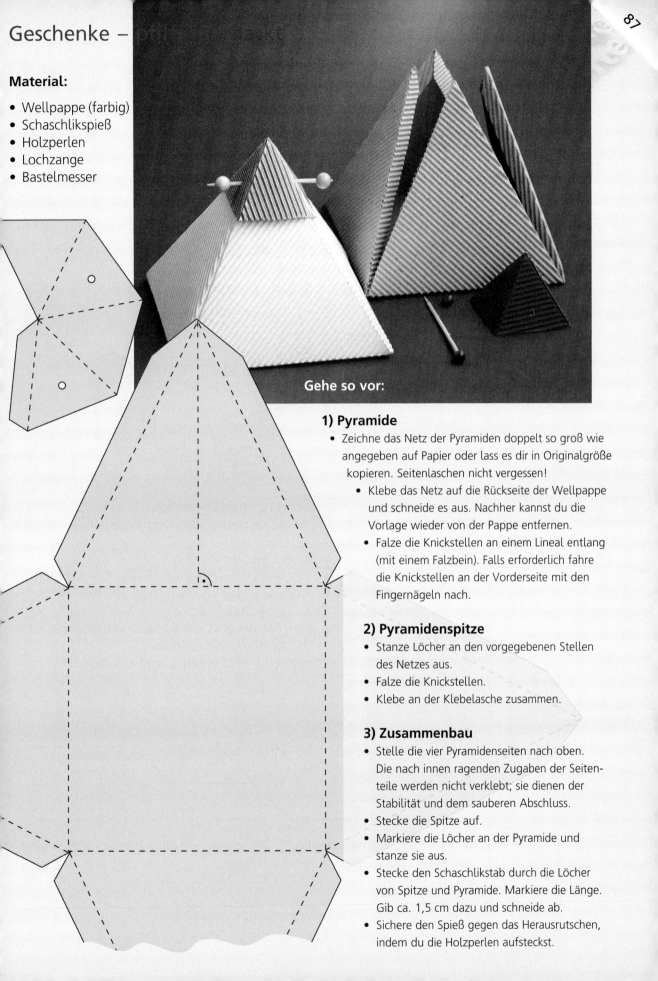

Gehe so vor:

1) Pyramide

- Zeichne das Netz der Pyramiden doppelt so groß wie angegeben auf Papier oder lass es dir in Originalgröße kopieren. Seitenlaschen nicht vergessen!
  - Klebe das Netz auf die Rückseite der Wellpappe und schneide es aus. Nachher kannst du die Vorlage wieder von der Pappe entfernen.
  - Falze die Knickstellen an einem Lineal entlang (mit einem Falzbein). Falls erforderlich fahre die Knickstellen an der Vorderseite mit den Fingernägeln nach.

2) Pyramidenspitze

- Stanze Löcher an den vorgegebenen Stellen des Netzes aus.
- Falze die Knickstellen.
- Klebe an der Klebelasche zusammen.

3) Zusammenbau

- Stelle die vier Pyramidenseiten nach oben. Die nach innen ragenden Zugaben der Seitenteile werden nicht verklebt; sie dienen der Stabilität und dem sauberen Abschluss.
- Stecke die Spitze auf.
- Markiere die Löcher an der Pyramide und stanze sie aus.
- Stecke den Schaschlikstab durch die Löcher von Spitze und Pyramide. Markiere die Länge. Gib ca. 1,5 cm dazu und schneide ab.
- Sichere den Spieß gegen das Herausrutschen, indem du die Holzperlen aufsteckst.

Prismen kennen lernen

Prisma

Grund- und Deckfläche
sind deckungsgleiche
Vielecke. Die Seiten-
flächen sind Rechtecke.

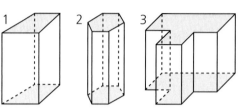 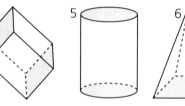

1. a) Bei einem geraden Prisma sind Grund- und Deckfläche deckungsgleiche
Vielecke.
Die Seitenflächen sind Rechtecke. Welche der obigen Körper sind demnach
keine Prismen?
b) Welche der geometrischen Grundkörper (vgl. S. 82) sind Prismen?

2.

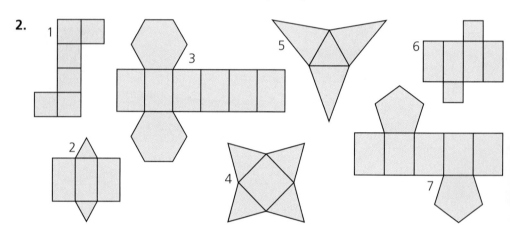

a) Welche Körpernetze gehören zu Prismen? Begründe.
b) Benenne die Körper, welche aus dem jeweiligen Netz entstehen.

3. Welche der Prismen aus Aufgabe 2 sind gemeint?
Karin: Mein Prisma wird von sechs deckungsgleichen Quadraten begrenzt.
Johannes: Mein Prisma hat vier deckungsgleiche Rechtecke und zwei deckungs-
                 gleiche Quadrate als Begrenzungsflächen.
Claudia: Mein Prisma hat je ein Fünfeck als Grund- und Deckfläche und fünf
                 deckungsgleiche Rechtecke als Seitenflächen.
Christina: Mein Prisma wird von sechs Rechtecken und zwei Sechsecken
                 begrenzt.

4.

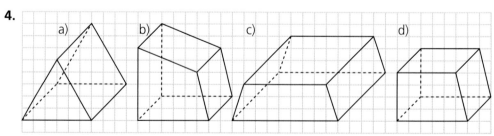

Auch hier sind Prismen dargestellt. Zeichne ab und färbe die deckungsgleichen
Grund- und Deckflächen in derselben Farbe.

5. Wahr oder falsch?
Jeder Würfel ist ein Quader. Jeder Quader ist ein Prisma.

Quadernetze

a)
b)
c)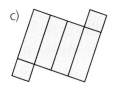
d)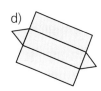

1. Welche Körper entstehen aus den Netzen?

2.
A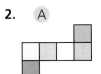
B
C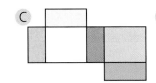
D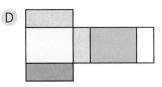

a) Welche Körper ergeben diese Netze?
b) Welche Farben haben die am Körper jeweils gegenüberliegenden Flächen?
c) Wie viele Flächen sind jeweils deckungsgleich?

3. Zeichne doppelt so groß ins Heft und ergänze jeweils zu einem vollständigen Quadernetz.

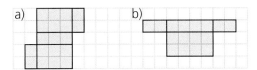

4. Das Netz wird zu einem Quader gefaltet.
a) Gib die Eckpunkte (Kanten) an, welche am fertigen Quader zusammenfallen.
b) Die rote Fläche bleibt als Grundfläche. Welche Flächen liegen dann am Körper oben, vorne, hinten, rechts und links?

Übertrage auf Papier, schneide aus und überprüfe.

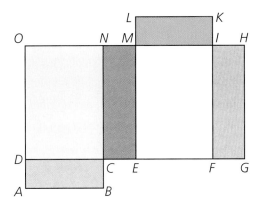

5. Zeichne zu jeder Aufgabe zwei verschiedene Quadernetze:

	a)	b)	c)	d)	e)	f)	g)	h)
Länge	3 cm	4 cm	2 cm	2 cm	2 cm	3 cm	4 cm	3,5 cm
Breite	2 cm	3 cm	2 cm	1,5 cm	2 cm	1 cm	1,5 cm	2,5 cm
Höhe	1 cm	1 cm	2 cm	1 cm	2,5 cm	0,5 cm	1 cm	1,5 cm

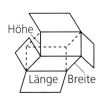

6. Ein Quader (Kantenlängen 3 cm, 2 cm und 1 cm) wird zur Hälfte in Farbe getaucht. Übertrage die Quadernetze und zeichne die gefärbten Flächen vollständig ein.

a)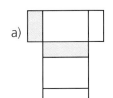
b)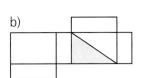
c)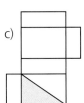

Längen und Flächen am Quader

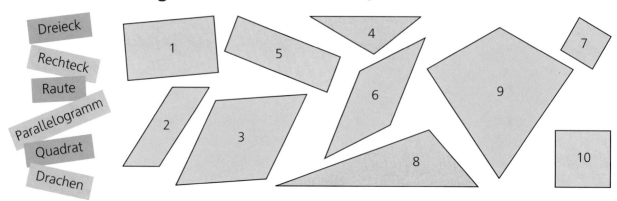

Dreieck
Rechteck
Raute
Parallelogramm
Quadrat
Drachen

1 5 4 7 6 9 2 3 8 10

Längenmaße

m	dm	cm	mm
		8	0
		7	6

Flächenmaße

m²	dm²	cm²	mm²
		2	4	5	0
			3	7	5

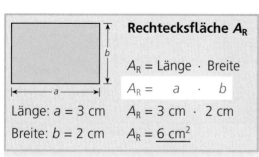

Rechtecksfläche A_R

A_R = Länge · Breite

$A_R = a \cdot b$

Länge: a = 3 cm A_R = 3 cm · 2 cm

Breite: b = 2 cm A_R = $\underline{6\ cm^2}$

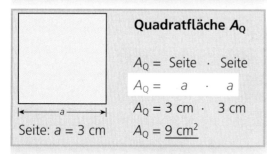

Quadratfläche A_Q

A_Q = Seite · Seite

$A_Q = a \cdot a$

A_Q = 3 cm · 3 cm

Seite: a = 3 cm A_Q = $\underline{9\ cm^2}$

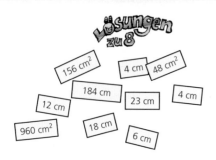

Lösungen zu 8

156 cm²   4 cm   48 cm²
184 cm   23 cm   4 cm
12 cm
960 cm²   18 cm   6 cm

1. Benenne die Figuren. Gib jeweils ihre Kennzeichen an

2. a) Bestimme den Umfang der Figuren in Aufgabe 1.
   b) Bei welchen Figuren kann man den Umfang vorteilhaft berechnen?

3. Gib den Umfang der jeweiligen Figuren auch in anderen Maßeinheiten an. Die Umrechnungstabelle kann dir dabei helfen (z. B. 8 cm = 8 cm 0 mm; 76 mm = 7 cm 6 mm = 7,6 cm).

4. Welche der Figuren können Begrenzungsflächen von Quadern sein? Begründe.

5. Berechne die Flächeninhalte der obigen Figuren 1, 5, 7 und 10. Gib sie dann in verschiedenen Maßeinheite an.

6. Berechne Umfang und Flächeninhalt der nebenstehenden Merkkästen (Außenkanten).
   Gib die Ergebnisse jeweils in zwei unterschiedlichen Maßeinheiten an.

7. Berechne Umfang und Fläche der Rechtecke:

	a)	b)	c)	d)	e)
Länge a	3 cm	2,5 cm	7 cm	4 dm	14 cm
Breite b	3 cm	4 cm	11 cm	12 dm	11 cm

8. Berechne an den folgenden Rechtecken die fehlenden Größen:

	a)	b)	c)	d)	e)
Länge a	8 dm	▪	13 cm	▪	7,5 cm
Breite b	12 cm	8 cm	▪	5 cm	▪
Umfang u	▪	28 cm	50 cm	▪	▪
Fläche A	▪	▪	▪	20 cm²	30 cm²

Längen und Flächen am Quader

Nina	$k = 3\text{ cm} + 2\text{ cm} + 3\text{ cm} + 2\text{ cm} + 5\text{ cm} + 5\text{ cm} + 5\text{ cm} + 5\text{ cm} +$ $3\text{ cm} + 2\text{ cm} + 3\text{ cm} + 2\text{ cm}$ $k = \underline{40\text{ cm}}$
Toni	$k = 4 \cdot 3\text{ cm} + 4 \cdot 2\text{ cm} + 4 \cdot 5\text{ cm} = 12\text{ cm} + 8\text{ cm} + 20\text{ cm}$ $k = \underline{40\text{ cm}}$
Laura	$k = (3\text{ cm} + 2\text{ cm} + 5\text{ cm}) \cdot 4$ $k = 10\text{ cm} \cdot 4 = \underline{40\text{ cm}}$

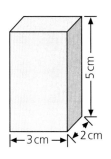

Gesamtlänge aller Kanten

1. Nina, Toni und Laura haben die Gesamtlänge der Quaderkanten verschieden berechnet. Prüfe ihre Ergebnisse nach. Finde Rechenvorteile heraus.

2. Erstelle jeweils eine Skizze des Quaders. Trage die Maße ein. Berechne dann die Gesamtkantenlänge. Notiere in Gleichungsform:

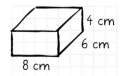

Skizze eines Quaders

Quader	a)	b)	c)	d)	e)	f)
Länge	8 cm	4 cm	12 cm	3,5 dm	1,5 m	1,2 m
Breite	6 cm	9 cm	7 cm	15 dm	30 dm	1,8 m
Höhe	4 cm	7 cm	10 cm	22 dm	25 dm	20 dm

3. Das Kantenmodell eines Quaders ($a = 10$ cm, $b = 6$ cm, $c = 5$ cm) soll aus Draht hergestellt werden, und zwar mit möglichst wenig Stücken.
a) Wie viele Drahtstücke sind mindestens nötig?
b) Wie groß ist das längste Drahtstück?
c) Wie lang sind die übrigen Drahtstücke?

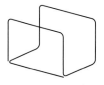

4. a) 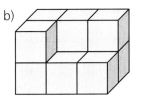 b) c)

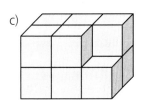

Begrenzungsflächen von Quadern

Alle Körper sind aus Würfeln mit einer Kantenlänge von 1 dm aufgebaut.
Bestimme jeweils die gesamte Begrenzungsfläche des Körpers. Was fällt dir auf?

5. a) Zeichne die Quadernetze nach den angegebenen Maßen ins Heft.
b) Färbe gleich große Flächen mit der gleichen Farbe.
c) Berechne vorteilhaft die jeweilige Netzfläche.

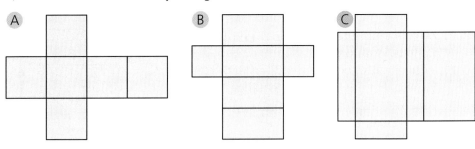

Kantenlängen: 3 cm   Kantenlängen: 4 cm, 2 cm, 2 cm   Kantenlängen: 5 cm, 3 cm, 1 cm

Oberfläche von Quadern

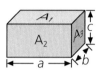

Oberfläche

$a = 4\,cm$
$b = 3\,cm$
$c = 2\,cm$

Alle Begrenzungsflächen zusammen ergeben die Oberfläche des Körpers.

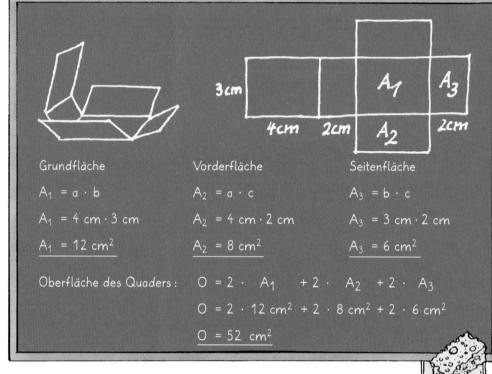

Grundfläche

$A_1 = a \cdot b$

$A_1 = 4\,cm \cdot 3\,cm$

$A_1 = 12\,cm^2$

Vorderfläche

$A_2 = a \cdot c$

$A_2 = 4\,cm \cdot 2\,cm$

$A_2 = 8\,cm^2$

Seitenfläche

$A_3 = b \cdot c$

$A_3 = 3\,cm \cdot 2\,cm$

$A_3 = 6\,cm^2$

Oberfläche des Quaders: $O = 2 \cdot A_1 + 2 \cdot A_2 + 2 \cdot A_3$

$O = 2 \cdot 12\,cm^2 + 2 \cdot 8\,cm^2 + 2 \cdot 6\,cm^2$

$O = 52\,cm^2$

1. a) Wie wurde die Oberfläche berechnet? Erläutere den Lösungsweg.
b) Berechne die Oberfläche, wenn alle Kanten doppelt so lang sind.

2. Berechne die Oberflächen der Quader (Maße in cm).

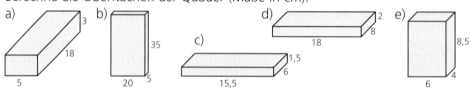

3. Berechne vorteilhaft die Oberfläche eines Würfels (Kantenlängen 3 cm).

4. Berechne die Oberfläche folgender Quader. Zeichne zuerst eine Skizze.

Quader	a)	b)	c)	d)	e)	f)	g)	h)
Kante a	8 cm	4 cm	12 cm	20 cm	3,5 dm	1,5 m	8 dm	40 cm
Kante b	5 cm	7 cm	8 cm	15 cm	14 cm	20 dm	8 dm	4 dm
Kante c	4 cm	6 cm	9 cm	12 cm	20 cm	30 dm	8 dm	40 cm

5. a) Berechne die Oberfläche eines Würfels mit einer Kantenlänge von 2 cm.
b) Wievielmal so groß ist die Oberfläche eines Würfels mit doppelter Kantenlänge? Schätze zuerst das Ergebnis.

6. Ein Würfel hat eine Oberfläche von 6 dm² (54 mm², 150 cm², 24 cm²).
Berechne eine Würfelfläche und eine Würfelkante.

Lösungen zu 2 bis 4

392 cm² 1950 cm²

250,50 cm² 318 cm²

218 cm²

1440 cm² 54 cm²

27 m² 184 cm²

384 dm²

96 dm² 188 cm²

2940 cm²

552 cm²

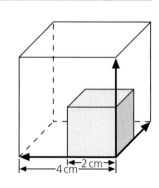

Oberfläche von Quadern

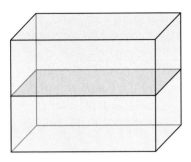 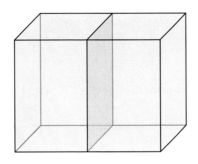

1. Ein Quader (8 cm lang, 4 cm breit, 6 cm hoch) wird unterschiedlich halbiert. Bei welcher Teilung haben die Teilkörper wohl eine größere Oberfläche? Überlege und berechne dann.

2. 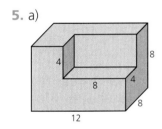 Peter hat zwei Musikboxen. Er will sie mit gelber Folie bekleben. Die Vorderseite soll jeweils für eine Stoffbespannung frei bleiben. Wie viel Folie wird mindestens gebraucht?

3. 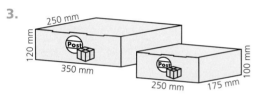 Wie viel Karton wird für jedes der Postpakete benötigt, wenn für Überstände $\frac{1}{10}$ hinzuzurechnen ist?

4. Für eine Firma werden 1000 quaderförmige Flüssigkeitsbehälter aus Stahlblech hergestellt (Länge 22 cm, Breite 12 cm und Höhe 10 cm). Wie viel m² Blech werden für diese Behälter mindestens gebraucht, wenn sie oben offen bleiben?

5. a) 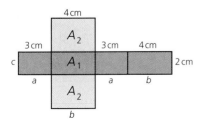 b) 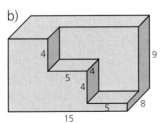 c)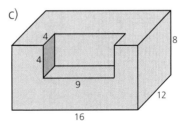

Aus Holzquadern werden Teile herausgefräst. Gib die Oberfläche vorher und nachher an. Kannst du Rechnungen sparen? (Maße in cm)

6. Durch Zusammenfassen von Einzelflächen ergeben sich Rechenvorteile. Erkläre den Lösungsweg. Entwirf selbst noch einen weiteren.

$O_{Qu} = A_1 + 2 \cdot A_2$

$O_{Qu} = (a + b + a + b) \cdot c + 2 \cdot a \cdot b$

$O_{Qu} = 14 \text{ cm} \cdot 2 \text{ cm} + 2 \cdot 12 \text{ cm}^2$

$O_{Qu} = 28 \text{ cm}^2 + 24 \text{ cm}^2$

$O_{Qu} = 52 \text{ cm}^2$

Rauminhalte von Quadern messen

Christina   Barbara   Daniel

1. Obwohl jede Tasse bis zum Rand gefüllt ist, hat Christina am wenigsten Kakao.
   a) Welche Möglichkeit gäbe es, dass jeder gleich viel Kakao bekommt?
   b) Beurteile: Ich fülle eine Tasse und schütte sie in die anderen um. Welche Tasse müsste man als Maß nehmen?

2. Vergleiche den Rauminhalt der Holzstapel,
   a) wenn die Balken gleich lang sind.
   b) wenn die Balken in Stapel ① kürzer sind.

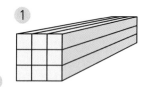

Rauminhalt Volumen

> Den Inhalt von Körpern bezeichnet man als Rauminhalt oder Volumen.
> Zum Bestimmen des Rauminhalts braucht man ein einheitliches Maß.

3.

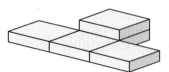

   Vergleiche das Volumen und die Form der Körper. Erläutere.
   Stelle mit Quadern (z.B. Streichholzschachteln) Körper mit gleichem Rauminhalt, aber verschiedener Form her.

4. a)   b)   c)   d)   e)

   Die Körper sind aus Zentimeterwürfeln zusammengesetzt. Ordne die Körper dem Volumen nach. Gib den Rauminhalt durch die Anzahl der Würfel an.

1 cm · 1 cm · 1 cm

Zentimeterwürfel

> Ein Zentimeterwürfel hat das Volumen 1 cm³.
> (sprich: *ein Zentimeter-hoch-drei* oder *ein Kubikzentimeter*)
>
> Den nebenstehenden Körper kann man mit 5 Zentimeterwürfeln zusammensetzen. Er hat ein Volumen von 5 cm³.

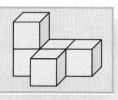

1 cm³ Kubikzentimeter Zentimeter hoch drei

5. Der Quader ist aus Zentimeterwürfeln hergestellt.
   Gib das Volumen des Restkörpers an, wenn diese Würfel weggenommen werden:

a) 1 bis 6	b) 2, 5, 8, 11	c) 3 bis 12
d) 1, 6, 7, 12	e) 1 bis 7	f) 2 bis 9
g) 7 bis 9	h) 8 bis 12	i) 3 bis 11

Rauminhalte von Quadern messen

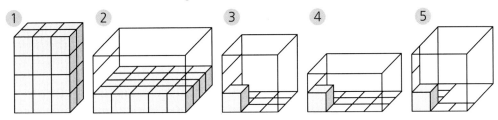

1. a) Bestimme das Volumen der Quader, wenn immer Zentimeterwürfel verwendet werden.

b) Wie kann man jeweils vorteilhaft das Ergebnis bestimmen?

Volumen eines Quaders

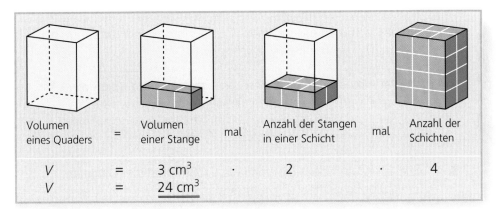

Volumen eines Quaders	=	Volumen einer Stange	mal	Anzahl der Stangen in einer Schicht	mal	Anzahl der Schichten
V	=	3 cm^3	·	2	·	4
V	=	$\underline{24 \text{ cm}^3}$				

2. Berechne ebenso in Gleichungsform die Rauminhalte der Körper in Aufgabe 1.

3. a) Das Volumen der Stange eines Quaders beträgt 6 cm^3. Die Schicht besteht aus 4 Stangen und der ganze Körper aus 7 Schichten. Berechne das Volumen.

b) Berechne das Volumen eines Würfels, wenn eine Stange 12 cm^3 hat.

c) Das Volumen eines Quaders beträgt 384 cm^3. Eine Schicht besteht aus 8 Stangen. Jede Stange hat einen Rauminhalt von 12 cm^3. Berechne die Anzahl der Schichten.

4. Berechne die fehlenden Größen im Heft:

	a)	b)	c)	d)	e)	f)	g)	h)
Volumen einer Stange	7 cm^3	14 cm^3	8 cm^3	17 cm^3	■	5 cm^3	13 cm^3	14 cm^3
Anzahl der Stangen in einer Schicht	12	13	2	12	6	■	3	■
Anzahl der Schichten	4	12	■	■	8	12	5	6
Volumen des Quaders	■	■	128 cm^3	$1\,020 \text{ cm}^3$	384 cm^3	360 cm^3	■	420 cm^3

Lösungen

8 cm^3
$2\,184 \text{ cm}^3$
6
8
195 cm^3
5
5
336 cm^3

5. Der Würfel hat ein Volumen von 64 cm^3. Wie ändert sich der Rauminhalt,

a) wenn die Höhe halbiert wird?

b) wenn Länge und Breite halbiert werden?

c) wenn Länge, Breite und Höhe halbiert werden?

Raummaße

1cm³

1mm³

1. Ein Zentimeterwürfel wird mit Millimeterpapier beklebt.
   a) Wie viele Millimeterwürfel passen in einen Zentimeterwürfel?
   b) Gib das Volumen des Würfels in cm³ und mm³ an.

2. Welches Volumen hat der Restkörper, wenn vom Zentimeterwürfel
   300 mm³ (150 mm³, 700 mm³, 50 mm³, 25 mm³, 9 mm³, 3 mm³)
   abgezogen werden?

3. Schneide aus Millimeterpapier 6 Quadrate (a = 1 dm), klebe sie auf
   Pappe und baue mit Klebstreifen das Modell eines Dezimeterwürfels.
   a) Aus wie vielen Zentimeterwürfeln besteht der Dezimeterwürfel?
   b) Gib das Volumen des Dezimeterwürfels in dm³, cm³ und mm³ an.
      Welche Umrechnungszahl erkennst du?

1 m³

4. Ein Würfel mit den Kantenlängen von 1 m hat ein Volumen von 1 m³.
   a) Wie viele Kinder passen etwa in einen Kubikmeterwürfel?
   b) Welchen Rauminhalt hat das Klassenzimmer oder dein Zimmer
      zu Hause?

1 dm³

5. In welchen Raummaßen gibt man die Größe folgender Dinge an:
   a) Streichholzschachtel   b) Aquarium
   c) Schwimmbecken   d) Klassenzimmer
   e) Kofferraum eines Autos   f) Kleiderschrank
   g) Eisenbahnwaggon   h) Zigarrenkiste
   i) Aktenkoffer   k) Radiergummi

6. a) Aus wie vielen Dezimeterwürfeln besteht der Meterwürfel?
   b) Gib das Volumen des Meterwürfels in m³, dm³ und cm³ an.

Raummaße
Die Umrechnungszahl ist 1 000.

1 m³ = 1 000 dm³	= 1 000 000 cm³	= 1 000 000 000 mm³
1 dm³ =	1 000 cm³	=	1 000 000 mm³
	1 cm³	=	1 000 mm³

7. Verwandle in die nächstkleinere Einheit:

2 cm³ = 2 000 mm³

   a) 4 cm³; 7 dm³; 32 dm³; 45 cm³; 53 m³; 105 m³; 117 dm³; 220 m³

1 m³ 5 dm³ = 1 005 dm³

   b) 2 dm³ 2 cm³; 13 dm³ 15 cm³; 7 m³ 14 dm³; 10 m³ 5 dm³;
      152 dm³ 17 cm³; 47 cm³ 3 mm³

8. Verwandle in die nächstgrößere Einheit:

3 000 cm³ = 3 dm³

   a) 4 000 dm³; 47 000 cm³; 72 000 dm³; 82 000 cm³; 100 000 mm³;
      400 000 cm³; 723 000 dm³

**1 200 cm³ =
1 dm³ 200 cm³**

   b) 3 400 dm³; 5 600 cm³; 1 220 mm³; 4 375 dm³; 3 050 cm³;
      1 020 mm³; 17 070 dm³; 40 300 cm³

9. Wie viel fehlt von 250 dm³ (500 cm³, 25 dm³, 2 000 cm³, 900 000 cm³)
   auf 1 m³?

Raummaße

m³	dm³	cm³	mm³	
		4	3 2 0	0 0 0	4 dm³ 320 cm³ = 4 320 cm³ = 4 320 000 mm³
	5 0 3	1 3 3	0 0 0	503 dm³ 133 cm³ = 503 133 cm³ = 503 133 000 mm³
2	1 1 7	0 3 0		2 m³ 117 dm³ 30 cm³ = 2 117 dm³ 30 cm³ = 2 117 030 cm³

1. a) Erläutere die Umrechnungstabelle.

b) Gib die Bedeutung jeder Ziffer vor und hinter dem Komma an:

4,320 dm³   503,133 dm³   2 177,03 dm³

2. Erstelle eine Umrechnungstabelle. Trage richtig ein und lies in verschiedenen Einheiten ab:

a) 7 dm³ 70 cm³   b) 5 cm³ 2 mm³   c) 1 250 cm³   d) 6,300 dm³
   65 m³ 290 dm³   19 dm³ 3 cm³   2 870 cm³   17,030 dm³
   78 m³ 153 dm³   22 m³ 129 dm³   13 330 dm³   43,770 cm³

3. a) Schreibe als m³ und dm³:

1 570 dm³ = 1 m³ 570 dm³   1 030 dm³, 5 300 dm³, 50 300 dm³, 66 700 dm³,
35 570 dm³, 35 057 dm³, 30 557 dm³, 100 007 dm³

b) Schreibe als cm³:

5 dm³ 110 cm³ = 5 110 cm³   5 dm³ 11 cm³, 30 dm³ 50 cm³, 7 dm³, 9 m³,
9 dm³ 9 cm³, 9 dm³ 99 cm³, 5 m³ 5 dm³ 5 cm³

c) Schreibe mit Komma als m³:

1 350 dm³ = 1,350 m³   1 700 dm³, 2 135 dm³, 35 007 dm³, 35 070 dm³,
35 700 dm³, 1 000 000 cm³, 2 000 100 cm³

d) Schreibe mit Komma als dm³:

17 150 cm³ = 17,150 dm³   17 015 cm³, 3 520 cm³, 7 770 cm³, 7 077 cm³,
7 007 cm³, 77 077 cm³, 1 007 cm³, 3 850 200 mm³

4. Wandle in gleiche Maßeinheiten um und berechne:

a) 3 620 dm³ + 0,230 m³ − 1 420 dm³   b) 7 420 dm³ − 2,51 m³ − 2,91 m³
c) 4,18 m³ − 4 010 dm³ + 3,180 m³   d) 7 821 cm³ + 0,03 m³ − 2,821 dm³

5. Fülle 1 Liter (1 l) Wasser in einen Dezimeterwürfel. Was stellst du fest?

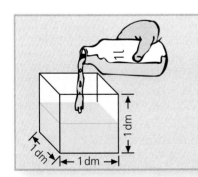

Raummaße
Hohlmaße

Raummaße | | Hohlmaße
1 dm³ = 1 l (Liter)
100 dm³ = 100 l
= 1 hl (Hektoliter)
1 m³ = 1 000 l

6. Ergänze die Umrechnungen zwischen Raummaßen und Hohlmaßen:

1 l = ■ dm³   5 hl = ■ dm³   1 m³ = ■ l   25 dm³ = ■ l
1 hl = ■ dm³   10 hl = ■ m³   3 000 dm³ = ■ hl   1 hl = ■ l
1 000 l = ■ m³   35 hl = ■ m³   5 m³ = ■ hl   2,5 hl = ■ dm³

Rauminhalt von Quadern berechnen

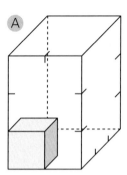 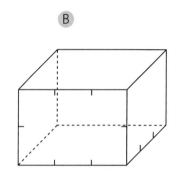 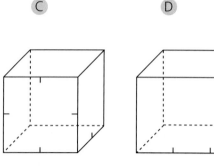

A   B   C   D

1. Erstelle eine Tabelle. Untersuche damit den Zusammenhang zwischen Volumen und Länge, Breite sowie Höhe des Quaders.

Körper	Volumen	Länge	Breite	Höhe
A	18 cm³	2 cm	3 cm	3 cm

Volumen des Quaders

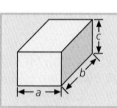

Volumen des Quaders = Länge mal Breite mal Höhe

$V \quad = \quad a \quad \cdot \quad b \quad \cdot \quad c$

$V \quad = \quad 4\ \text{cm} \quad \cdot \quad 8\ \text{cm} \quad \cdot \quad 3\ \text{cm}$

$V \quad = \quad \underline{96\ \text{cm}^3}$

2. a) Vergleiche die Formel zur Volumenberechnung des Quaders mit der Stangenregel. Achte auf die unterschiedlichen Benennungen.

b) Wie lautet die Formel für die Volumenberechnung des Würfels? Vergleiche mit der Angabe im Grundwissen am Ende des Buches.

Lösungen zu 3

1120 cm³

28 cm³   210 cm³

720 cm³

80 cm³   240 cm³

39,69 cm³

1,875 m³

3. Berechne den Rauminhalt der Quader in Gleichungsform:

	a)	b)	c)	d)	e)	f)	g)	h)
Länge a	5 cm	2 cm	9 cm	4 cm	3,5 cm	2,7 cm	1,4 cm	25 dm
Breite b	6 cm	10 cm	8 cm	5 cm	2 cm	3,5 cm	25 cm	1,5 m
Höhe c	7 cm	4 cm	10 cm	12 cm	4 cm	4,2 cm	320 mm	0,5 m

4.

Volumen des Quaders = Grundfläche mal Höhe

$V \quad = \quad G \quad \cdot \quad h$

$V \quad = \quad 12\ \text{cm}^2 \quad \cdot \quad 5\ \text{cm}$

$V \quad = \quad \underline{60\ \text{cm}^3}$

5 cm
4 cm   3 cm

a) Vergleiche den Lösungsweg mit der Formel $V = a \cdot b \cdot c$.

b) Welche Länge und Breite könnte der Quader nach der Rechnung noch haben?

Lösungen zu 5

255 dm³

225 m³   15 m³

300 cm³   84 cm³

20,25 dm³

544 m³

5. Berechne das Volumen der Quader aus folgenden Angaben:

	a)	b)	c)	d)	e)	f)	g)
Grundfläche G	14 cm²	25 m²	17 dm²	32 m²	7,5 m²	4,5 dm²	12 cm²
Höhe h	6 cm	9 m	15 dm	170 dm	20 dm	45 cm	2,5 dm

6. a) Berechne die Rauminhalte von Würfeln mit 2 cm, 4 cm bzw. 8 cm Kantenlänge.

b) Wie ändert sich das Volumen, wenn man die Kantenlänge halbiert (verdoppelt)?

Rauminhalt von Quadern berechnen

1. Ein quaderförmiger Körper hat einen Rauminhalt
von 24 dm³. Er soll auf einer Grundfläche von
8 dm² entstehen. Wie hoch wird er?
Wie hoch wäre der Körper, wenn die Grundfläche
6 dm² (4 dm², 3 dm², 2 dm²) beträgt?
Notiere deine Lösungswege.

2. Ein Quader hat einen Rauminhalt von 36 dm³.
Er soll eine Höhe von 6 dm haben. Wie groß ist die
Grundfläche? Welche Grundfläche hätte der Qua-
der, wenn die Höhe 9 dm (4 dm, 3 dm, 2 dm) ist?
Notiere die Lösungswege.

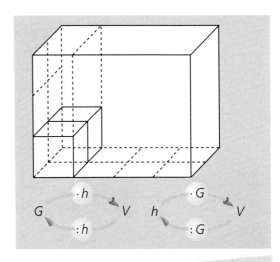

3. Vergleiche deine Lösungswege zu Aufgabe 1 und 2
mit den Formeln in der Randspalte.

$$V_{Qu} = G \cdot h$$

$$h_{Qu} = V : G$$

$$G_{Qu} = V : h$$

4.

	a)	b)	c)	d)	e)	f)	g)
Grundfläche G	35 dm²	120 m²	■	320 dm²	■	5,6 cm²	■
Höhe h	3 dm	■	0,8 m	■	1,7 m	■	1,52 m
Volumen V	■	960 m³	7,2 m³	1280 dm³	71,4 m³	17,92 cm³	0,38 m³

5. Ein quadratischer Sandkasten (a = 1,70 m) ist 20 cm hoch mit Sand gefüllt.
Berechne das Volumen.

6. a) Herr Müller will seine rechteckige Terrasse (Länge 8 m, Breite 4,50 m) um
20 cm erhöhen. Wie viel m³ Sand muss er aufschütten?
b) Um wie viele cm kann er erhöhen, wenn 5,4 m³ Sand zur Verfügung stehen?

7. Welche Kantenlänge müsste ein Würfel haben, der dasselbe Volumen hat wie
ein Quader mit a = 8 cm, b = 4 cm und c = 2 cm?

8. Ein Container für Luft- und Schienenfracht hat
folgende Außenmaße: Länge 3,20 m, Breite und
Höhe je 1,60 m.
a) Welchen Rauminhalt nimmt der Container ein?
b) Die Wände des Containers haben eine Stärke von
10 cm. Errechne den nutzbaren Innenraum.

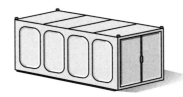

9. Die folgenden Werkstücke bestehen aus Quadern.
Berechne Volumen und Oberfläche der Gesamtkörper.

a)

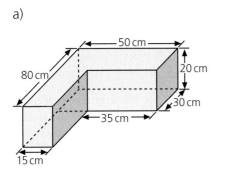

b)

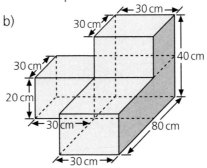

Lösungen zu 5 bis 9

7,2 m³
0,578 m³
15 cm
4 cm
45 000 cm³
5,88 m³
9 700 cm²
84 000 cm³
14 600 cm²
8,192 m³

Schleusen – Treppen der Wasserstraßen

Kanäle sind von Menschen angelegte Wasserwege. Bis ins 16. Jahrhundert konnte man Kanäle nur in ebenem Gelände bauen. Nach Erfindung der Schleusen war es möglich, mit Kanälen Höhenunterschiede zu überwinden. Man bezeichnet Schleusen deshalb oft als Treppen der Wasserstraßen.

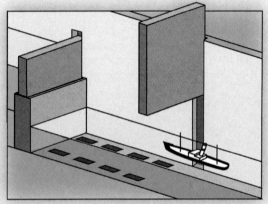

Das untere Tor öffnet sich und lässt das Schiff in die Schleusenkammer einfahren.

Durch Öffnungen fließt Wasser in die Schleusenkammer und hebt das Schiff.

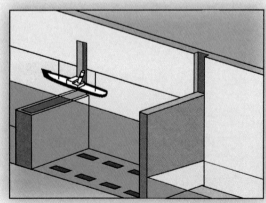

Wenn der Wasserspiegel in der Schleusenkammer gleich hoch ist wie im Oberwasser, wird das obere Tor abgesenkt und das Schiff fährt weiter.

1. Natürlich kann man auch Treppen hinuntersteigen. Versuche an den Skizzen den Schleusungsvorgang in beide Richtungen zu erklären.

2. Erinnerst du dich noch? Am Anfang des Kapitels schätzten wir das Fassungsvermögen der Hilpoltsteiner Schleuse. Jetzt können wir es berechnen. Die Schleusenkammer hat nämlich annähernd die Form eines riesigen Quaders. Entnimm die Maße den Angaben auf Seite 81.

3. Das Füllen der Schleuse dauert etwa 15 Minuten. Wie hoch ist das Wasser gestiegen, wenn 20 000 m³, 30 000 m³ und 40 000 m³ in die Schleuse eingeflossen sind?

4. Auch die Schleusentore haben die Form eines Quaders.

Oberes Hubtor:	Unteres Hubtor:
Höhe: 5 m	Höhe: 10,5 m
Breite: 12 m	Breite: 12 m
Dicke: 1,50 m	Dicke: 1,80 m

   Wie schwer ist ein Tor, wenn 1 dm³ Eisen etwa 7,87 kg wiegt?

5. Die Schleusentore werden durch Anstreichen vor Rost geschützt. Wie groß ist jeweils die Oberfläche, die bestrichen werden muss? Wie viel Farbe wird jeweils benötigt, wenn man für 1 m² 0,6 kg rechnet?

6. Eine kleinere Schleuse finden wir in Berching. Die Schleusenkammer ist 200 m lang, 12 m breit und hat annähernd eine Hubhöhe von 17 m. Wie viel m³ Wasser kann diese Kammer fassen?

7. Der Main-Donau-Kanal überwindet auf der Strecke vom Main bis zur Wasserscheide bei Hilpoltstein einen Höhenunterschied von 175 m und von der Wasserscheide bis zur Donau nochmals 68 m. Versuche dir diese Größen an Beispielen zu veranschaulichen.

Vielleicht wohnt ihr in der Nähe einer Schleuse oder besucht einmal auf einer Fahrt den Kanal. Besorgt euch notwendige Größenangaben und berechnet dann in ähnlicher Weise.

Oberfläche und Volumen von Quadern wiederholen

Körper

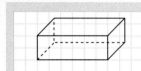

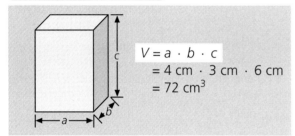

Würfel Quader Pyramide

Kegel Zylinder Kugel

Prismen

Schrägbild

- 45°-Winkel (Karodiagonale)
- halbe Länge

Volumen von Quadern

$$V = a \cdot b \cdot c$$
$$= 4 \text{ cm} \cdot 3 \text{ cm} \cdot 6 \text{ cm}$$
$$= 72 \text{ cm}^3$$

Oberfläche von Quadern

$$O = 2 \cdot (a \cdot b + b \cdot c + c \cdot a)$$

Raum- und Hohlmaße

$1 \text{ m}^3 = 1000 \text{ dm}^3$	$1 \text{ hl} = 100 \text{ l}$
$1 \text{ dm}^3 = 1000 \text{ cm}^3$	$1 \text{ l} = 1000 \text{ ml}$
$1 \text{ cm}^3 = 1000 \text{ mm}^3$	$1 \text{ l} = 1 \text{ dm}^3$

1. a)   b)   c)

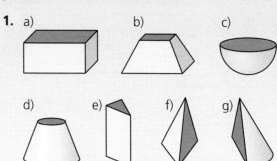

d)   e)   f)   g)

Die Schnittfläche ist rot. Von welchen Körpern stammen dann diese Teile? Gib auch die Form der abgeschnittenen Stücke an.

2. a)   b)   c)

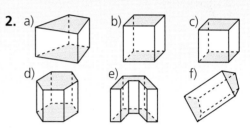

d)   e)   f)

Welche Körper sind Prismen?

3. a)   b)

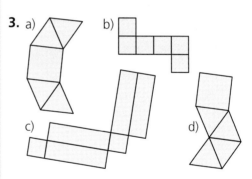

c)   d)

Welche Netze ergeben eine Pyramide, welche einen Quader?

4. a) Verwandle in die nächst kleinere Einheit:
    44 cm^3 13 m^3 $37,5 \text{ cm}^3$
   b) Berechne:
    $6430 \text{ cm}^3 + 4,35 \text{ dm}^3 - 125 \text{ mm}^3$

5.

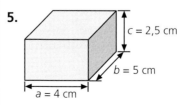

$c = 2,5 \text{ cm}$

$b = 5 \text{ cm}$

$a = 4 \text{ cm}$

a) Zeichne das Schrägbild.
b) Berechne die Oberfläche und das Volumen.

Oberfläche und Volumen von Quadern wiederholen

6.

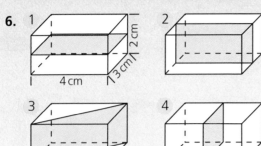

Ein Quader wird halbiert.
a) Welche Form haben die Schnittflächen?
b) Benenne die entstehenden Teilkörper.
c) Zeichne jeweils das Schrägbild.

7.

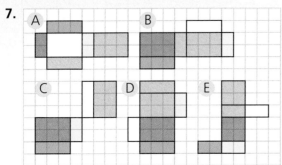

a) Finde richtige Quadernetze heraus.
b) Die Grundfläche ist rot gefärbt.
   Welche Flächen liegen am Quader
   oben (o), vorne (v), hinten (h), links (l),
   rechts (r)?
   Beispiel A:
   o: gelb   v: grau …

8.

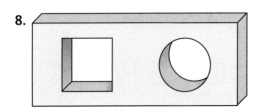

Welcher geometrische Grundkörper
kann durch beide Öffnungen geschoben
werden? Vorausgesetzt wird, dass er jedes
Mal den gesamten Ausschnitt ausfüllt.

9.

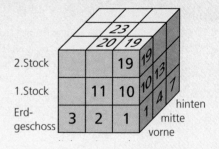

Hier entstand ein „Würfelhotel" mit drei
Stockwerken zu je 9 Zimmern.
Beispiel: Zimmer Nr. 10 liegt: 1. Stock,
vorne, rechts.
Gib die Lage der folgenden Zimmer
entsprechend an: Zimmer Nr. 3, 4 , 5, 25,
14, 21, 27, 6, 9, 15, 20, 18, 24, 16, 8,
26, 7, 11.

10. Stelle dir vor, das „Würfelhotel" wird
außen rot angestrichen und so zersägt,
dass die nummerierten Würfel entstehen.
a) Wie viele Schnitte muss man mindestens durchführen?
b) Welche Nummern haben die Würfel
   mit drei roten Flächen (mit zwei roten
   Flächen; mit einer roten Fläche; mit
   keiner roten Fläche)?

11. Wie groß ist die Oberfläche des Würfel-
hotels, wenn es aus Zentimeterwürfeln
besteht?

12.

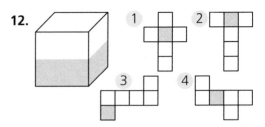

a) Ein Würfel (Kantenlänge 2 cm) wird bis
   zur Mitte in Farbe getaucht. Übertrage
   die Netze mit der jeweils eingefärbten
   Grundfläche ins Heft und zeichne
   die gefärbten Flächen vollständig ein.
b) Berechne die Größe der gefärbten
   Fläche.
c) Berechne das Volumen des Würfels
   (des halben Würfels).

13. Vogel, Saurier und Schildkröte sind aus Zentimeterwürfeln gebaut. Welches Volumen haben sie?

14.

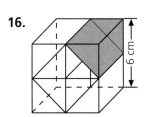

Max versucht durch Wegsägen weniger Oberfläche zu bekommen als sie der linke, noch ganze Würfel hat.
a) Hat er es bisher geschafft?
b) Gelingt es mit diesem Schnitt?

15. Ein Würfel (Kantenlänge 40 cm) wird in der Mitte zerschnitten. Hat die Hälfte des Würfels auch die Hälfte der ursprünglichen Oberfläche? Schätze und berechne.

16. Der Würfel wurde in gleich große Teile zerlegt. Welches Volumen hat das rote dreiseitige Prisma?

17. Berechne an Quadern

	a)	b)	c)
Grundfläche G	25 dm²	25,4 cm²	■
Höhe h	7,4 dm	■	4,5 m
Volumen V	■	88,9 cm³	116,1 m³

18. Welche Kantenlänge hat ein Würfel mit demselben Volumen wie ein Quader mit $a = 16$ cm, $b = 2$ cm und $c = 2$ cm?

19. Wie viele Würfel mit einem Volumen von 8 cm³ passen in einen größeren Würfel mit 10 cm Kantenlänge?

20.

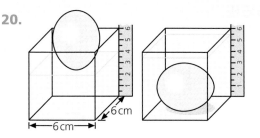

Welches Volumen hat das Ei?

21. Zeichne zuerst eine Schrägbildskizze und berechne dann aus den Teilkörpern das Volumen des Gesamtkörpers.

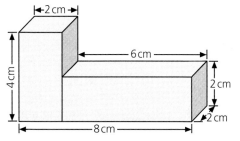

22. Der Inhalt der beiden ersten Gefäße soll so umgeschüttet werden, dass in den ersten beiden je 4 Liter und im dritten 1 Liter sind.

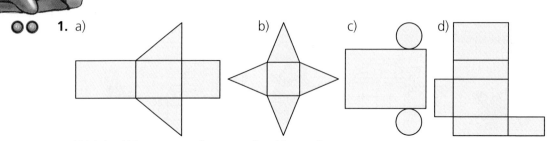

1. a)   b)   c)   d)

Welche Körper entstehen aus den Netzen?

2. 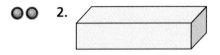 Finde zwei Namen für den abgebildeten Körper.

3. Zeichne ein Quadernetz: Länge 4 cm, Breite 3 cm, Höhe 2 cm.

4.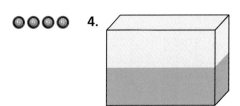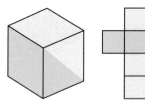

Quader (Kantenlängen 3 cm, 2 cm und 1 cm) und Würfel (Kantenlängen 2 cm) sind jeweils wie angegeben zur Hälfte in Farbe getaucht.
Übertrage die Netze und zeichne die gefärbten Flächen vollständig ein.

5. Zeichne das Schrägbild eines Quaders: $a = 3$ cm, $b = 4$ cm, $c = 3$ cm.

6. a) Gib den größten Wert an: 3,6 dm³; 370 cm³; 3 500 000 mm³
     b) Berechne: 0,3 dm³ + 54 cm³ + 9 000 mm³

7. Berechne folgende Größen am Quader:
     a) die Gesamtlänge aller Kanten
     b) die Oberfläche

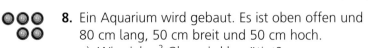

$c = 2,5$ cm
$b = 3,2$ cm
$a = 4$ cm

8. Ein Aquarium wird gebaut. Es ist oben offen und
80 cm lang, 50 cm breit und 50 cm hoch.
     a) Wie viel m² Glas wird benötigt?
     b) Das Wasser soll 40 cm hoch stehen.
         Wie viele Liter Wasser müssen eingefüllt werden?

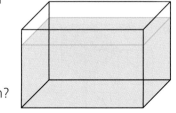

9. Ein Spielfeld von 6 m Länge und 5 m Breite soll gleichmäßig 40 cm hoch
mit Sand aufgefüllt werden.
     a) Wie viel Sand wird benötigt?
     b) Wie oft muss ein LKW (Ladevermögen 4,5 m³) fahren?
     c) Wie hoch könnte aufgefüllt werden, wenn 9 m³ zur Verfügung stehen?

KREUZ UND QUER

Grundrechenarten

a) Überschlage zuerst, dann rechne:

568 · 837	296 · 227	3 821 · 776
7 196 : 28	31 616 : 52	183 549 : 61

b) Vertausche die Zahlen so, dass du vorteilhaft rechnen kannst:

50 · 64 · 2	200 · 843 · 5
19 800 : 3 : 100	175 000 : 5 : 1000

c) Berechne. Führe zuerst eine Überschlagsrechnung durch:

8 974 − 3 145   48 806 − 39 047
3 874 + 4 214   67 345 + 48 837

d) Beachte die Rechenregeln:

240 + 3 · 40 − 10	(180 − 120) : 4
15 · 9 − (73 − 38)	38 − (36 : 4 + 11)

Winkel

a) Gib die Winkelart an:

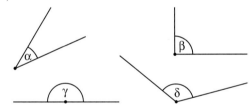

b) Welche Winkelarten sind

Ⓐ kleiner (größer) als 90°?

Ⓑ kleiner (größer) als 180°?

c) Zeichne ein Rechteck mit den Seitenlängen 8 cm und 4 cm. Zeichne in das Rechteck die Diagonalen ein.
Die Diagonalen schneiden sich. Dabei entstehen vier Winkel. Miss die Winkel.

d) Zeichne die Figur mit folgenden Winkeln:
α = 90°   β = 125°   γ = 100°   δ = 45°

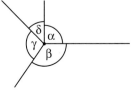

Brüche

a) Welcher Bruchteil ist jeweils gefärbt?

A   B

C   D

b)

Zeichne das Rechteck dreimal in dein Heft, zerlege es und färbe folgende Bruchteile: $\frac{1}{2}$, $\frac{2}{3}$, $\frac{3}{5}$.

c) Wandle um in

Sekunden:	$\frac{1}{2}$ min	$\frac{1}{4}$ min	$\frac{1}{10}$ min
Minuten:	$\frac{1}{2}$ h	$\frac{3}{4}$ h	$\frac{1}{10}$ h
Monate:	$\frac{1}{2}$ Jahr	$1\frac{1}{4}$ Jahr	$\frac{1}{4}$ Jahr

d) Ordne nach der Größe. Beginne mit dem kleinsten Bruch:
$\frac{3}{8}$, $\frac{3}{4}$, $\frac{7}{8}$, $\frac{1}{4}$, $\frac{5}{8}$

e) Notiere die dargestellte Subtraktions- bzw. Additionsaufgabe:

A   B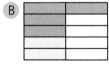

C    D

E   F

G   H

KREUZ UND QUER

Rechtecke und Quadrate

a) Welche Flächen sind Rechtecke, welche Quadrate?

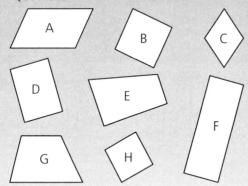

b) Übertrage in dein Heft und ergänze zu einem Rechteck bzw. Quadrat:

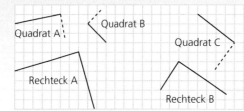

Quadrat A
Quadrat B
Quadrat C
Rechteck A
Rechteck B

c) Zeichne das Rechteck und bestimme die Koordinaten des vierten Eckpunktes:
A (5|2) B (7|2) C (7|6) D (■|■)

d) Von einem Quadrat sind zwei benachbarte Eckpunkte bekannt. Bestimme die Koordinaten der anderen Eckpunkte:
A (4|1) B (8|1) C (■|■) D (■|■)

e) Zeichne die Rechtecke bzw. Quadrate in dein Heft und berechne den Umfang und den Flächeninhalt:

a	6 cm	7,5 cm	35 mm	6,5 cm
b	4 cm	4,5 cm	35 mm	65 mm

f) Bestimme jeweils den Umfang der Figur:

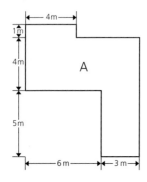

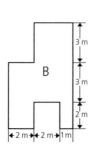

Sachaufgaben

a) Formuliere Fragen, die man mit folgenden Angaben beantworten kann.

b) Notiere zu jeder Frage die notwendigen Angaben und berechne.

c) Formuliere Fragen, für die du noch weitere Angaben brauchst.

Familie Bösl (Vater, Mutter, zwei Kinder) machen Campingurlaub an der Adria.

Ⓐ Die einfache Fahrtstrecke beträgt 690 km.

Ⓑ Das Auto verbraucht 7,5 l Diesel auf 100 km.

Ⓒ Der Dieselpreis an Autobahntankstellen liegt im Durchschnitt bei 1,10 €.

Ⓓ An anderen Tankstellen bezahlt Vater durchschnittlich 1,05 € pro Liter.

Ⓔ Familie Bösl benutzt die Brennerautobahn und bezahlt dafür 23,50 € Gebühr.

Ⓕ Familie Bösl fährt am frühen Morgen um 4.00 Uhr weg und kommt, Pausen eingerechnet, um 18.30 Uhr am Campingplatz an.

Ⓖ Die Bösls verbringen 12 Tage auf dem Campingplatz.

Ⓗ Die Platzgebühren betragen 6,50 € pro Tag und Erwachsenen, 3,50 € je Kind und Tag und 2,50 € für das Auto pro Tag.

Ⓘ Für Verpflegung pro Tag rechnet Familie Bösl mit 60 €.

Ⓚ Für Nebenkosten rechnen sie 250 €.

Terme und Gleichungen

a) Ordne Texte und Terme einander zu.

b) Berechne die Terme und beantworte die jeweilige Rechenfrage.

Ⓐ Eine Baugrube wird ausgehoben. Sie soll 12 m lang, 8 m breit und 3 m tief werden. Wie viel m³ Erdreich müssen abtransportiert werden?

Ⓑ Frau Raab kauft 12 Liter Rotwein und 8 Liter Weißwein. Ein Liter jeder Weinsorte kostet 3 €. Wie hoch ist der Gesamtbetrag?

① $(12 + 8) \cdot 3$	② $12 \cdot 8 \cdot 3$
③ $12 \cdot 3 + 8$	④ $12 + 3 \cdot 8$

Terme und Gleichungen

Würfelspiel für 2 bis 4 Spieler

Für die gewürfelte Augenzahl steht immer x. Es wird reihum gewürfelt. Rücke entsprechend deiner Augenzahl vor. Beim nächsten Mal rücke so viele Felder vor oder zurück, wie der Term auf deinem Feld angibt: z.B. bei der Augenzahl 4 auf dem Feld + $2 \cdot x - 2$ rückst du sechs Felder vorwärts, aber auf dem Feld – x vier Felder rückwärts.

Wer als Erster das Ziel erreicht, hat gewonnen.

Auf einigen Feldern gilt die **Klammerregel**, auf anderen die **Punkt-vor-Strich-Regel**. Erkläre die zwei Vorschriften anhand der Beispiele.
Wo kommen **Summen**, **Differenzen** und **Produkte** vor? Bilde selbst **Quotienten**.
Weißt du noch, was man unter einem **Term** versteht?

Terme entwickeln

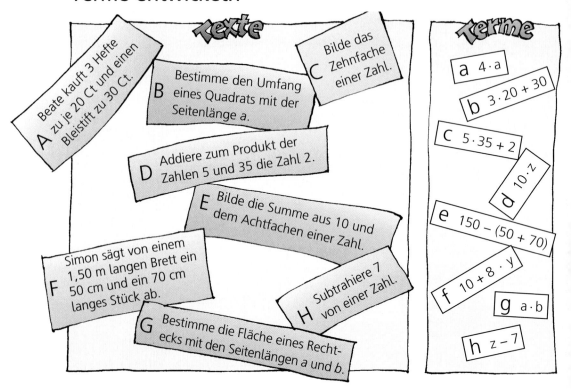

Texte

A Beate kauft 3 Hefte zu je 20 Ct und einen Bleistift zu 30 Ct.

B Bestimme den Umfang eines Quadrats mit der Seitenlänge a.

C Bilde das Zehnfache einer Zahl.

D Addiere zum Produkt der Zahlen 5 und 35 die Zahl 2.

E Bilde die Summe aus 10 und dem Achtfachen einer Zahl.

F Simon sägt von einem 1,50 m langen Brett ein 50 cm und ein 70 cm langes Stück ab.

G Bestimme die Fläche eines Rechtecks mit den Seitenlängen a und b.

H Subtrahiere 7 von einer Zahl.

Terme

a $4 \cdot a$

b $3 \cdot 20 + 30$

c $5 \cdot 35 + 2$

d $10 \cdot z$

e $150 - (50 + 70)$

f $10 + 8 \cdot y$

g $a \cdot b$

h $z - 7$

1. a) Zu jedem Text findest du einen passenden Rechenausdruck (Term). Ordne zu und begründe.

b) Nenne Terme, die du berechnen kannst. Warum kannst du einige Terme nicht berechnen?

c) Bei welchen Termen kommen Variablen (Platzhalter) vor? Belege die Variable mit Zahlen und berechne die entstehenden Terme. Was stellst du fest?

Term
(Rechenausdruck)

Variable
(Platzhalter)

> Term ist ein Sammelbegriff für Zahlen, Variablen (Platzhalter) und mathematische Ausdrücke.

2. Versuche als Term anzusetzen:

a) Eine Kugel Eis kostet 0,75 €. Irmgard nimmt 4 Kugeln.

b) In einem Schulgarten werden 10 Reihen Blumenkohl gepflanzt, in jeder Reihe stehen 4 Pflänzchen.

c) Monika hat x € im Geldbeutel. Davon gibt sie 15 € für ein Buch und 3 € für eine Zeitschrift aus.

d) Vom Produkt aus 12 und 3 wird 7 subtrahiert.

e) Multipliziere die Summe aus 8 und 3 mit 4.

f) Das Dreifache einer Zahl wird um 9 vermehrt.

g) Von 27 wird das Doppelte einer Zahl abgezogen.

h) Dividiere die Summe aus 11 und 4 durch 5.

3. Formuliere kleine Textaufgaben zu diesen Termen. Denke an den Einkauf im Supermarkt, beim Metzger, an der Tankstelle oder anderswo. Auch geometrische Berechnungen (Umfang, Fläche) könnten dabei eine Rolle spielen:

a) $3 \cdot 90 \text{ Ct} + 2 \cdot 80 \text{ Ct}$

b) $4 \cdot 6 \text{ m}$

c) $5 \cdot 0,89 \text{ €} + 10 \cdot 0,89 \text{ €}$

d) $5 \text{ m} \cdot 5 \text{ m}$

e) $3 \cdot 12 \text{ €} + 2 \cdot 15 \text{ €}$

f) $2 \cdot 5 \text{ kg} + 1,5 \cdot 2 \text{ kg}$

g) $2 \cdot 4 \text{ m} + 2 \cdot 5 \text{ m}$

h) $(1,04 \text{ €} + 0,84 \text{ €}) \cdot 5$

Rechenregeln

Text	Term	
Tobias hat 290 € gespart.	Lösungsweg 1	Lösungsweg 2
Er kauft sich einen CD-Player	290 − 189 − 2 · 35	290 − (189 + 2 · 35)
für 189 € und 2 CDs zu je	= 290 − 189 − 70	= 290 − (189 + 70)
35 €.	= 101 − 70	= 290 − 259
Wie viel Geld besitzt er noch?	= 31	= 31

1. a) Vergleiche die Lösungswege.
Wo wurde geschickt zusammen-
gefasst? Was bedeuten die
Klammern für die Reihenfolge
beim Rechnen?
Warum werden die Beträge in den
Klammern addiert?

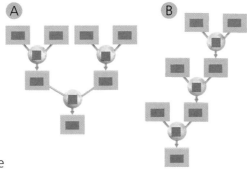

b) Rechenpläne zeigen sehr deutlich
den Lösungsablauf.
Ordne nebenstehende Rechenpläne
den beiden Lösungswegen zu.

c) Bei obigen Termen musst du folgende Rechenregeln beachten. Erläutere.

> Regel 1: Was in Klammern steht, wird zuerst berechnet.
> Regel 2: Punktrechnungen ($\odot$ und $\oslash$) werden vor Strichrechnungen ($\oplus$ und $\ominus$) durchgeführt.

Klammern zuerst

Punkt-vor-Strich

2. Die Regel „Punkt-vor-Strich" macht manchmal Klammern überflüssig.
Entscheide, wo in folgenden Termen Klammern unnötig sind:
a) 9 + (5 · 3) + (21 : 7)   b) 18 · (9 − 6) + 3,5   c) 26 + (56 : 7) − 17
d) 144 : (11 + 11) · 9   e) (121 : 11) + (11 · 9)   f) 27 · (4,75 + 8,25) − 320

> *Was noch nicht zu rechnen dran, schreibt man unverändert an.*

3.

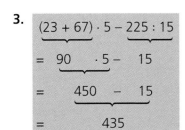

$$(23 + 67) \cdot 5 - 225 : 15$$
$$= \quad 90 \quad \cdot 5 - \quad 15$$
$$= \quad 450 \quad - \quad 15$$
$$= \quad 435$$

Berechne ebenso:
a) 48 : 12 + 4 · 24   b) 12 · 6 − 3 · 4
c) 38 + (48 − 39) · 18   d) 300 : 10 − 6 · 3
e) (330 : 11 − 4) : (174 − 148)   f) (83 − 8 · 9) + 35
g) (9,5 + 15,5) · (27,5 − 15,5)   h) 26 − (5,6 · 3 − 11,8)
i) (2,8 · 3 − 0,8 : 2) · 15   k) (13,4 − 8,4) · 0,7 − 1,6

4. Die Rechenart, die bei der Berechnung eines Terms als letzte ausgeführt wird,
gibt dem gesamten Term und dem Ergebnis seinen Namen:

Summe:	3,5 + 2	2 · 8,5 + 4 $\frac{1}{2}$: 3	5 · x + 3
Differenz:	7,98 − 3,68	36 : 4,5 − 2,5 · 3	9 − 2 · y
Produkt:	78 · 3,9	(2,5 + 7,5) · (1,7 − 0,7)	(7 + z) · 3
Quotient:	45,9 : 5,1	28 : (3,8 − 4 · 0,5)	(a − 12) : 4

Gib die Namen für die Terme bei Nummer 3 an.

Lösungen zu 3

100   200   46   60   12   21   1,9   300   120   1

5. Setze bei jedem Term die Klammern verschieden, rechne aus und vergleiche die Ergebnisse:
a) 20 + 5 · 9   b) 75 + 80 : 5 − 4   c) 7 · 13 − 2 · 6   d) 18 : 3 − 2 · 5

Rechengesetze

a	b	c	(a + b) · c	a · c + b · c		x	y	z	(x − y) : z	x : z − y : z
4	5	6	54			16	12	4	1	
7	3	9	90			35	25	5	2	
3	11	5				63	49	7		
4	6	3				99	54	9		

1. a) Übertrage die Tabellen in dein Heft und fülle sie aus.
b) Vergleiche die Ergebnisse. Was stellst du fest?

Verteilungsgesetz
(Distributivgesetz)

Verteilungsgesetz (Distributivgesetz)			
der Multiplikation		der Division	
$(5 - 4) \cdot 5$	$6 \cdot (4 + 5)$	$(16 - 12) : 4$	$(16 + 12) : 4$
$= 5 \cdot 5 - 4 \cdot 5$	$= 6 \cdot 4 + 6 \cdot 5$	$= 16 : 4 - 12 : 4$	$= 16 : 4 + 12 : 4$
$= 25 - 20$	$= 24 + 30$	$= 4 - 3$	$= 4 + 3$
$= 5$	$= 54$	$= 1$	$= 7$

Wird eine Summe oder eine Differenz mit einer Zahl multipliziert (durch eine Zahl dividiert), so wird jedes Glied der Summe oder Differenz mit dieser Zahl multipliziert (durch diese Zahl dividiert). Es gilt das Verteilungsgesetz (Distributivgesetz).

2. Forme die Terme unter Anwendung des Verteilungsgesetzes um. Wenn du den Wert der Terme ermittelst, ist es nicht sinnvoll, die Glieder in der Klammer gemäß dem Verteilungsgesetz einzeln zu multiplizieren oder zu dividieren. Vorteilhafter ist es, zuerst die Klammer zu berechnen und dann zu multiplizieren oder zu dividieren. Probiere aus:

a) $(48 + 144) : 12$ b) $(108 - 63) : 9$ c) $7 \cdot (9 + 16)$
d) $8 \cdot (25 - 12)$ e) $(48 + 36) \cdot 4$ f) $(9,6 - 3,5) \cdot 3$
g) $(5,1 + 13,6) : 1,7$ h) $(7 + 9) \cdot 1,5$ i) $(7,8 + 2,2) : 5$
k) $(630 + 45) : 9$ l) $(13,2 + 6,8) \cdot 5$ m) $(70 + 60) \cdot 8$
n) $(23,5 - 6,5) : 1,7$ o) $(7,2 - 5,4) : 1,8$ p) $(62,4 - 22,4) \cdot 4$
q) $(5,4 + 2,4) \cdot 5$ r) $(9,6 - 1,2) : 2,8$ s) $(135,7 - 18,7) : 13$

Ausklammern

3.

$3 \cdot 2 + 3 \cdot 4$	$64 : 8 - 48 : 8$
$= 3 \cdot (2 + 4)$	$= (64 - 48) : 8$
$= 3 \cdot 6$	$= 16 : 8$
$= 18$	$= 2$

Beim Ausklammern verschafft dir das Verteilungsgesetz deutliche Rechenvorteile. Rechne wie im Beispiel:

a) $7,9 \cdot 3 - 4,9 \cdot 3$ b) $5,6 : 7 + 1,4 : 7$
c) $1,8 \cdot 17 - 1,8 \cdot 15$ d) $666 : 37 - 555 : 37$
e) $9 \cdot 14 - 7 \cdot 14 + 8 \cdot 14$ f) $9,5 \cdot 12 + 2,5 \cdot 12$
g) $36,8 : 3,2 + 44,8 : 3,2$ h) $81 : 9 + 189 : 9 - 144 :$

4. Stelle Terme auf. Warum lässt sich jedesmal das Verteilungsgesetz anwenden?
a) Frau Weidner kauft 3 Flaschen Orangensaft zu je 1,15 € und 3 Flaschen Apfelsaft zu je 0,95 €. Wie viel muss sie bezahlen?
b) Frau Wagner kauft im Supermarkt 4 Tafeln Schokolade zu je 0,49 €, 4 Flaschen Milch zu je 0,75 € und 4 Flaschen Kaba zu je 0,90 €. Wie viel muss Frau Wagner bezahlen?

Rechengesetze

$9 \cdot 4 \cdot 25$	$9 \cdot 4 \cdot 25$	$123 + 14 + 16$	$123 + 14 + 16$
$= 9 \cdot (4 \cdot 25)$	$= (9 \cdot 4) \cdot 25$	$= 123 + (14 + 16)$	$= (123 + 14) + 16$
$= 9 \cdot 100$	$= 36 \cdot 25$	$= 123 + 30$	$= 137 + 16$
$= 900$	$= 900$	$= 153$	$= 153$

1. Wo werden jeweils Rechenvorteile genutzt? Erläutere.

Bei der Multiplikation und der Addition ist es gleich, wie die Klammern gesetzt werden. Hier gilt das Verbindungsgesetz (Assoziativgesetz).

Verbindungsgesetz (Assoziativgesetz)

2. Wende das Verbindungsgesetz so an, dass Rechenvorteile entstehen:
a) $9 \cdot 8 \cdot 125$
b) $64 + 16 + 27 + 13$
c) $3 \cdot 25 \cdot 4$
d) $3,9 + 2,7 + 4,3 + 1,9$
e) $3,8 \cdot 17,5 \cdot 5 \cdot 2$
f) $3\frac{1}{7} + 4\frac{6}{7} + 7\frac{3}{5} + 4\frac{2}{5}$

3.

$46 + 78 + 54 + 22$	$46 + 78 + 54 + 22$	$125 \cdot 3 \cdot 8 \cdot 10$	$125 \cdot 3 \cdot 8 \cdot 10$
$= 46 + 54 + 78 + 22$	$= 124 + 54 + 22$	$= 125 \cdot 8 \cdot 3 \cdot 10$	$= 375 \cdot 8 \cdot 10$
$= 100 + 100$	$= 178 + 22$	$= 1000 \cdot 30$	$= 3000 \cdot 10$
$= 200$	$= 200$	$= 30000$	$= 30000$

Wodurch entstehen jeweils Rechenvorteile?

Werden einzelne Zahlen geschickt vertauscht, entstehen oft Rechenvorteile. Das Ergebnis ändert sich nicht. Es gilt das Vertauschungsgesetz (Kommutativgesetz).

Vertauschungsgesetz (Kommutativgesetz)

4. Finde Rechenvorteile und berechne:
a) $57 + 26 + 14$
b) $125 \cdot 4 \cdot 5 \cdot 2$
c) $33,8 + 5,9 + 3,2$
d) $25 \cdot 8 \cdot 16 \cdot 5$
e) $9,8 - 6,3 - 1,7$
f) $250 \cdot 17 \cdot 4 \cdot 2$
g) $9,9 + 6,6 + 1,1$
h) $24 \cdot 5 \cdot 4 \cdot 5$

5. Rechne möglichst vorteilhaft. Es gibt manchmal verschiedene Möglichkeiten:
a) $9,7 \cdot 1,9 + 1,9 \cdot 3,6 + 0,69$
b) $112,5 : 45 - 3,3 + 261 : 45$
c) $169 : 13 - 12,2 : 2 + 153 : 17 - 0,9$
d) $\frac{3}{10} \cdot \frac{4}{7} + \frac{2}{5} \cdot \frac{4}{7} - \frac{1}{4} \cdot \frac{4}{7}$

 Lösungen: 25,96 | 15 | 5 | $\frac{9}{35}$

6. a) Ordne dem Programm den richtigen Term zu und löse.

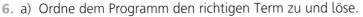

Addiere 27,3 9,4 und 3,3 | Multipliziere mit 9 | Dividiere durch 6 | Subtrahiere 5,5 | STOP

$(27,3 + 9,4 + 3,3) \cdot 9 : 6 - 5,5$ $(27,3 + 9,4 + 3,3) \cdot 9 : (6 - 5,5)$

b) Schreibe für den anderen Term ein Programm und löse.

7.
a) $(7,7 - 5,45) : (0,24 + 0,76)$
b) $28 : (3\frac{1}{4} + 3\frac{6}{8}) + 2\frac{1}{2}$
c) $(23,9 : \frac{1}{5} - 19,5) \cdot \frac{1}{4} + 3$
d) $6\frac{1}{2} \cdot \frac{2}{13} + 5\frac{5}{8} : 9$
e) $3\frac{7}{10} + 5,05 \cdot 4$
f) $2,25 : \frac{1}{4} - (2,85 + 2,35)$
g) $3,8 + 2,5 \cdot (5,2 - 3,2 : 8)$
h) $15,8 \cdot \frac{1}{10} + (3,2 - 1,08)$
i) $(1\frac{5}{8} - \frac{3}{4}) \cdot (2,2 + 6\frac{3}{5})$

Klammer zuerst! Punkt-vor-Strich! Für jeden Rechenschritt eine neue Zeile! $=$ unter $=$!

Das Ergebnis einer Aufgabe ist die erste Zahl einer anderen Aufgabe. Das letzte Ergebnis stimmt mit der Anfangszahl überein. Finde die richtige Reihenfolge.

Terme aufstellen und umformen

Vom Quotienten aus 288 und 12	288 : 12		288 : 12 − (2,4 + 8 · 0,25)
subtrahiert man	−	=	■ − (2,4 + ■)
die Summe aus 2,4 und	(2,4 +	=	■ − ■
dem Produkt aus 8 und 0,25.	8 · 0,25)	=	■

1. Erkläre, wie man vom Text zum Term kommt. Erläutere das schrittweise Umformen. Berechne.

2. Stelle Terme auf und forme um:
   a) Zum Quotienten aus den Zahlen 15,4 und 4,4 addiert man das Produkt aus den Zahlen 1,75 und 2.
   b) Die Summe aus den Zahlen 6,3 und 3 wird durch 3,1 dividiert, anschließend wird das Produkt aus 2,5 und 4 addiert.
   c) Die Summe aus 4,5 und 31,5 wird durch 8 dividiert, dann wird der Quotient aus 7,5 und 2,5 subtrahiert.
   d) Addiere zum Produkt aus der Summe der Zahlen 6,4 und 3,6 und der Differenz aus 12,3 und 7,7 den Quotienten aus 48,8 und 6,1.
   e) Bilde das Produkt aus der Differenz zwischen $\frac{1}{2}$ und $\frac{1}{4}$ und der Summe aus $\frac{1}{3}$ und $\frac{1}{9}$.

3. Zu jeder Aufgabe gehören zwei Rechenpläne. Ordne zu und forme in entsprechende Terme um:
   a) Von einer Rolle Stoff mit $46\frac{3}{4}$ m werden nacheinander $4\frac{1}{2}$ m, 5 m und $3\frac{1}{4}$ m abgeschnitten.
   b) Herr Held hat in seinem Öltank noch 1 463 l. Er bestellt 3 500 l. Im nächsten Monat verbraucht er 875 l, im übernächsten 1 085 l.

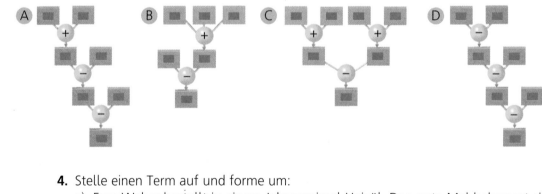

4. Stelle einen Term auf und forme um:
   a) Frau Weber bestellt in einem Jahr zweimal Heizöl. Das erste Mal bekommt sie 2 468 l, das zweite Mal 3 532 l zu einem Preis von 0,425 € pro Liter. Berechne die Heizölkosten für das ganze Jahr.
   b) Renate hat Geburtstag. Für ihre Party kauft sie 15 große Luftballons zu je 0,25 € und 15 kleine Preise zu je 1,45 €. Wie viel Geld hat Renate ausgegeben?
   c) Herr Schumacher fährt mit seinem Auto zum Tanken. Er bezahlt bei einem Preis von 1,235 € für den Liter Super bleifrei 61,75 €. Anschließend lässt er den Wagen seiner Frau mit Normalbenzin bleifrei zu je 1,155 € voll tanken und bezahlt 34,65 €. Wie viele Liter Benzin hat Herr Schumacher insgesamt getankt?

Terme mit Variablen

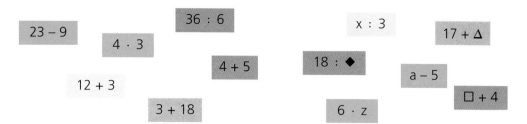

1. Die Zeichen △, □, ◆, … oder die Buchstaben a, b, c, … x, y, z nennt man Platzhalter oder Variable.

   a) Nenne Terme mit Variable und Terme ohne Variable.

   b) Denke dir gleichfarbige Terme mit dem ⊜-Zeichen verbunden. Belege die Variable so, dass auf beiden Seiten des ⊜-Zeichens wertgleiche Terme stehen:

> Terme mit
> Variablen (Platzhalter):
> △, □, ◆, …
> a, b, c, … x, y, z

$$12 + 3 \quad = \quad x : 3$$

$$12 + 3 \quad = \quad 45 : 3$$

2.

x	2 · x	4 · x + 12	4 · (x + 3)	5 · x − 5	(x − 1) · 5	4 · x − 3	23 − 2 · x
1	2	16					
2	4						
3							
4							
5							
6							
7							
8							

   a) Lege die Tabelle in deinem Heft an und vervollständige sie.

   b) Vergleiche die Spalten. Wo treten gleiche Ergebnisse auf? Wo fallen bzw. steigen die Werte?

   c) Gibt es Spalten, in denen nur gerade (ungerade) Zahlen als Ergebnisse vorkommen?

   d) Welche Spalten ergeben ein Vielfaches von 2 (4, 5)?

   e) Wie heißt die Rechenvorschrift für die Spalten, in denen Vielfache von 7 (8, 9) auftreten?

3. Wie groß ist jeweils y, wenn für x die Zahlen 10, 11 und 12 eingesetzt werden? Wie heißt der dazugehörige Term? Setze die notwendigen Klammern:

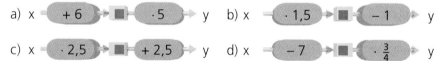

   a) x ⊳ + 6 ⊳ ■ ⊳ · 5 ⊳ y   b) x ⊳ · 1,5 ⊳ ■ ⊳ − 1 ⊳ y

   c) x ⊳ · 2,5 ⊳ ■ ⊳ + 2,5 ⊳ y   d) x ⊳ − 7 ⊳ ■ ⊳ · $\frac{3}{4}$ ⊳ y

4. Berechne den Wert der Terme, wenn für x die Zahlen 1, 2, 3, 4 und 5 eingesetzt werden. Notiere in Tabellenform:

a) 3 + 5x	b) 3,5 · x − 3	c) 360 : x + 3	d) x · x · 2 − x
e) (17 + x) · x	f) 4x + 4	g) (x + 1) · 4	h) 5 · (1 + x)

5. Welche Zahl muss man für x einsetzen, damit beide Terme denselben Wert erhalten?

   a) 3 + x   und   28 : x   b) 32 : x   und   12 − x

   c) 4 · x   und   25 − x   d) x + 6   und   2 · x

   e) 17 − x   und   3 + x   f) x − 9   und   15 − x

6. Setze in den Term (a − b) · c drei verschiedene zweistellige Zahlen ein. Die kleinste Zahl, die du einsetzen darfst, ist 10, die größte 90.

   a) Wie erhält man das größtmögliche Ergebnis?

   b) Wie erhält man das kleinstmögliche Ergebnis?

Terme mit Variablen

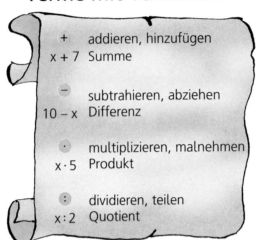

+ addieren, hinzufügen
x + 7 Summe

− subtrahieren, abziehen
10 − x Differenz

· multiplizieren, malnehmen
x · 5 Produkt

: dividieren, teilen
x : 2 Quotient

Fachbegriffe

1. Notiere als Term:
a) Das Dreifache einer Zahl
b) Der fünfte Teil einer Zahl
c) Die Summe aus einer Zahl und 7
d) Die Differenz aus einer Zahl und 6
e) Die Differenz aus 10 und einer Zahl
f) Addiere 12 zu einer Zahl.
g) Subtrahiere 15 von einer Zahl.
h) Multipliziere eine Zahl mit 5.
i) Dividiere eine Zahl durch 8.
k) Bilde das Produkt aus einer Zahl und 4.
l) Bilde den Quotienten aus einer Zahl und 2.

2. Notiere folgende Terme in Wortform:
a) 5 · x   b) y : 7   c) a + 8   d) 10 + b   e) c − 4   f) 9 − d

3. Ordne Texte und Terme einander zu und erkläre die Bedeutung der Variablen:

① Sabine ist halb so alt wie Stefan.
② Tim besitzt doppelt so viele Briefmarken wie Birgit.
③ Ina bekommt 2 € mehr Taschengeld als Samuel.

| a 2 : x | b x + 2 |
| c x : 2 | d x · 2 |

4. Der Eintritt in das Freilichtmuseum kostet für Kinder 2 €. Dazu kommen 20 € für die Führung der Gruppe.
a) Welcher Term beschreibt den Gesamtpreis für „x" Kinder?

A 20 · x + 2   B 2 · x − 20   C 20 · x − 2   D 2 · x + 20

b) Berechne den Gesamtpreis mit Hilfe des passenden Terms, wenn die Gruppe aus 15 (20, 22, 25) Kindern besteht.

5. a) Eine Ferienwohnung kostet pro Tag 42 €. Dazu kommen 33 € für die Endreinigung. Übertrage die Tabelle in dein Heft und berechne den Preis für 7 (10, 12, 14, 21) Tage Aufenthalt.

Tage	Preis (€)	Gesamtpreis (€)
x	42 · x + 33	
7	42 · 7 +	

b) Im Getränkemarkt zahlt man Pfand: 0,20 € für jede Flasche und 2,40 € für den Kasten. Berechne das Pfand für einen Kasten mit 6 (10, 20, 24) Flaschen.

Flaschen	Preis (€)	Gesamtpreis (€)
x	■ · x + ■	
6		

3,60	915
4,40	621
4,80	537
6,40	453
7,20	327

6. Miriam möchte sich für ihre Modelleisenbahn einen neuen Zug kaufen. Die Lokomotive kostet 85 €, der Preis für einen Waggon beträgt 25 €.
a) Stelle einen Term auf, mit dem Miriam den Gesamtpreis für Züge unterschiedlicher Länge berechnen kann.
b) Miriam möchte einen Zug mit 2 (3, 5, 7) Waggons kaufen. Berechne den Gesamtpreis mit Hilfe des Terms.
c) Wie viele Waggons hat Miriam gekauft, wenn sie 185 € (235 €, 285 €) bezahlt hat?

Gleichungen entwickeln

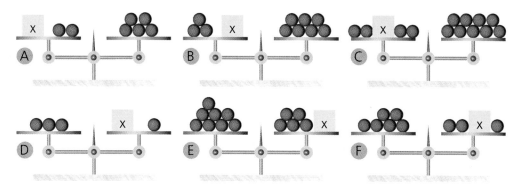

1. a) Auf den Waagen liegt jeweils eine Box mit der Aufschrift „x". Wie viele
Kugeln müssen darin enthalten sein, so dass die Gleichungen stimmen?

b) Erkläre anhand der Waagen den Begriff „Gleichung".

c) Ordne die Gleichungen den Waagen zu:

$3 + x = 7$	$2 + x + 2 = 9$	$3 = x + 1$	$8 = 5 + x$	$x + 2 = 5$	$6 = 2 + x + 1$
$6 = 2 + 3 + 1$	$3 = 2 + 1$	$3 + 2 = 5$	$2 + 5 + 2 = 9$	$8 = 5 + 3$	$3 + 4 = 7$

> Sind zwei Terme durch ein =-Zeichen (Gleichheitszeichen) verbunden, so
> erhalten wir eine Gleichung. Die Terme auf beiden Seiten einer Gleichung
> haben den gleichen Wert.

Gleichung
Verbindung zweier
Terme mit dem Gleich-
heitszeichen

2. Welche Gewichte vertreten die Variablen, wenn jeweils Gleichungen entstehen
sollen? Probiere aus:

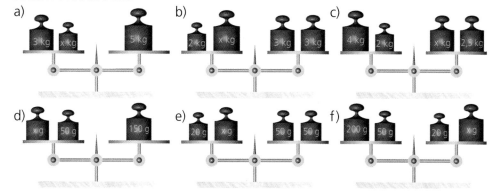

3. Welche Terme ergeben beim Ausrechnen den gleichen Wert? Verbinde diese
Terme mit dem =-Zeichen.

$15 - 3$	$12 \cdot 4 - 8$	$12 - 24 : 6$	$3 + 6$	$7 + 12 : 4$	$3 \cdot 4$

$9 \cdot 4 + 4$	$27 : 3$	$3 \cdot 3 - 1$	$20 - 2 \cdot 5$

4. Ein Ziegelstein wiegt 2 kg und einen
halben Ziegelstein.
Wie viel wiegt ein Ziegelstein?

Operationen umkehren

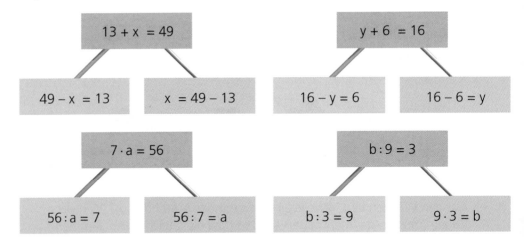

1. Umkehraufgaben erleichtern das Lösen von Gleichungen. Mit welchen Umkehraufgaben kommt man jeweils direkt zur Lösung?

2. Löse ebenso durch die Umkehraufgabe:
a) 149 + a = 369
b) x − 34 = 68
c) 3 · c = 24
d) e : 4 = 9
e) b + 18 = 23
f) y − 146 = 154
g) d · 25 = 100
h) f : 125 = 8

Operationsumkehrung

$+ \rightarrow -$
$- \rightarrow +$
$\cdot \rightarrow :$
$: \rightarrow \cdot$

3.

Gleichung	a + 4,3 = 7,9	b − 1,4 = 3,6	c · 7 = 63	d : 15 = 5
Rechenplan	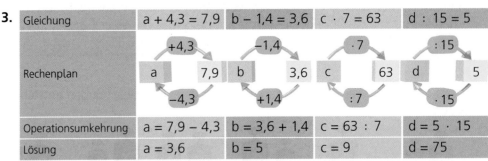			
Operationsumkehrung	a = 7,9 − 4,3	b = 3,6 + 1,4	c = 63 : 7	d = 5 · 15
Lösung	a = 3,6	b = 5	c = 9	d = 75

Erkläre und löse ebenso:
a) x + 23,8 = 37
b) 9,4 + y = 13,6
c) 13,5 = z − 9,75
d) $5\frac{1}{2} = 4\frac{1}{2} + a$
e) 8,5 · z = 68
f) 5,2 · p = 31,2
g) 70 = 0,7 · d
h) 4,6 · x = 23

4. Löse durch die Umkehraufgabe:
a) x ═ · 407 ➤ 1 221
b) x ═ · 63 ➤ 378
c) z ═ : 2 ➤ 14
d) x ═ : 8 ➤ 52
e) y ═ · 166 ➤ 830
f) x ═ : 2,5 ➤ 12

5.

Gleichung	x · 5 − 3 = 7
Rechenplan	·5 −3 x 7 :5 +3
Lösung	x = (7+3) : 5
	x = 10 : 5
	x = 2

Löse ebenso:
a) 8 · x + 19 = 59
b) y : 12 − 6 = 44
c) a · 3 − 6 = 45
d) 3 · x + 15 = 48
e) x : 7 − 8 = 4
f) a : 2,5 + 3,2 = 6,2
g) 0,5 · y + 17 = 25
h) 3,6 · z + 1,8 = 5,4
i) $\frac{1}{5} \cdot x - \frac{2}{5} = 1$
k) 0,2 · m + 8 = 9
l) $\frac{1}{8} \cdot z - 13 = 1$
m) 7,2 · x + 1,2 = 66
n) $\frac{x}{2} + 8 = 24$
o) x · 0,01 − 0,37 = 0,63

Lösungen

112 84
17 16
600 7
32 11 9
7,5 100 1
5 5

Gleichungen äquivalent umformen

A B C D

1. a) Alle Waagen befinden sich im Gleichgewicht. Gib die Art der Umformung von A nach B, von B nach C und von C nach D an.

b) Ordne die folgenden Gleichungen den oberen Waagen zu:

$x = 2$ $x + 3 = 5$ $x + 1 = 3$ $x + 2 = 4$

c) Was wurde bei der letzten Waage (D) erreicht? Welches Ziel verfolgt man mit den Umformungen?

> Eine Gleichung mit einer Unbekannten (x) ist dann gelöst, wenn die Unbekannte ohne jede andere Zahl auf einer Gleichungsseite steht.

> *x isolieren:*
> *aus $x + 5 = 9$*
> *wird $x = 4$*

2. Erkläre die Umformungen:

a) $a + 6 = 9$
$\downarrow$
$a = 3$

b) $4 + y = 12$
$\downarrow$
$y = 8$

c) $x - 3 = 7$
$\downarrow$
$x = 10$

d) $b - 9 = 12$
$\downarrow$
$b = 21$

e) $10 = 5 + x$
$\downarrow$
$5 = x$

3. Gib zu jedem Bild die passende Gleichung an. Versuche durch Umformen, die Unbekannte auf einer Gleichungsseite zu isolieren:

a) b) c) d)

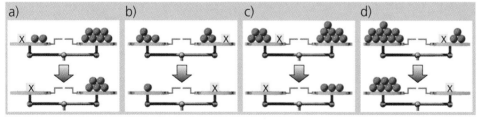

> Wenn auf beiden Seiten dieselben Operationen durchgeführt werden, bleibt die Waage im Gleichgewicht. Diese Umformung einer Gleichung heißt wertgleiche Umformung (Äquivalenzumformung).

wertgleiches Umformen (Äquivalenzumformung) addieren, subtrahieren

4. Notiere die Gleichung und forme entsprechend um:

a) b) c) d)

5.

$x + 7 \quad\;\; = 13 \quad /-7$
$x + 7 - 7 = 13 - 7$
$\quad\; x \quad\;\; = 6$

Auf beiden Seiten addieren oder subtrahieren! Zusammenfassen!

$x - 9 \quad\;\; = 3 \quad /+9$
$x - 9 + 9 = 3 + 9$
$\quad\; x \quad\;\; = 12$

82 8,2 26
46,2 50 44,3
46,2 90

Löse durch Äquivalenzumformung:

a) $x + 19 = 45$ b) $x - 67 = 23$ c) $49 = x - 33$ d) $67 = x + 17$

e) $3,9 + x = 12,1$ f) $x - 26,5 = 17,8$ g) $89,8 = 43,6 + x$ h) $12,7 = x - 33,5$

Gleichungen äquivalent umformen

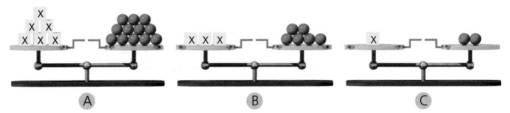

A   B   C

1. a) Alle Waagen befinden sich im Gleichgewicht. Gib die Art der Umformung von A nach B und von B nach C an.

b) Ordne die folgenden Gleichungen den oberen Waagen zu:

$6 \cdot x = 12$ $3 \cdot x = 6$ $x = 2$

2. Erkläre die Umformungen:

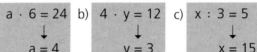 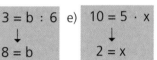

a) $a \cdot 6 = 24$ b) $4 \cdot y = 12$ c) $x : 3 = 5$ d) $3 = b : 6$ e) $10 = 5 \cdot x$
   $\downarrow$ $\downarrow$ $\downarrow$ $\downarrow$ $\downarrow$
   $a = 4$ $y = 3$ $x = 15$ $18 = b$ $2 = x$

3. Schreibe zu jedem Bild die passende Gleichung. Versuche durch wertgleiches (äquivalentes) Umformen, die Unbekannte auf einer Gleichungsseite zu isolieren:

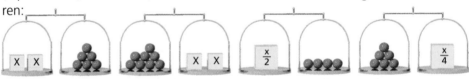

4.

Äquivalenzumformung
multiplizieren, dividieren

Auf beiden Seiten multiplizieren! Zusammenfassen!

$x : 4 = 5$ $/ \cdot 4$
$x : 4 \cdot 4 = 5 \cdot 4$
$x = 20$

$6 \cdot x = 42$ $/ : 6$
$6 \cdot x : 6 = 42 : 6$
$x = 7$

Auf beiden Seiten dividieren! Zusammenfassen!

Löse durch Äquivalenzumformung:

a) $x \cdot 7 = 63$ b) $9 \cdot y = 72$ c) $121 = x \cdot 11$ d) $144 = 12 \cdot x$
e) $x : 8 = 7,5$ f) $6,4 = x : 2$ g) $3,8 \cdot x = 19$ h) $102 = 8,5 \cdot x$

5. Notiere zu jeder Skizze eine Gleichung und löse wie im Beispiel:

x	9
16,5	

$x + 9 = 16,5$ $/- 9$
$x + 9 - 9 = 16,5 - 9$
$x = 7,5$

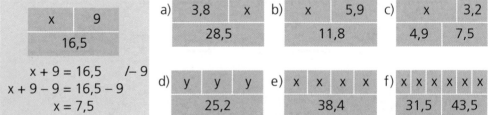

a) | 3,8 | x |
   | 28,5 | |

b) | x | 5,9 |
   | 11,8 | |

c) | x | 3,2 |
   | 4,9 | 7,5 |

d) | y | y | y |
   | 25,2 | | |

e) | x | x | x | x |
   | 38,4 | | | |

f) | x | x | x | x | x | x |
   | 31,5 | 43,5 | | | | |

6. Zeichne und rechne wie bei Nummer 5:

a) $a + 3,5 = 7,3 + 2,7$ b) $x \cdot 3,5 = 19,2 + 10,2$ c) $7 \cdot y = 4,5 + 27$

Gleichungen äquivalent umformen

$2 \cdot x + 1 = 7$

$x = 3$

$2 \cdot x = 6$

1. a) Welche Gleichung in der Randspalte passt zu den einzelnen Waagen?
   b) Erkläre die Umformungen von Waage A nach B und von B nach C.

2. Erkläre die Umformungen:

$a \cdot 6 + 3 = 33$	$4 \cdot b - 8 = 20$	$c : 3 + 8 = 20$	$3 = d : 6 - 5$	$33 = 5 \cdot e - 7$
↓	↓	↓	↓	↓
$a \cdot 6 = 30$	$4 \cdot b = 28$	$c : 3 = 12$	$8 = d : 6$	$40 = 5 \cdot e$
↓	↓	↓	↓	↓
$a = 5$	$b = 7$	$c = 36$	$48 = d$	$8 = e$

3. Notiere zu jeder Waage eine Gleichung und löse:

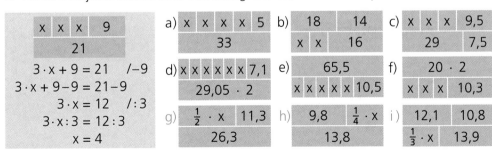

4.

$4 \cdot x + 5 = 17$	$/- 5$	Subtrahiere von beiden Seiten 5.
$4 \cdot x + 5 - 5 = 17 - 5$		Fasse zusammen.
$4 \cdot x = 12$	$/: 4$	Dividiere beide Seiten durch 4.
$4 \cdot x : 4 = 12 : 4$		Vereinfache.
$x = 3$		Lösung
$4 \cdot 3 + 5 = 17$		Probe

Äquivalenzumformung
zuerst addieren (sub-
trahieren), dann multi-
plizieren (dividieren)

Löse ebenso:

a) $4 \cdot y - 7 = 13$ b) $x \cdot 6 + 17 = 47$ c) $x : 3 + 8 = 16$ d) $9 + x : 5 = 13$

e) $49 = y \cdot 8 + 1$ f) $87 = 24 + 9 \cdot x$ g) $2 = z : 12 - 13$ h) $103 = a \cdot 12 - 41$

5. Notiere zu jeder Skizze eine Gleichung und löse wie im Beispiel:

x	x	x	9
	21		

$3 \cdot x + 9 = 21$ $/-9$
$3 \cdot x + 9 - 9 = 21 - 9$
$3 \cdot x = 12$ $/: 3$
$3 \cdot x : 3 = 12 : 3$
$x = 4$

a)

x	x	x	x	5
		33		

b)

18		14
x	x	16

c)

x	x	x	9,5
	29		7,5

d)

x	x	x	x	x	7,1
		29,05 · 2			

e)

	65,5	
x	x	x	x	x	10,5

f)

	20 · 2	
x	x	x	10,3

g)

$\frac{1}{2} \cdot x$	11,3
26,3	

h)

9,8	$\frac{1}{4} \cdot x$
13,8	

i)

12,1	10,8
$\frac{1}{3} \cdot x$	13,9

6. Zeichne und rechne wie bei Nummer 5:

a) $a \cdot 6 + 3,5 = 21,5$ b) $19,6 = 2 \cdot x + 5,4$ c) $x \cdot 3,5 + 1,2 = 11,1 \cdot 2$

d) $y : 6 + 2,9 = 10$ e) $b \cdot 9,3 + 0,9 = 66$ f) $9,9 + x : 0,5 = 19,9$

Gleichungen aufstellen und lösen

Ich denke mir eine Zahl, multipliziere sie mit 7 und erhalte 56.

Gleichung: x · 7 = 56

Lösung:	x · 7 = 56 / : 7	**Kontrolle:**
	x · 7 : 7 = 56 : 7	8 · 7 = 56
	x = 8	

72	39,1
43,7	1,5
1,6	
	8

1. Stelle Gleichungen auf und löse nach dem Muster:
   a) Peter denkt sich eine Zahl, multipliziert sie mit 2 und erhält 16.
   b) Otto teilt seine gedachte Zahl durch 9 und bekommt als Ergebnis 8.
   c) Wolfgang erhält 37,4, wenn er von seiner gedachten Zahl 6,3 subtrahiert.
   d) Andrea erhält das Produkt aus 5,5 und 8, wenn sie zu ihrer Zahl 4,9 addiert.
   e) Marlies multipliziert ihre Zahl mit $\frac{2}{3}$. Ihr Ergebnis ist 1.
   f) Irene erhält als Ergebnis 2, wenn sie ihre Zahl durch $\frac{4}{5}$ dividiert.

Skizzen veranschaulichen den Text

2.

Wenn man zum Doppelten einer Zahl	35 addiert	erhält man ebenso viel	wie die Summe aus 36 und 13.	x	x	35
					36	13

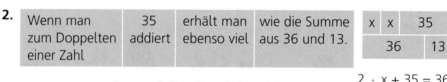

2 · x + 35 = 36 + 13
2 · x + 35 = ■
2 · x = ■
x = ■

10		0,4
	9	
30	120	2,8
6	70	

Was möchte die besondere Schreibweise verdeutlichen?
Erkläre auch die Skizze und löse die Gleichung. Arbeite ebenso:
a) Das Dreifache einer Zahl vermehrt um 12 ergibt die Summe aus 16 und 14.
b) Das Vierfache einer Zahl vermindert um 12 ergibt die Differenz aus 39 und 15.
c) Der vierte Teil einer Zahl vermindert um 7 ergibt die Summe aus 14 und 9.
d) Der dritte Teil einer Zahl vermehrt um 6 ergibt die Differenz aus 25 und 9.

3. Ordne Gleichung und Text einander zu. Bestimme x:

a   x : 5 – 6 = 8   b   5 · x – 6 = 8   c   5 · x + 6 = 8   d   x : 5 + 6 = 8

① Dividiert man eine Zahl durch 5 und subtrahiert davon 6, so erhält man 8.

② Wenn man zum 5. Teil einer Zahl 6 hinzufügt, erhält man als Ergebnis 8.

③ Das Fünffache einer Zahl vermindert um 6 ergibt 8.

④ Das Produkt aus einer Zahl und 5 vermehrt um 6 ergibt 8.

4. a) Vater ist 36 Jahre alt, seine Tochter 7. Wann wird die Tochter halb so alt sein wie ihr Vater?
   b) Mutter verteilt unter ihren Kindern Mandarinen. Gibt sie jedem 5 Mandarinen, so bleiben 2 Mandarinen übrig. Wenn sie jedem 6 gibt, so fehlen 4.

Gleichungen bei Sachaufgaben

1. Erkläre, wie man Sachaufgaben mit Hilfe von Gleichungen löst. Welche Schritte erleichtern das Finden der Lösung?

2. Löse die Sachaufgaben mit Hilfe von Gleichungen.

a) Tobias kauft sich ein Fernsehgerät für 850 €. Er zahlt 600 € an, den Rest zahlt er mit vier gleichen Monatsraten zurück. Wie hoch ist eine Rate?

b) Anja möchte sich einen Fotoapparat für 370 € kaufen. Wie hoch ist eine Rate, wenn sie 220 € anzahlt und den Rest in fünf Monatsraten begleichen will?

c) Christoph wechselt einen 50 €-Schein. Er erhält einen 10 €- und einen 20 €-Schein und vier gleiche Scheine.

d) Matthias kauft sechs Hefte zu je 0,55 € und vier Buchumschläge. Er bezahlt 5,90 €. Wie viel kostet ein Buchumschlag?

e) Frau Schöne will ihr Gewicht nicht verraten. Sie sagt: „Wäre mein $6\frac{1}{2}$faches Gewicht um $39\frac{1}{4}$ kg größer, dann würde ich 400 kg wiegen."
Wie schwer ist Frau Schöne?

f) Peter war beim Pilzesuchen. Bei Frau Hart bekommt er für seine Steinpilze 14,25 €. Den Gesamtbetrag rundet Frau Hart um 35 Ct auf 35 € auf. Wie viele kg Steinpilze, wie viele kg Pfifferlinge hat Peter gefunden?

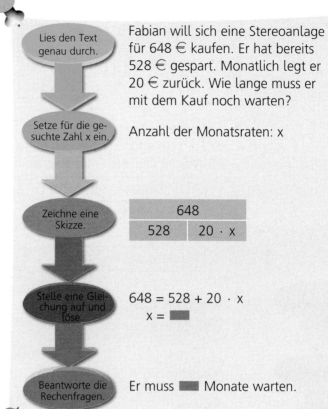

Lies den Text genau durch.

Fabian will sich eine Stereoanlage für 648 € kaufen. Er hat bereits 528 € gespart. Monatlich legt er 20 € zurück. Wie lange muss er mit dem Kauf noch warten?

Setze für die gesuchte Zahl x ein.

Anzahl der Monatsraten: x

Zeichne eine Skizze.

648	
528	20 · x

Stelle eine Gleichung auf und löse.

$648 = 528 + 20 \cdot x$
$x = $ ▄

Beantworte die Rechenfragen.

Er muss ▄ Monate warten.

Ankauf von Pilzen:
1 kg Steinpilze   9,50 €
1 kg Pfifferlinge 8,50 €

Lösungen

5	0,65
2,4	62,5
30	55,5
1,5	

3. Stelle Gleichungen auf und löse. Bilde Sachaufgaben:

a)
7 · x €	265 €
1525 €	

b)
6 · x m	0,2 m
2 m	

c)
0,75 l	5 · x l
2,25 l	

4. Ein Araber vererbte seinen vier Söhnen 39 Kamele. Der 1. sollte die Hälfte, der 2. ein Viertel, der 3. ein Achtel und der 4. ein Zehntel der Hinterlassenschaft erhalten. Die Söhne waren ratlos. Niemand konnte die Verteilung genau nach den Angaben des Testaments vornehmen. Ein Nachbar wusste Rat und stellte von seinen Kamelen eines zur Kamelherde. Nachdem die Söhne die Kamele verteilt hatten, nahm der weise Nachbar sein eigenes Kamel wieder an sich.

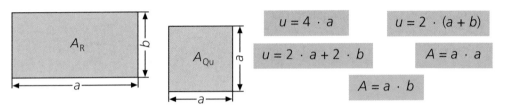

Gleichungen bei Geometrieaufgaben

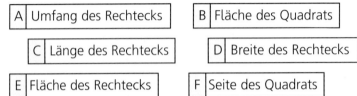

$u = 4 \cdot a$

$u = 2 \cdot (a + b)$

$u = 2 \cdot a + 2 \cdot b$

$A = a \cdot a$

$A = a \cdot b$

1. a) Ordne die Formeln den Skizzen zu.
b) Formeln sind Gleichungen mit mehreren Variablen (Platzhaltern). Erkläre.
c) Welche Variablen müssen bekannt sein, damit man Folgendes berechnen kann

A | Umfang des Rechtecks

B | Fläche des Quadrats

C | Länge des Rechtecks

D | Breite des Rechtecks

E | Fläche des Rechtecks

F | Seite des Quadrats

2.

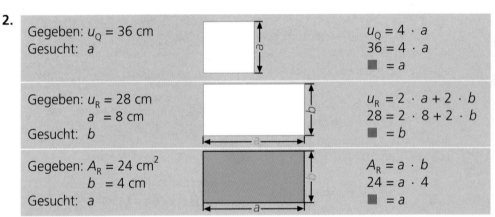

Gegeben: $u_Q = 36$ cm
Gesucht: a

$u_Q = 4 \cdot a$
$36 = 4 \cdot a$
■ $= a$

Gegeben: $u_R = 28$ cm
$a = 8$ cm
Gesucht: b

$u_R = 2 \cdot a + 2 \cdot b$
$28 = 2 \cdot 8 + 2 \cdot b$
■ $= b$

Gegeben: $A_R = 24$ cm^2
$b = 4$ cm
Gesucht: a

$A_R = a \cdot b$
$24 = a \cdot 4$
■ $= a$

Ermittle die fehlenden Werte, mache eine Probe und formuliere eine Antwort.

3. Zeichne Skizzen, stelle Gleichungen auf und löse:
a) Ein Grundstück hat eine Fläche von 620 m^2 bei einer Breite von 20 m.
Wie lang ist es?
b) Eine rechteckige Wiese hat einen Umfang von 450 m, ihre Länge beträgt
125 m. Berechne die Breite und den Flächeninhalt der Wiese.
c) Ein Grundstück soll eingezäunt werden. Es ist 22,5 m lang und 16 m breit.
Wie viel Meter Zaun werden benötigt, wenn das Tor 3 m breit ist?
d) Die eine Seite eines rechteckigen Grundstücks ist 19 m lang. Wie lang ist die
andere, wenn der Umfang 96 m beträgt?
e) In einem Zimmer mit quadratischer Grundfläche ($a = 5$ m) werden Randleisten verlegt. Wie viel Meter Randleisten werden benötigt, wenn für die
Tür 0,8 m ausgespart werden?

4. a) Zwei Rechtecke haben denselben Flächeninhalt, aber verschiedene Seitenlängen. Das erste Rechteck ist 8 cm lang und 6 cm breit. Die Breite des zweiten
Rechtecks beträgt die Hälfte der Breite des ersten. Bestimme die Länge des
zweiten Rechtecks.
b) Schreinermeister Wittmann berechnet bei der Umzäunung eines 15 m langen
Gartens die Länge des Zaunes mit 47 m. Berechne die Breite des Gartens,
wenn für die Einfahrt 3 m ausgespart wurden.

Lösungen zu 3 und 4:

100 74 16 10 31 19,2 29 12500

Denksport

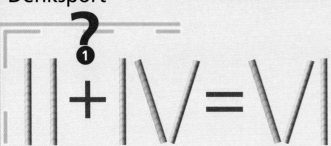

1

a) Welches Stäbchen kann man links wegnehmen und es rechts dazulegen, damit wieder eine richtige Gleichung entsteht?
b) Kann man entsprechend rechts ein Stäbchen wegnehmen und es links anlegen?
c) Kann man links und rechts gleich viele Stäbchen wegnehmen oder dazulegen, um dadurch richtige Gleichungen zu erhalten?

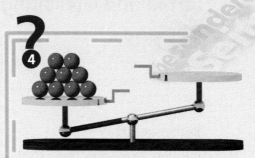

4

Von neun Kugeln haben acht das gleiche Gewicht, eine Kugel ist schwerer. Finde mit nur zweimaligem Wiegen heraus, welches die schwerere Kugel ist.

5

Übertrage ins Heft und füge die richtigen Rechenzeichen ein, um die Gleichungen zu vervollständigen:

a) 7 ● 8 ● 20 ● 32 = 44
b) 8 ● 2 ● 12 ● 9 = 37
c) 6 ● 7 ● 15 ● 13 = 44

2

Wer findet die Gleichung?

a) Bilde eine Rechenaufgabe, bei der nur mit 8 gerechnet wird, um das Endresultat 1 000 zu erhalten. Du kannst addieren, subtrahieren, multiplizieren oder dividieren. Allerdings darfst du nur eine der obigen Rechenarten benutzen.
b) Mit allen folgenden Zahlen und Zeichen erreichst du das Ergebnis 270. Wie rechnest du?

: 10 + 4 50 · 2

6

Lege ein Puzzle:

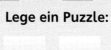

Fünf Zahlenkärtchen stehen dir zur Verfügung. Ordne sie passend an:

 · = -

Überlege, wenn du das Puzzle gelegt hast, ob du Kärtchen vertauschen kannst.

3

Löse mit Hilfe von Gleichungen:

a) Silke und Tobias haben zusammen 576 € gespart. Immer wenn Silke 5 € zur Seite gelegt hat, hat Tobias 3 € gespart. Wie viel Geld haben beide auf ihrem Sparkonto?

b) 220 Personen nehmen an einer Versammlung eines Vereins teil. Es sind 200 Männer mehr anwesend als Frauen. Wie viele Frauen sind zugegen?

7

Löse durch Probieren:
Wie viele Hühner sind es?
Es sind weniger als 40.
Wenn man sie gleichmäßig auf 2, 3, 5 oder 6 Ställe verteilt, bleibt immer ein Huhn übrig.

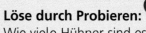

Terme und Gleichungen wiederholen

Rechenregeln

Klammern zuerst	$7 \cdot (14 - 8 : 2)$
Punktrechnungen vor	$= 7 \cdot (14 - 4)$
Strichrechnungen	$= 7 \cdot 10$

Rechengesetze

Verbindungsgesetz (Assoziativgesetz)

Bei der Addition und Multiplikation dürfen Klammern beliebig gesetzt werden:

$$186 + 17 + 13 \qquad 7 \cdot 4 \cdot 250$$
$$= 186 + (17 + 13) \qquad = 7 \cdot (4 \cdot 250)$$
$$= (186 + 13) + 17 \qquad = (7 \cdot 4) \cdot 250$$

Vertauschungsgesetz (Kommutativgesetz)

Bei der Addition und Multiplikation dürfen Zahlen vertauscht werden:

$$91 + 17 + 9 \qquad\qquad 5 \cdot 9 \cdot 2$$
$$= 91 + 9 + 17 \qquad\qquad = 5 \cdot 2 \cdot 9$$
$$= 100 + 17 \qquad\qquad = 10 \cdot 9$$

Verteilungsgesetz (Distributivgesetz)

Wird eine Summe (Differenz) mit einer Zahl multipliziert (durch eine Zahl dividiert), so wird jedes Glied der Summe (Differenz) mit dieser Zahl multipliziert (dividiert):

$$6 \cdot (4 + 5) \qquad\qquad (16 - 12) : 4$$
$$= 6 \cdot 4 + 6 \cdot 5 \qquad = 16 : 4 - 12 : 4$$

Terme

Terme ohne Variable: $8 - 3$ $9 \cdot 4$
Terme mit Variable: $x : 5$ $y + 7$

Gleichungen

Umkehroperationen

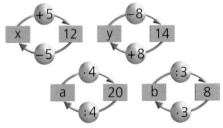

Äquivalenzumformung

$$2 \cdot x + 3 = 15 \qquad\qquad /-3$$
$$2 \cdot x + 3 - 3 = 15 - 3$$
$$2 \cdot x = 12 \qquad\qquad /:2$$
$$2 \cdot x : 2 = 12 : 2$$
$$x = 6$$

---

1. Berechne:
a) $6 : 0,5 - 3 \cdot 2,5$
b) $(3,6 + 6,4) \cdot (17 - 12,5)$
c) $9 - 6 : (2,4 + 3,6)$
d) $0,8 \cdot 5 + 3,6 : 4$
e) $330 - 17 \cdot 3 + 4 \cdot 6$
f) $(28,5 - 2,5 \cdot 4) : 5$

2. Setze Klammern so, dass Rechenvorteile entstehen:
a) $17 \cdot 2,5 \cdot 4$
b) $9,3 \cdot 4 \cdot 25$
c) $7,78 \cdot 8 \cdot 125$
d) $24,8 + 33,3 + 66,7$
e) $46,5 + 53,5 + 18,9$
f) $36,2 + 45,9 + 64,1$

3. Fasse vorteilhaft zusammen:
a) $34,6 + 17,8 + 5,4$
b) $78,2 + 23,6 + 86,4$
c) $99,1 + 14,7 + 0,9$
d) $9 \cdot 4,5 \cdot 2 \cdot 5$
e) $2,5 \cdot 4 \cdot 125 \cdot 8$
f) $8 \cdot 9,7 \cdot 1,25$

4. Verschiedene Terme, dasselbe Ergebnis. Erkläre:

a) $6 \cdot 17 - 4 \cdot 17$ b) $(48 + 27) : 3$
   $17 \cdot 6 - 17 \cdot 4$ $(27 + 48) : 3$
   $17 \cdot (6 - 4)$ $27 : 3 + 48 : 3$
   $(6 - 4) \cdot 17$ $48 : 3 + 27 : 3$

5. Setze für a, b und c die angegebenen Zahlen ein:

a	b	c	$a + b - c$	$(a - b) : c$	$(a - b) \cdot c$
8	4	2			
12	6	3			

6. Gib die Art der Umformung an:

a) $5 \cdot x + 9 = 39$
        $5 \cdot x = 30$
           $x = 6$

b) $x : 3 - 7 = 5$
        $x : 3 = 12$
          $x = 36$

Terme und Gleichungen wiederholen

7. Stelle einen Term auf und berechne:
  a) Auf einer 6-tägigen Wanderfahrt gab Martin für Übernachtungen 45,50 €, für Verpflegung 48,70 €, für die Busfahrt 29,80 € und für Süßigkeiten 6,80 € aus. Wie hoch waren seine durchschnittlichen Tagesausgaben?
  b) Herr Bauer bringt sein Auto zum Wartungsdienst. Es werden 3 l Öl gewechselt und für 137,30 € Ersatzteile benötigt. Die Wartungsarbeiten dauern 3 Stunden. Wie viel muss Herr Bauer bezahlen, wenn für eine Arbeitsstunde 34,70 € und für einen Liter Öl 6,80 € verlangt werden?

8. Für eine Taxifahrt bezahlt man eine Grundgebühr von 1,50 € und für jeden gefahrenen Kilometer 0,80 €.
  a) Stelle einen Term auf, mit dem du den Fahrpreis für verschiedene Strecken berechnen kannst.
  b) Berechne mit dem Term den Fahrpreis für folgende Strecken: 2 km, 5 km, 9 km und 11,5 km
  c) Welche Strecke kann man für 3,90 € (7,10 €; 9,50 €) fahren?

9. Setze die fehlenden Klammern:
  a) $24 - 15 \cdot 3 = 27$
  b) $25 - 11 : 9 - 2 = 2$
  c) $10 - 7 \cdot 8 + 2 + 4 = 30$
  d) $55 - 2 \cdot 7,3 + 2,7 = 35$

10. Notiere zu jedem Rechenplan eine Gleichung und löse mit Hilfe von Umkehraufgaben:

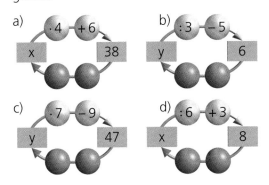

11. Bestimme x durch Äquivalenzumformung:
  a) $3 \cdot x + 8 = 20$
  b) $x : 5 - 14 = 66$
  c) $11,3 = 3,8 + 5 \cdot x$
  d) $44,8 = x : 1,5 - 5,2$

12. Notiere jeweils Gleichungen und löse:

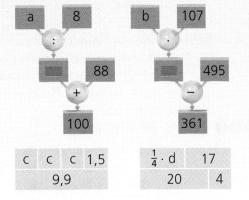

13. Stelle Gleichungen auf und löse:
  a) Multipliziert man eine Zahl mit 8 und subtrahiert vom Produkt 9, so erhält man 15.
  b) Der 7. Teil einer Zahl, um 4 vermindert, ergibt 11.
  c) Eine Seite eines Rechtecks ist 13 m lang. Der Flächeninhalt des Rechtecks beträgt 84,5 m². Wie lang ist die andere Seite?
  d) Ein Quadrat hat einen Umfang von 32 cm. Berechne den Flächeninhalt.
  e) Christian kauft 6 Flaschen Orangensaft und 6 Flaschen Apfelsaft. Eine Flasche Orangensaft kostet 0,65 €. Insgesamt bezahlt er 7,20 €. Wie teuer ist eine Flasche Apfelsaft?

14.

Ich bin 6,50 m lang.

Wenn du meine Länge durch 0,0008 dividierst und davon $2\frac{1}{4}$ m subtrahierst, kommt deine Länge heraus. Weißt du jetzt, wie lang ich bin?

Trimm-dich-Runde 5

1. Welche Aussagen sind richtig, welche falsch?
  a) Das Ergebnis ändert sich nicht, wenn man die Glieder

  Ⓐ einer Summe beliebig vertauscht.   Ⓑ einer Differenz beliebig vertauscht.

  Ⓒ eines Produkts beliebig vertauscht.   Ⓓ eines Quotienten beliebig vertauscht.

  b) Das Distributivgesetz (Verteilungsgesetz) besagt, dass man alle Glieder einer Summe beliebig vertauschen kann.
  c) Äquivalenzumformung bedeutet, dass man auf jeder Seite einer Gleichung die gleiche Rechenoperation durchführt.
  d) Beim Vereinfachen von Termen muss man zuerst die Regel „Klammer zuerst", dann die Regel „Punkt-vor-Strich" beachten.

2. $<$, $>$ oder $=$?
  a) $766 - (533 - 177)$ ⬤ $766 - 533 - 177$
  b) $93 - (41 + 18)$ ⬤ $93 - 41 + 18$
  c) $(100 - 5) + (4 - 3)$ ⬤ $100 - 5 + 4 - 3$

3. Berechne:
  a) $(3,4 + 0,2 + 2,4) - (7,11 - 1,4 - 0,6)$ b) $(16,05 + 4,95) : (18,12 + 2,88)$
  c) $13,2 - (15,2 - 2,6 - 5,4) - 4,9$ d) $41,6 - 51 : 17 - 18,3 \cdot 2$

4. Schreibe jeweils einen Term auf:
  a) Addiere zum Quotienten aus 40,5 und 9 die Zahl 5,4.
  b) Multipliziere die Summe der Zahlen 2,48 und 3,52 mit 0,6.
  c) Dividiere die Differenz aus 209 und 69 durch 28.
  d) Subtrahiere vom Produkt der Zahlen 3,3 und 11 die Zahl 29,3.

5. Stelle Gleichungen auf und löse:
  a) 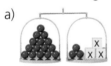   b) 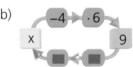   c)

6. Bestimme x:
  a) $3 \cdot x + 2 = 14$ b) $x : 3 - 5 = 2$ c) $7 \cdot x - 2,3 = 18,7$
  d) $30,7 = x \cdot 9 - 0,8$ e) $x : 7 - 8,7 = 3,3$ f) $25,6 = 18 + x : 3$
  g) $x \cdot 1,5 + 4,5 = 12 + 3$ h) $x : 2,5 + 5,3 = 3,1 \cdot 3$ i) $7,8 \cdot x + 7,1 = 100 : 2$

7. Notiere eine Gleichung und löse:
  a) Wenn man zum Dreifachen einer Zahl 9 addiert, erhält man 19,5.
  b) Renate kauft eine CD zu 6,25 € und 6 Kassetten. Sie zahlt insgesamt 16,75 €. Wie teuer ist eine Kassette?
  c) Bei einer Klassenfahrt betragen die Buskosten 425 €. Der Elternbeirat unterstützt diese Fahrt mit 100 €. Aus der Klassenkasse werden 80 € dafür verwendet. Wie viel € muss jeder der 25 Schüler noch für diese Fahrt bezahlen?
  d) Ein Rechteck mit einer Länge von 22,5 cm hat einen Umfang von 82 cm. Berechne die Breite.

Größen

a) Übertrage die Tabelle in dein Heft und ergänze die fehlenden Werte:

m	dm	cm	mm
1,7	■	■	■
■	28,5	■	■
■	■	496	■
■	■	■	16 540

b) <, > oder = ?

14,50 m ● 1450 cm
19,80 m ● 1908 cm
0,75 m ● 75 mm
857 dm ● 8570 mm

c) Gib in Kilogramm an und schreibe mit Komma:

18 560 g   9 060 g   560 g   38 g   9 g

d) Welche Gewichtsangaben sind gleich? Ordne zu:

1: 4 t 300 kg   A: 4,003 t
2: 4 kg 30 g   B: 4 300 g
3: 4 t 30 kg   C: 4 003 g
4: 4 kg 3 g   D: 4 030 kg
5: 4 t 3 kg   E: 4,3 t
6: 4 kg 300 g   F: 4,030 kg

Grundrechenarten

a) Übertrage die Tabelle in dein Heft und kreuze an:

teilbar durch	2	3	4	5	10
195		x			
284					
6 450					
12 388					

b) Überschlage, schreibe stellengerecht untereinander und berechne:

234 568 – 98 987   2 456 743 – 678 954

337 367 + 78 876   3 522 765 + 588 856

c) Überschlage zuerst, dann berechne:

30 303 · 28   11 064 · 42   37 · 15 017

14 763 : 21   77 919 : 19   210 120 : 30

Fläche und Körper

a) Welche Aussagen treffen für das Quadrat bzw. für das Rechteck zu?
   A Die Figur hat vier rechte Winkel.
   B Alle Seiten sind gleich lang.
   C Gegenüberliegende Seiten sind zueinander parallel.
   D Die Figur hat vier Symmetrieachsen.
   E Die Diagonalen schneiden sich im rechten Winkel.
   F Die Mittellinien sind nicht gleich lang.
   G Die Mittellinien sind zugleich Symmetrieachsen.

b) Berechne den Umfang und den Flächeninhalt:

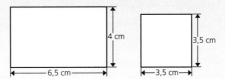

c) Zeichne drei unterschiedliche Rechtecke mit einem Umfang von je 24 cm. Vergleiche die Flächeninhalte.

d) Wie heißen diese Körper?

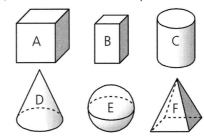

e) Welche Körper könnten es sein?

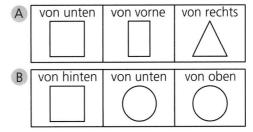

f) Welcher Körper entsteht, wenn man die Fläche um die eingezeichnete Achse dreht?

KREUZ UND QUER

Dezimalbrüche

a) Schreibe als Dezimalbruch:

T	H	Z	E	z	h	t
	7	0	3	5	0	8
9	0	6	4	9	8	7
8	3	0	7	0	0	9
		6	2	0	8	6
			5	7	5	3
7	6	3	0	5	4	0

b) Zeichne eine Stellenwerttafel und trage ein:

70,908	709,08	70,089	7 090,8
79,008	790,08	7 900,8	79,080

c) Welche Zahlen gehören zu den markierten Stellen?

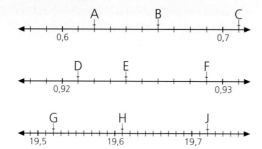

d) Runde sinnvoll:

5,681 €	18,788 €	515,265 €
9,554 m	13,698 m	215,573 m
0,8672 kg	12,9876 kg	325,998 kg
5,9623 km	28,4544 km	575,6675 km

e) Überschlage zuerst das Ergebnis, dann schreibe stellengerecht untereinander und berechne:

26,249 + 13,058	258,375 + 144,67
37,205 – 19,366	497,64 – 28,644

f) Löse im Kopf:

39,75 · 10	7,406 · 100	0,0976 · 1000
13,56 : 10	115,2 : 100	3 104 : 1000

Zahlen in Schaubildern

a) Lies aus dem Diagramm ab, wie viele Schüler in der Klassenarbeit jeweils die Note 1, 2, 3, 4, 5 oder 6 erhalten haben.

b) Wie viele Schüler haben eine Note schlechter als 3, wie viele eine Note besser als 4?

c) Wie viele Schüler haben die Klassenarbeit geschrieben?

d) Berechne den Notendurchschnitt bei dieser Klassenarbeit.

Sachaufgaben

a) Die Klassen 6a, 6b und 6c planen einen gemeinsamen Klassenausflug. Ihre Klassensprecher sammeln das Fahrgeld ein. Sarah muss für die 24 Schüler der 6b insgesamt 156 € abgeben. In der Klasse 6a hat Lisa von den Mädchen 84,50 € und Thomas von den Jungen 58,50 € erhalten. Aus der Klasse 6c fahren alle 25 Schüler mit.
 – Wie viele Mädchen und Jungen besuchen die Klasse 6a?
 – Wie viel Euro bezahlen die Schüler der Klasse 6c?

b) Ein Fußballstadion hat 9 500 Sitzplätze und 14 500 Stehplätze. Bei einem Fußballspiel werden für 103 800 € Sitzplatzkarten zu je 12 € verkauft. Eine Stehplatzkarte kostet 8 €.
 – Wie viele Personen besuchten das Fußballspiel, wenn für insgesamt 194 440 € Karten verkauft wurden?
 – Wie viele Sitzplätze und Stehplätze sind unbesetzt?

Sachbezogene Mathematik

Die 6. Klassen (60 Schüler) fahren nach München zu den Filmstudios.
Das Busunternehmen verlangt für jeden gefahrenen Kilometer 1,40 €.
Der Bus legt insgesamt 420 km zurück.
Der Eintritt in die Filmstudios kostet 4,50 € und für Verpflegung fallen 2 € an.

Wie viel muss jeder Schüler bezahlen?

Geg.: Schülerzahl: 60
gefahrene km: 420 km
Buskosten je km: 1,40 €
Eintritt: 4,50 €
Verpflegung: 2 €

Ges.: Kosten pro Schüler

Skizze:

Schulort :60 Eintritt: 4,50 €
Essen: 2,00 €

Lösung mit Teilüberschriften:
Buskosten pro Schüler:
420 · 1,40 € = ▆ €
▆ € : 60 = ▆ €
Ausgaben in München:
4,50 € + 2 € = ▆ €
Gesamtausgaben pro Schüler:
▆ € + ▆ € = ◢◤ €

Gesamtansatz:
(420 · ▆ €) : 60 + (▆ € + ▆ €) = ◢◤ €

Antwort: Jeder Schüler muss ◢◤ € bezahlen.

Das Lösen von Sachaufgaben fällt gar nicht so schwer, wenn du einige Tipps beachtest:

- Lies immer die Aufgabe gründlich, langsam und mehrmals durch.

- Unterstreiche wichtige Angaben.

- Stelle die Angaben geordnet zusammen.

- Eine kleine Skizze hilft oft. Beschrifte sie.

- Welche Rechenschritte sind durchzuführen? Überlege, welche Rechenarten du brauchst.

- Halte den Lösungsweg übersichtlich fest.

- Rechne langsam, führe vor dem Ausrechnen einen Überschlag aus.

- Beantworte die Rechenfrage.

Geldwerte

Schokolade
versch.
Sorten
jede
100 g
Tafel
-,79

Bäckereitheke:
Brötchen 0,35
Brezen 0,59
Bauernbrot 3,40
1000-g-Stück

Unser Preisknüller

Joghurt *150-g-Becher* **-,29**
Holl. Tomaten *1 kg* **2,99**
Hkl. 1, schnittfest
Bananen *1 kg* **1,98**
Erdbeeren *500 g* **2,48**
Hkl. 1

Frischfleisch – Frischwurst
Suppenfleisch *wie gew.* *1 kg* **10,98**
1a Rindergulasch *zart und saftig* *1 kg* **13,90**
Leberkäse *z. Selberbacken, i. Aluf.* *100 g* **1,10**
Schweineschulter *je kg* **4,99**
Salami *gegart* *100 g* **1,99**
Rohpolnische *im Ring* *100 g* **1,59**
Frischwurst- *Aufschnitt* *100 g* **-,99**

1. a) Betrachte die Preise. Entdeckst du eine Gemeinsamkeit?
   b) Warum werden die Preise nicht gerundet angegeben?

2. Versuche durch Überschlagsrechnung jeweils den zu zahlenden Betrag zu
   ermitteln. Prüfe nach und bilde ähnliche Aufgaben.

Maßeinheit
↓
1 € = 100 Ct
↑
Maßzahl

2 kg Suppenfleisch
3 kg Tomaten
½ kg Bananen
4 Tafeln Schokolade

1 kg Bauernbrot
3 Becher Joghurt
2 kg Erdbeeren
2 kg Schweineschulter
200 g Salami

10 Brötchen
5 Brezen
300 g Leberkäse
500 g Aufschnitt

3. Berechne den Gesamtwert der abgebildeten Münzen und Scheine.

4. Frage bei der Bank nach:
   a) Wie viel € erhältst du derzeit für
      1 US Dollar, 100 Schweizer Franken, 1 Britisches Pfund?
   b) Erkundige dich, wie diese Banknoten jeweils aussehen.

Erwachsene	Berg- und Talfahrt	5,00 €
Erwachsene	Berg- oder Talfahrt	3,50 €
Kinder (4 bis 14 Jahre)	Berg- und Talfahrt	2,50 €
Kinder (4 bis 14 Jahre)	Berg- oder Talfahrt	1,50 €
Gruppen (über 15 Personen)	Berg- und Talfahrt	3,00 €
Gruppen (über 15 Personen)	Berg- oder Talfahrt	2,00 €

5. a) Wie viel müsste deine Klasse für eine Berg-
      und Talfahrt bezahlen?
   b) Ihr wollt den Rückweg zu Fuß zurücklegen
      und löst daher nur eine Bergfahrt.
      Wie viel Geld spart ihr dadurch?
   c) Deine Familie möchte eine Berg- und Talfahrt
      machen. Wie viel € müsst ihr bezahlen?

6. Mit welchen Münzen und in welchen Zusammenstellungen kann man den
   Betrag von 0,10 € passend bezahlen?

7. Eine Griechin wurde am achten Tag des Jahres 40 v. Chr. geboren und starb am
   achten Tag des Jahres 40 n. Chr. Wie alt wurde sie?

Gewichte (Massen)

1. a) Versuche die Gewichtsangaben abzulesen.
b) Wie genau kann man ablesen?
c) Was wird in t, kg, g oder mg (Milligramm) angegeben?
d) Schätze und überprüfe das Gewicht verschiedener Dinge mit verschiedenen Waagen.

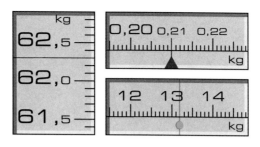

1 t = 1 000 kg
1 kg = 1 000 g
1 g = 1 000 mg

Milligramm (mg)

2. a) Lies die eingetragenen Werte auf verschiedene Weise.
b) Zeichne eine Stellentafel und trage ein:
8,3 t; 350,5 g; 3 505 g; 0,826 kg; 0,85 kg; 12,075 t; 1 200 mg; 9,03 t; 525 000 kg; 9,99 kg

t			kg			g			mg		
						2	6	0			
			9	5	0		3	3			
							1	5	5	0	0
					9	9	7	5			
		2	2	4	4						

1 mg = 0,001 g
1 g = 0,001 kg
1 kg = 0,001 t

3. Schreibe auf verschiedene Weise. Beispiel: 2,03 kg = 2 kg 30 g = 2 030 g

a) 5,007 kg   5,07 kg   5,7 kg   b) 12,03 kg   12,3 kg   12,003 kg
c) 0,750 t   0,75 t   7,5 t   d) 1,205 g   12,05 g   120,5 g

4. Verwandle in die in Klammern angegebene Einheit:
3 t 5 kg (kg)   430 t (kg)   568 g (mg)   3 600 000 g (kg)   4 t 3 kg (kg)

5. < , > oder = ?
a) $2\frac{1}{4}$ kg ● 2,3 kg   b) 3,4 t ● $3\frac{1}{2}$ t   c) 80 008 g ● 80,008 kg

6. Ordne die Gewichte der Größe nach, beginne mit dem größten Wert:
3050 g   0,8 t   0,25 t $3\frac{1}{4}$ kg   501 kg $\frac{1}{2}$ t   3 kg 150 g   200,5 kg

7. Eine 1-€-Münze wiegt etwa 7,5 g. Kann ein Mann seinen Lottogewinn von 500 000 € nach Hause tragen, wenn er sich diesen Betrag in 1-€-Münzen auszahlen lässt?

8. Herr Bauer kauft 15 kg Nägel und 1 kg Schrauben. 1 kg Schrauben kostet 2,5-mal so viel wie 1 kg Nägel. Im Ganzen zahlt er 87,50 €. Notiere auch eine Gleichung.

9. Zwei Kisten wiegen zusammen 84,6 kg. Eine davon enthält 7,4 kg mehr als die andere. Wie schwer ist jede?

Lösungen zu 8, 9 und 10

38,6 kg   5 €
46 kg   18

10. Auf einen Lkw mit 4,5 t Tragfähigkeit sind bereits 5 Paletten Ziegel zu je 650 kg aufgeladen. Es sollen noch 20 Betonrohre zu je 25,4 kg sowie möglichst viele Säcke Binder (40 kg je Sack) geladen werden. Löse mit einer Gleichung.

11. Früher wurden die Gewichtsangaben Pfund (Pfd.), Zentner (Ztr.) und Doppelzentner (dz) verwendet. Berechne die fehlenden Werte, wenn gilt: 1 Pfd. = $\frac{1}{2}$ kg   1 t = 20 Ztr.
1 Pfund = ▮▮▮ g   1 Zentner = ▮▮▮ kg   1 Doppelzentner = ▮▮▮ kg

Zeitspannen

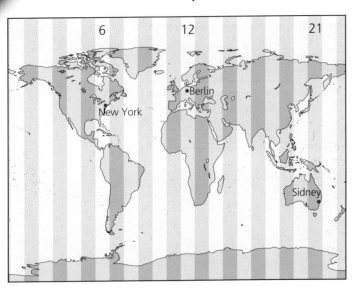

1. Die Erde ist in verschiedene Zeitzonen eingeteilt, wie dir die Weltkarte verdeutlicht. Zeigt die Uhr bei uns 12 Uhr an, so ist es in New York (USA) erst 6 Uhr und in Sydney (Australien) bereits 21 Uhr.
   a) Berechne jeweils die Differenz.
   b) Wie viel Uhr ist es in New York, wenn es bei uns 18 Uhr (8 Uhr, 20 Uhr, 22.30 Uhr) ist?
   c) Wie viel Uhr ist es in Sydney, wenn es bei uns 14 Uhr (7 Uhr, 11 Uhr, 19.15 Uhr) ist?
   d) In New York ist es 15 Uhr (7.30 Uhr). Wie viel Uhr ist es dann bei uns?

1 min   = 60 s
1 h   = 60 min
1 Tag (d) = 24 h
(d kommt von *lat.* dies)

1 Woche = 7 d
1 Jahr   = 12 Monate
            = 52 Wochen
            = 365 d
(Schaltjahr: 366 d)

2. Schätze und überprüfe, wie lange du für einen 75-m-Lauf, die Hausaufgabe, das Zähneputzen, deinen Schulweg brauchst und wie viele Tage in einem Jahr unterrichtsfrei sind. Welche Messinstrumente benutzt du jeweils?

3. Verwandle
   a) in Sekunden: 3 min; 3,5 min; 50 min; $\frac{1}{2}$ min
   b) in Stunden: 3 d; $2\frac{1}{2}$ d; 300 min; 3 000 min
   c) in Minuten: $2\frac{1}{4}$ h; 1,5 h; 900 s; 3 000 000 s

4. Wie viele Minuten sind es bis zur nächsten vollen Stunde?
   a) 7.25 Uhr   b) 10.13 Uhr   c) 14.01 Uhr   d) Viertel vor 2 Uhr

5. Berechne jeweils die Zeitspanne:
   a) von 7.15 Uhr bis 12.45 Uhr   b) von 9.33 Uhr bis 18.20 Uhr
   c) von halb acht bis 13.15 Uhr   d) von Viertel vor sieben bis 11.10 Uhr

6. Susi sitzt pro Tag etwa 45 Minuten lang vor dem Fernseher.
   a) Wie viele Stunden und Minuten schaut sie im Jahr etwa Fernsehen?
   b) Schreibe eine Woche lang deine Zeit auf, die du vor dem Fernseher sitzt. Berechne deine Fernsehzeit für 1 Jahr (10 Jahre).

Eine Zeitspanne ist durch 2 Zeitpunkte festgelegt:

Zeitspanne

12.15   12.45
Zeitpunkt Zeitpunkt

7. Aus dem Internet erhältst du auf der Homepage vom Flughafen Nürnberg folgende Flugpläne für Flüge von und nach Frankfurt/Main. Welche Informationen kannst du entnehmen?

Abflug von Nürnberg				Ankunft in Nürnberg			
Verkehrstage	Abflug	Ankunft	Flug	Verkehrstage	Ankunft	Abflug	Flug
1 2 3 4 5 6 7	06:55h	07:40h	LH037	1 2 3 4 5 6 7	09:00h	08:00h	LH1058
1 2 3 4 5 – –	08:45h	09:35h	LH317	1 2 3 4 5 6 7	09:50h	09:05h	LH362
1 2 3 4 5 6 7	10:30h	11:25h	LH047	– – – 4 – – –	11:00h	10:25h	LH364
1 2 3 4 5 6 7	14:40h	15:30h	LH051	1 2 3 – 5 – –	11:10h	10:35h	LH364
1 2 3 4 5 6 7	16:50h	17:50h	LH1829	1 2 3 4 – 6 7	13:55h	13:10h	LH038
1 2 3 4 5 6 7	18:45h	19:35h	LH039	– – – – 5 – –	14:05h	13:20h	LH038
1 2 3 4 5 6 7	20:15h	21:15h	LH1059	1 2 3 4 5 6 7	16:25h	15:25h	LH1825
				1 2 3 4 – 6 –	18:05h	17:20h	LH050
				– – – – 5 – 7	18:15h	17:30h	LH050
				1 2 3 4 5 6 7	22:25h	21:40h	LH372

Längen

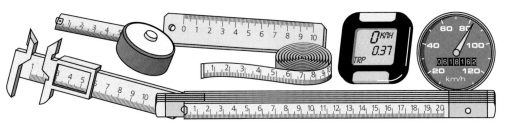

1. a) Mit welchen Geräten und in welcher Einheit misst du: den Brustumfang, die Dicke einer Schraube, die Resultate beim Weitsprung, die Entfernung München – Nürnberg, die Türbreite, die Bleistiftlänge, die Wegstrecke zur Wohnung?

b) Schätze und überprüfe die Länge (Breite, Höhe) des Klassenzimmers, die Höhe der Klassenzimmertür, die Länge und Breite deines Schultisches, die Länge deines Fußes und deiner Hand.

Schätzen
Vergleichen mit etwas Bekanntem

Messen
Vergleichen mit einer Maßeinheit

2. a) Schätze die Höhe von Baum und Haus. Vergleiche mit dem etwa 2 m großen Menschen.

b) Miss nun die Höhe des Baumes und des Hauses. Fünf Millimeter entsprechen in der Wirklichkeit einem Meter.

3. a) Lies die eingetragenen Werte auf verschiedene Weise.

b) Zeichne eine Stellenwerttafel und trage ein:
2,4 km; 0,7 m; 80 cm; $\frac{3}{4}$ m; $\frac{1}{2}$ km; 999 dm; $\frac{2}{10}$ cm; 0,004 m

km	m	dm	cm	mm
			2	9
		9	0	2
	8	0	0	5

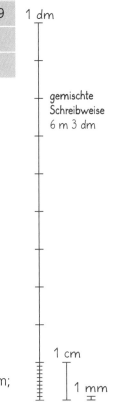

1 dm

gemischte Schreibweise
6 m 3 dm

4. Verwandle

a) in m: 17 dm; 50 cm; 2,01 km; $\frac{9}{10}$ dm; 70 000 cm; 5$\frac{1}{4}$ km; 9 009 cm

b) in dm: 8 m; $\frac{2}{10}$ m; 4$\frac{1}{2}$ m; 900 cm; 3,5 m; 5 m 3 dm; 1 m 5 cm

c) in mm: $\frac{4}{10}$ cm; 2$\frac{1}{2}$ cm; 3,8 cm; 6 cm 3 mm; 0,9 cm; 130 cm

d) in km: 999 m; 700 000 m; 6 000 m; 1 000 000 m; 500 000 m

5. a) Ein Fußballspieler läuft während eines Spiels durchschnittlich eine Strecke von 8,5 km. Der Spieler nahm 7 Jahre lang jährlich an 40 Spielen teil.

b) Rennen auf dem Nürburgring: 68 Runden zu je 4,556 km

c) Rennen um den Großen Preis von Monaco: 100 Runden zu je 3,18 km

6. Ordne die Längen der Größe nach, beginne mit dem kleinsten Wert:
$\frac{1}{5}$ m   25 cm   2,4 dm $\frac{2}{10}$ km   260 mm   0,3 km   2 dm 200 cm

7. Überschlage, dann rechne:
Von einer Rolle mit 30 m Stoff werden nacheinander verkauft: 4,80 m; 7,20 m; 3,85 m; 6,10 m; 2$\frac{1}{4}$ m. Wie viele Meter Stoff sind noch auf der Rolle?

1 cm

1 mm

Flächeninhalte

Flächenmaße

km² ha (Hektar)
a (Ar) m² dm²
cm² mm²

Umrechnungszahl: 100

1 km² = 100 ha
1 ha = 100 a
1 a = 100 m²
1 m² = 100 dm²
1 dm² = 100 cm²
1 cm² = 100 mm²

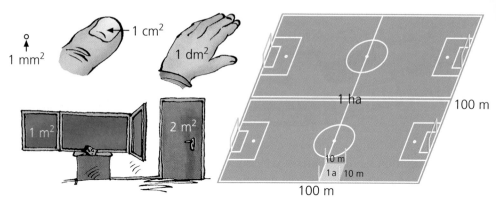

1. Schätze und überprüfe die Fläche einer aufgeklappten Tafel, einer Schulbank, einer Rechenbuchseite, einer aufgeklappten Zeitung, eurer Pausenhalle, eures Sportgeländes. Die Abbildungen oben können dir beim Schätzen helfen.

2. Verwandle
   a) in m²: 5 a; 5,5 a; 5,05 a; 5 dm²; 5,5 dm²; 5,05 dm²
   b) in cm²: 99 mm²; 9 mm²; 9,9 dm²; 9 dm² 900 mm²; $9\frac{1}{2}$ dm²; $\frac{5}{100}$ dm²
   c) in dm²: 2 m²; 0,2 m²; 0,02 m²; 200 cm²; 2 cm²; $\frac{1}{2}$ m²
   d) in mm²: 4,4 cm²; 4,04 cm²; $4\frac{1}{4}$ cm²; 444 cm²; 44,4 cm²

3. Verwandle in die in Klammern angegebene Einheit:
   3,5 a (m²); 2 a (ha); $\frac{5}{10}$ dm² (cm²); 5 m² 50 dm² (m²); 99 cm² (dm²)

4. a)

Rechtecke			
Länge	$3\frac{2}{5}$ dm	4,5 m	■
Breite	6,5 cm	■	68 cm
Umfang	■	13,5 m	2,8 m
Fläche	■	■	■

b)

Quadrate			
Seite	$4\frac{1}{4}$ dm	■	■
Umfang	■	25 m	■
Fläche	■	■	6,25 cm²

5. Familie Münch plant den Bau eines Eigenheimes. Ihr Architekt hat nebenstehenden Plan entworfen.
   a) Überschlage die gesamte Wohnfläche.
   b) Berechne die Fläche der einzelnen Stockwerke.
   c) Das Wohnzimmer im Erdgeschoss ist 5 m breit. Wie lang ist es?

6. Ein Bus benötigt eine Parkfläche von 50 m², ein Pkw etwa 15 m². Berechne den Unterschied der benötigten Parkplatzfläche, wenn 60 Personen mit dem Bus bzw. jeweils mit ihrem Pkw fahren.

7. Früher verwendete man die Flächenmaße Morgen und Tagwerk. Erkundige dich, welche Flächen jeweils damit gemessen wurden und wie groß die Flächen waren.

1dm²

1cm²

1mm²

Rauminhalte

Kantenlänge des Würfels	Raummaße
1 m	Kubikmeter m³
1 dm	Kubikdezimeter dm³
1 cm	Kubikzentimeter cm³
1 mm	Kubikmillimeter mm³

Die Grundeinheit für das Messen von Rauminhalten ist der Kubikmeter (1 m³). Das Wort „Kubik" ist von dem lateinischen Wort „cubus" (Würfel) abgeleitet.

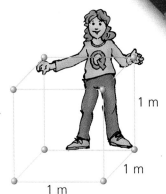

1 m
1 m
1 m

1. Schätze und überprüfe durch Messung den Rauminhalt deines Klassenzimmers, einer Streichholzschachtel, der Pausenhalle, der Turnhalle, eines Kühlschranks, einer Schultasche, eines Schrankes.

2.

m³			dm³			cm³			mm³		
				3	2	0	4	3			
		6	0	8							
						9	2	2	5		
			4	0	0	7					
		1	2	0	0	5	2				

a) Lies die eingetragenen Werte auf verschiedene Weise.

b) Zeichne eine Stellentafel und trage ein:
6,5 m³; 225,3 cm³; 7 900 mm³; 0,485 dm³; $\frac{1}{4}$ m³; 0,45 dm³; 328,07 m³; 10 $\frac{1}{8}$ dm³

Raummaße
m³ dm³ cm³ mm³
Umrechnungszahl: 1 000

1 m³ = 1 000 dm³
1 dm³ = 1 000 cm³
1 cm³ = 1 000 mm³

3. Verwandle
a) in dm³: 7 m³; 7,7 m³; 7,07 m³; 7,007 m³; 700 cm³; $\frac{1}{5}$ m³
b) in m³: 555 dm³; 5 550 dm³; 500 000 dm³; 55,5 dm³
c) in cm³: 333 mm³; 3 mm³; 33 mm³; 3,03 dm³; 30,03 dm³; $\frac{1}{4}$ dm³

4. Verwandle in die in Klammern angegebene Einheit:
5 m³ 5 dm³ (dm³); 500 m³ (dm³); 250 cm³ (mm³); $\frac{3}{8}$ m³ (dm³)

5. Ergänze zur nächstgrößeren Einheit:
250 mm³; 45 dm³; 895 cm³; 2 260 cm³; 64 000 mm³; 750 000 cm³; $\frac{3}{4}$ dm³; $\frac{1}{2}$ cm³

6. Rechne in die nächstkleinere Einheit um:
12 cm³; 12,2 cm³; 112 dm³; 1,12 dm³; 0,112 m³; $\frac{1}{2}$ m³; 3 $\frac{1}{8}$ dm³; $\frac{5}{100}$ m³; $\frac{15}{100}$ dm³

7. <, > oder = ?
a) 3 $\frac{1}{8}$ m³ ⬤ 3,125 m³   b) 2,07 dm³ ⬤ 207 cm³   c) 1 350 mm³ ⬤ 1 $\frac{1}{4}$ cm³

8. Ordne die Raummaße der Größe nach, beginne mit dem kleinsten Wert:
$\frac{60}{1000}$ m³   0,6 m³   6 000 dm³   600 dm³ 60 cm³ $\frac{5}{8}$ m³   6,6 dm³   6 606 cm³

9. Ein Schulzimmer ist 8 m lang, 7 m breit und 3 m hoch. Nach den Forderungen des Gesundheitsamtes sollen für jeden Schüler 3,5 m³ Luftraum eingeplant werden.
a) Eine Klasse hat 28 Schüler. Genügt das Klassenzimmer den Anforderungen?
b) Genügt euer Klassenzimmer den Anforderungen?

10. Früher verwendete man die Maße Scheffel, Klafter und Ster. Erkundige dich, welche Rauminhalte jeweils damit gemessen wurden und wie groß die Rauminhalte waren.

Rauminhalte

1. a) Flaschen und Gläser sind häufig auf bestimmte Inhalte geeicht. Lies die Angaben und vergleiche. Ordne die Gefäße nach ihrem Fassungsvermögen.
b) Wie oft lassen sich die einzelnen Gläser mit dem Inhalt der Flaschen voll auffüllen?
c) Schätze und stelle durch Umfüllen fest, welches Fassungsvermögen folgende Gefäße haben: Kaffeetasse, Kaffeekanne, Gießkanne, Einweckglas, Putzeimer, Badewanne.

2. Aus einem Fass (1 hl) wurden bereits 45 Literkrüge gefüllt. Wie viele Gläser (0,5 l) lassen sich mindestens noch füllen?

3. Rechne um in
a) l: 5 hl; $\frac{1}{4}$ hl; 0,5 hl; 1,01 hl; 3,4 hl; 5 hl 7 l; $3\frac{3}{4}$ hl; 2,7 hl; 2,07 hl; 55 hl
b) hl: 9 900 l; 5 hl 7 l; 450 l; 99 l; 10,5 l; 12 345 l; 2 l; 1 777 l; 77 777 l
c) hl und l: 99 999 l; $3\frac{1}{4}$ hl; 2,25 hl; 802 000 l; 0,6 hl; 10 100 l; 777 777 l; 1,6 h

Liter: l
Milliliter: ml
Hektoliter: hl

1 hl = 100 l

4. Probiere aus, welchen Rauminhalt 1 Liter Wasser besitzt und wie viel 1 Liter Wasser wiegt.

5. Was wiegen folgende Wasserportionen?
a) $\frac{1}{2}$ l, $\frac{1}{4}$ l, 100 l, 2 l, 1 000 l, 234 l, $\frac{1}{2}$ hl, $2\frac{3}{4}$ hl
b) 4 000 cm³, 50 dm³, 1 m³, $\frac{1}{2}$ m³, 150 dm³, 500 cm³, 5 dm³

6. Welchen Zusammenhang zwischen dm³ und cm³ einerseits und l bzw. hl andererseits kannst du den folgenden Abbildungen entnehmen?

Die Hohlmaße sind mit den Raummaßen eng verbunden:

1 m³ = 1 000 l
= 10 hl
1 dm³ = 1 l
= 1 000 ml
1 cm³ = 1 ml

 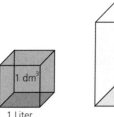 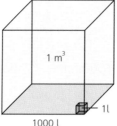 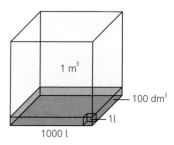

7. Fülle die Lücken. Arbeite in deinem Heft:
a) 1 m³ = ■ l = ■ hl **b)** 1 dm³ = ■ l = ■ hl **c)** 100 dm³ = ■ l = ■ hl

8. Ein erwachsener Mensch besitzt ungefähr 6 Liter Blut. Beim Blutspenden können davon bis zu 500 cm³ abgegeben werden.
a) Bei einem Blutverlust von 1,5 Liter schwebt der Mensch in Lebensgefahr. Berechne die Anzahl der Blutspender, die mindestens notwendig sind, um den Blutverlust von 6 Menschen auszugleichen.
b) Wie viele Spender sind notwendig, damit die gesamte Blutmenge eines Erwachsenen ausgetauscht werden könnte?

9. Vor dir steht ein Eimer mit 8 l Wasser, du willst 4 l davon abmessen. Zum Umfüllen hast du nur ein 8-l-Gefäß, ein 5-l-Gefäß und ein 3-l-Gefäß. Wie gehst du vor?

Größen wiederholen

Geld

1 € = 100 Ct

Gewichte (Massen)

1 t = 1000 kg
1 kg = 1000 g
1 g = 1000 mg

Zeitspannen

1 Jahr = 12 Monate
1 Jahr = 52 Wochen
1 Jahr = 365 Tage
1 Woche = 7 Tage
1 Tag (d) = 24 h
1 h = 60 min
1 min = 60 s

Längen

1 km = 1000 m
1 m = 10 dm = 100 cm
1 dm = 10 cm = 100 mm
1 cm = 10 mm

Flächeninhalte

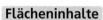

1 km² = 100 ha
1 ha = 100 a
1 a = 100 m²
1 m² = 100 dm²
1 dm² = 100 cm²
1 cm² = 100 mm²

Rauminhalte

1 m³ = 1000 dm³
1 dm³ = 1000 cm³
1 cm³ = 1000 mm³

Rauminhalte (Hohlmaße)

1 hl = 100 l
1 l = 1000 ml
1 l = 1 dm³
10 hl = 1 m³

---

1. a) Wie viel Cent fehlen auf den nächsten Euro?

| 0,45 € | 1,45 € | 498 Ct | 2,05 € | 22,01 € |

b) Schreibe in Gramm (g):

| $\frac{1}{2}$ kg | $\frac{3}{4}$ kg | 3 kg 500 g | 4,07 kg | 5 000 mg |

c) Ergänze fehlende Werte:

Sonnenaufgang:	06.31	■	07.02
Sonnenuntergang:	19.30	19.52	■
Tageslänge:	■	12 h 23 min	11 h 54

d) Ordne die Längenangaben nach ihrer Größe:

| $4\frac{1}{2}$ km | 4 004 m | 4 km | 4,04 km |

| 404 000 dm | 440 000 cm | 4 404 m |

e)

Milliliter	■	■	43 000 ml
Liter	■	32 l	■
Hektoliter	2 hl	■	■

2. Ergänze die fehlenden Werte:

a) 75 dm² + ■ = 1 m²
b) ■ cm² + 4 000 cm² = $\frac{1}{2}$ m²
c) ■ dm² + 4 dm² = 5 m²
d) 4 m² : ■ = 50 dm²

3. Bestimme jeweils die Kantenlänge eines Würfels mit

a) V = 1 cm³   b) V = 1000 cm³
c) V = 1 000 000 cm³

4. Ordne der Größe nach. Beginne mit dem kleinsten Wert:

a) 0,5 m³   550 dm³   55 000 cm³
b) 0,01 m³   1 hl   101 l

5. a) 0,1 m³ + 1100 dm³ + 1 000 000 cm³ = ■ m³
b) 6 m³ 60 dm³ + 6 600 cm³ = ■ dm³
c) 909 dm³ + 9 900 cm³ + 9 m³ = ■ m³
d) 520 cm³ + 502 000 mm³ = ■ dm³

Trimm-dich-Runde 6

1. Wandle um:

a) 2,4 t = ___ kg
b) 5 050 l = ___ hl
c) $2\frac{3}{4}$ h = ___ min
d) $5\frac{3}{8}$ kg = ___ g
e) 3,05 km^2 = ___ ha
f) $\frac{2}{5}$ dm^3 = ___ cm^3
g) $\frac{3}{10}$ m = ___ dm
h) 18 s = ___ min
i) 10 100 dm^3 = ___ m^3
k) 4 020 dm^2 = ___ m^2

2. Erkläre den Unterschied zwischen
a) Maßzahl und Maßeinheit.
b) Zeitpunkt und Zeitspanne.
c) Schätzen und Messen.

3. Berechne den Stückpreis:

Stückzahl	Ware	Stückpreis	Gesamtpreis
20	Baustahlmatten	?	1 399 €

4. <, > oder = ?

a) 3,205 m ● 325 dm
b) 4 m^3 6 dm^3 ● 4,006 m^3
c) $\frac{1}{2}$ s ● 0,2 s
d) $\frac{3}{10}$ l ● 0,3 l
e) 8,43 dm^2 ● 84,3 cm^2
f) 0,7 t ● 0,07 t

5. Schreibe mit Komma:

a) 222 Ct = ___ €
b) $3\frac{2}{8}$ m^3 = ___ m^3
c) 2 800 g = ___ kg
d) 4 m^2 7 dm^2 = ___ m^2

6. Ergänze die fehlenden Werte:

a) 999 kg + ___ g = 1 t
b) 1 m^2 : ___ = 1 cm^2

7. Der Flüssigkeitsanzeiger eines 6 000 Liter fassenden Öltanks zeigt den abgebildeten Stand. Wie viele Liter Öl müssen nachbestellt werden?

8. Eine Startbahn für Flugzeuge erhält eine neue Betondecke. Die Startbahn ist 2 500 m lang und 35 m breit. Der Deckenbelag kostet 145 € je Quadratmeter. Berechne die Kosten.

9. a) Ein Schwimmbecken hat einen Rauminhalt von 3 500 m^3. Seine Grundfläche beträgt 1 250 m^2. Berechne die Tiefe.
b) Ein Kinderzimmer hat einen Rauminhalt von 38 m^3. Seine Höhe beträgt 2,50 m. Berechne die Bodenfläche.

Sachaufgaben formulieren

Vom Bild zum Text

1. Formuliere zu jedem Bild eine Rechengeschichte und löse sie. Findest du mehr als einen Lösungsweg?

2. Besorge dir Unterlagen zu folgenden Sachbereichen und formuliere Aufgaben:

Zahlenmaterial erschließen

a)
Fahrzeit
Geschwindigkeit — Benzinverbrauch
Kosten — Lkw
Zuladung — Entfernung

b)
Lagerung
Fracht — Personal
Gewinn — Möbel
Umsatz — Verkaufspreis — Miete

3. Vervollständige, finde passende Aufgaben, setze geeignete Zahlen ein und löse:

a) Einzelpreis	Stückzahl	▮
b) alter Preis	Preisnachlass	▮
c) ▮	Eintrittspreis	Anzahl der Besucher
d) ▮	Zahl der Arbeitsstunden	Wochenlohn
e) altes Guthaben	▮	neues Guthaben
f) Abfahrtszeit	Ankunftszeit	▮
g) Fahrstrecke	Verbrauch pro km	▮
h) Gesamtbetrag	Anzahl der Raten	▮
i) ▮	Gewinn	Verkaufspreis
k) Anzahl der Flaschen	Anzahl der Kartons	▮

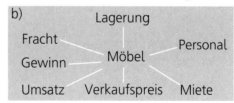

Aus zwei Angaben lässt sich die dritte ermitteln.

4. Von 4 Wasserquellen ist die erste imstande, ein Becken an einem Tag zu füllen, die zweite braucht dazu 2 Tage, die dritte 3 und die vierte 6 Tage. In welcher Zeit würden alle vier Quellen zusammen das Becken füllen?

Sachaufgaben formulieren

Rechenfragen genau beachten

1. a) Formuliere zum Bild eine Rechengeschichte.
   b) Welche der folgenden Rechenfragen kannst du beantworten?
   – Wie viel Geld bekommt Frau Reber zurück, wenn sie 50 € beisteuert?
   – Wie viel muss ein Kunde bezahlen, wenn er von jeder Art einen Baum kauft?
   – Ein Kunde sucht sich 3 Buchen, 2 Zedern und 3 Kiefern aus. Er hat 200 € dabei. Reicht sein Geld?

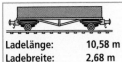

Ladelänge:	10,58 m
Ladebreite:	2,68 m
Ladefläche:	28,4 m²
Eigengewicht:	10750 kg
Lastgrenze:	26 t
Wagenhöhe:	1,85 m
Gesamtlänge:	12 m
Zahl der Achsen:	2
Achsenabstand:	8 m
Bodenhöhe über Schienenhöhe:	1,25 m

2. a) Wie lang ist ein Zug mit 20 Wagen, wenn die Lokomotive 18 m Länge hat?
   b) Wie hoch ist ein Wagen von der Schienenkante bis zur oberen Wagenkante?
   c) Wie schwer sind 12 leere Wagen?
   d) Wie schwer ist ein bis zur Lastgrenze beladener Wagen?
   e) Welche Ladefläche weisen 12 Wagen auf?
   f) Finde selbst Rechenfragen zu dem angegebenen Zahlenmaterial.

Überflüssiges Zahlen-material aussortieren

3. Was ist an folgendem Text überflüssig?
   Ein Getränkehändler liefert am 3. März für eine Party 3 Kästen Limonade und 4 Kästen Spezi, wobei jede Flasche einen halben Liter fasst. Er verlangt dafür 36 €. Wie viel hat der Händler verdient, wenn er selbst den Kasten Limonade für 3,90 € und den Kasten Spezi für 3,95 € einkauft?

Fehlende Informationen erfragen

4. Welche Informationen fehlen hier jeweils?
   a) Vor Weihnachten verkauft die Bäuerin 4 Gänse. Diese wiegen zusammen 38 kg. Wie viel Geld nimmt die Bäuerin ein?
   b) Auf einer Hühnerfarm rechnet man je Huhn täglich mit 50 g Körnerfutter. Wie viel Futter ist für die Monate Januar, Februar und März bereitzustellen?
   c) Aus 1000 Liter Milch gewinnt eine Molkerei 70 kg Butter. Welchen Gewinn erzielt die Molkerei, wenn das Kilogramm Butter für 4,05 € verkauft wird?

5. Bei einem Volkswandertag braucht ein Wanderer für eine Strecke von 10 km $2\frac{1}{2}$ Stunden. In welcher Zeit schaffen die Strecke 2 Wanderer?

Zusammenhänge erschließen

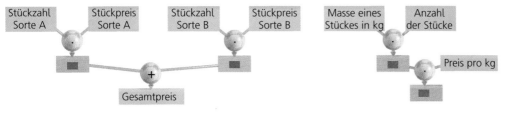

Rechenpläne zeigen die Abfolge der Rechenschritte.

1. Finde zu jedem Rechenplan passende Rechenaufgaben.

2. Ordne den beiden Textaufgaben die Rechenpläne zu. Formuliere jeweils eine Rechenfrage und beantworte diese.

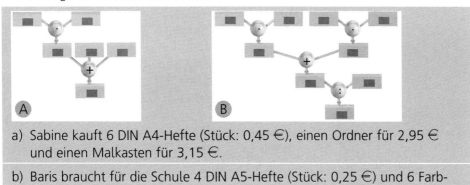

a) Sabine kauft 6 DIN A4-Hefte (Stück: 0,45 €), einen Ordner für 2,95 € und einen Malkasten für 3,15 €.

b) Baris braucht für die Schule 4 DIN A5-Hefte (Stück: 0,25 €) und 6 Farbtöpfchen für seinen Malkasten (Stück: 0,35 €). Mutter bezahlt die Hälfte.

3. Bilde zu dem Rechenplan eine Rechengeschichte und eine Rechenfrage:

Teilüberschriften gliedern

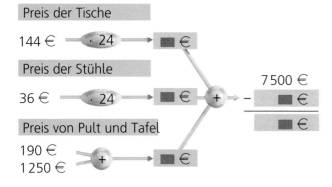

4. Eine Schule schafft für ihre Schwimmgruppe 14 Schwimmbretter (Stückpreis 11,90 €), 3 Tauchringe (Stückpreis 3,70 €) und 14 Paar Flossen (1 Paar 10,40 €) an. Wie viel Geld muss die Schule aufbringen? Welcher Rechenplan passt?

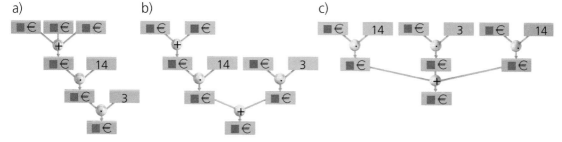

Tabellen und Schaubilder auswerten

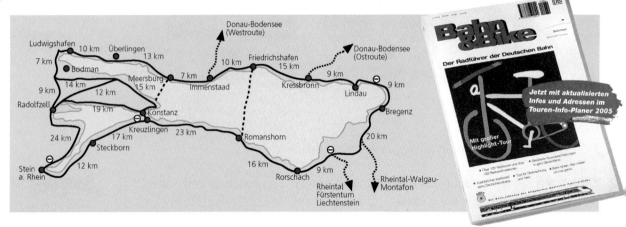

IR 2213	IR 2475				IR 2474	EC 4
5.48		ab	Dortmund	an		23.19
7.11		ab	Köln	an		21.59
10.29		an	Karlsruhe	ab		18.41
	11.15	ab	Karlsruhe	an		
		ab	Baden-Baden	an	18.23	
	14.12	an	Konstanz	ab	15.49	

Sa: Hin   So: Rück

✗ = Umsteigemöglichkeiten

1. Familie Schneider aus Dortmund will am Bodensee mit ihren 3 Kindern den Urlaub verbringen und dort verschiedene Radtouren unternehmen.
   a) Entnimm aus dem Fahrplanausschnitt die Reisezeit von Dortmund nach Konstanz am Bodensee.
   b) In Karlsruhe müssen sie umsteigen. Wie lange dauert dort die Wartezeit für den nächsten Zug?
   c) Wie groß ist der Zeitunterschied zwischen Hin- und Rückfahrt?

2. Bei ihrer ersten Radtour wollen sie den westlichen Bodensee „erradeln". Sie beginnen in Konstanz, radeln am See über Ludwigshafen und Überlingen nach Meersburg. Mit der Fähre fahren sie nach Konstanz zurück.
   a) Wie viele Kilometer sind sie mit dem Rad unterwegs?
   b) Wie hoch sind die Kosten für die Fahrt mit dem Schiff?

Tarife

Personen, Einzelreisende	€
Fahrpreis für Erwachsene	4,40
Kinder (6 bis 16 Jahre)	2,20
Wochenkarten	22,–
Mehrfahrtenkarte für 10 einfache Fahrten	38,–
Jahreskarten/-Abo	800,–
Zweiräder	
Fahrrad, Mofa, Anhänger	3,50
Fahrrad-Tageskarte	4,50
Mehrfahrtenkarte Fahrräder inkl. Personen für 4 Fahrten	24,–
Mehrfahrtenkarte Fahrräder für 10 einfache Fahrten	25,–
Motorrad und Motorroller	10,–

3. Die zweite Fahrradtour planen sie folgendermaßen: von Konstanz nach Meersburg (Schifffahrt), Friedrichshafen, Romanshorn (Schifffahrt), Übernachtung in Kreuzlingen, über Stein a. Rhein nach Konstanz.
   a) Wie viele Kilometer legen sie mit dem Rad zurück?
   b) Sie kommen um 10.45 Uhr in Friedrichshafen an. Für den Besuch des Zeppelinmuseums und für das Mittagessen brauchen sie $2\frac{1}{2}$ Stunden. Wann können sie frühestens in Romanshorn die Fähre verlassen?
   c) Für die Übernachtung in Kreuzlingen nimmt die Familie Schneider ein Doppelzimmer und für die Kinder ein Dreibettzimmer. Wie viel muss die Familie bezahlen, wenn die Übernachtung 35 € pro Person kostet?

4. Erstelle eine eigene Fahrradtour mit Aufgabenstellungen.

Bodensee-Fähre Friedrichshafen – Romanshorn   10505

Kurs	229♀	251♀	201♀	231♀	253⊗	203⊗	233⊗	255⊗	205⊗	235⊗	257⊗	207⊗	237⊗	259⊗	209⊗	239⊗	261⊗	211⊗	241⊗	213⊗	243⊗	215♀
Friedrichshafen ab	5.41	6.10	6.41	7.41	8.10	8.41	9.41	10.10	10.41	11.41	12.10	12.41	13.41	14.10	14.41	15.41	16.10	16.41	17.41	18.41	19.41	20.41
Romanshorn an	6.22	6.51	7.22	8.22	8.51	9.22	10.22	10.51	11.22	12.22	12.51	13.22	14.22	14.51	15.22	16.22	16.51	17.22	18.22	19.22	20.22	21.22

Tabellen und Schaubilder auswerten

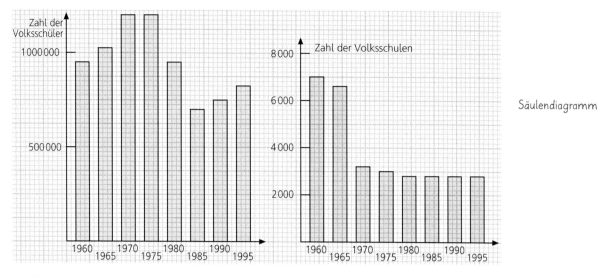

Säulendiagramm

1. a) Lies die einzelnen Werte ab. Erläutere.

b) Wie erklärst du dir den Rückgang der Zahl der Volksschulen? Es gibt mehrere Erklärungsmöglichkeiten.

c) Im folgenden Schaubild siehst du die Zahl der Volksschulen anders abgebildet:

Schaubild

| 1965 | 1970 | 1975 | 1980 | 1985 | 1990 | 1995 |

🏠 bedeutet 500 Schulen

Ist das Schaubild oder das Säulendiagramm genauer?

d) Entwirf ein Schaubild für die Entwicklung der Volksschülerzahlen: 🚶 ≙ 50 000 Schüler

e) Versuche über das Internet die Zahl der Volksschüler und die der Volksschulen für die Jahre 2000 und 2005 zu besorgen.

2. Für die Klasse 6a hat die Klassenlehrerin festgestellt, dass viele Kinder aus Familien stammen, die zwei bis sechs Kinder haben.

a) Wie viele Kinder der Klasse 6a stammen aus Familien mit 1, 2, ... 6 Kind(ern)?

b) Bestimme die Schülerzahl der Klasse. Jochen und Heinz, Schüler der 6a, sind Zwillinge.

3.

Angebot	Superkauf	Prima	Gut
1 Dose Pfirsiche	1,49 €	1,29 €	1,55 €
1 Fl. Traubensaft	1,89 €	2,59 €	1,99 €
1 Beutel Milch	0,85 €	0,79 €	0,89 €
1 kg Rinderbraten	11,50 €	10,98 €	9,98 €
1 Laib Brot	2,59 €	1,89 €	2,00 €
100 g Aufschnitt	0,79 €	0,69 €	0,99 €

a) Was stellt Herr Müller beim Preisvergleich fest?

b) Wo ist welcher Artikel am billigsten?

c) Was spart er bei jedem Artikel, wenn man das billigste Angebot mit dem teuersten vergleicht?

d) Wo gibt es die größten Preisdifferenzen?

e) Herr Müller will das Geschäft nicht wechseln und dennoch Folgendes günstig kaufen: 2 kg Rinderbraten, 500 g Aufschnitt, 1 Laib Brot, 2 Beutel Milch und 2 Flaschen Traubensaft. Wo kauft er am billigsten? Welchen Betrag spart er im Vergleich zum teuersten Anbieter?

Tabellen und Schaubilder auswerten

Blockdiagramm

Kurvendiagramm

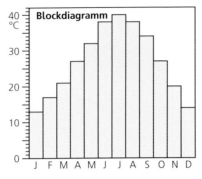

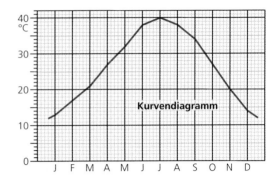

1. „Death Valley" ist der heißeste Ort der Erde und liegt in Kalifornien (USA).
Die oberen Abbildungen zeigen die durchschnittlichen Temperaturen für die
einzelnen Monate.

Wertetabelle

a) Lies für jeden Monat in den verschiedenen Schaubildern die
Temperatur ab und lege im Heft
nebenstehende Tabelle an.

Monat	J	F	M	A	M	J	J	A	S	O	N	D
Temp.	13°	■	■	■	■	■	■	■	■	■	■	■

b) Bei Konstanz am Bodensee wurden folgende durchschnittliche Temperaturen
für die Monate April bis September gemessen:

Monat	A	M	J	J	A	S
Temp.	10°	14°	16°	18°	17°	15°

Zeichne ein Block- und ein Kurvendiagramm.

2. In einem Einfamilienhaus wurden
für Warmwasser und Heizung in
einem halben Jahr nebenstehende
Gasmengen verbraucht.
Stelle den Verbrauch in einem Block-
und Kurvendiagramm dar.

Januar: 13 m³ Februar: 15 m³ März: 14 m³
April: 12 m³ Mai: 10 m³ Juni: 6 m³

3. Die Entfernungstabelle zeigt, dass die Strecke von München nach Nürnberg
167 km beträgt.
a) Lies folgende Entfernungen ab: Hannover – Dresden, Berlin – Stuttgart,
Frankfurt – Leipzig.
b) Welche der aufgeführten Städte ist von München am weitesten entfernt,
welche liegt am nächsten?
c) Bilde selbst ähnliche Aufgaben.

Entfernungen in Deutschland

	B	BI	HB	DR	D	ER	F	HH	H	KA	KI	K	L	MA	M	N	S
Berlin		390	412	205	572	313	555	294	282	633	373	569	179	147	584	437	634
Bielefeld	390		175	511	196	304	272	262	110	485	355	191	437	253	598	434	492
Bremen	412	175		470	317	394	466	119	125	597	212	312	362	251	753	580	640
Dresden	205	511	470		629	224	469	502	364	578	571	589	108	236	484	337	524
Düsseldorf	572	196	317	629		425	232	427	292	345	520	47	558	435	621	448	419
Erfurt	313	304	394	224	425		265	423	288	396	516	385	163	162	415	268	455
Frankfurt	555	272	466	469	232	265		495	352	143	588	189	395	427	400	228	217
Hamburg	294	262	119	502	427	423	495		154	626	93	422	391	280	782	609	668
Hannover	282	110	125	364	292	288	352	154		483	247	287	256	145	639	466	526
Karlsruhe	633	485	597	578	345	396	143	626	483		719	302	526	558	287	240	82
Kiel	373	355	212	571	520	516	588	93	247	719		515	484	373	875	702	736
Köln	569	191	312	589	47	385	189	422	287	302	515		515	430	578	405	376
Leipzig	179	437	362	108	558	163	395	391	256	526	484	515		128	425	278	465
Magdeburg	147	253	251	236	435	162	427	280	145	558	373	430	128		523	376	563
München	584	598	753	484	621	415	400	782	639	287	875	578	425	523		167	220
Nürnberg	437	434	580	337	448	268	228	609	466	240	702	405	278	376	167		207
Stuttgart	634	492	640	524	419	455	217	668	526	82	736	376	465	563	220	207	

Sachaufgaben schrittweise lösen

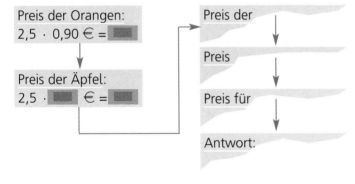

Orangen ½ kg 0,45 €
Birnen 1kg
Äpfel 1kg 2 €

Macht 11,45 €!

2½ kg Orangen
2½ kg Äpfel
3 kg Birnen

1. Überlege dir zu dem Bild eine mögliche Rechengeschichte. Findest du eine passende Rechenfrage? Notiere eine kleine Textaufgabe.

Bilder können Sachverhalte verdeutlichen.

2. Stelle das Zahlenmaterial in einer Tabelle dar. Was ist gegeben? Was ist gesucht?

Angaben geordnet zusammenstellen

Orangen	½ kg kostet 0,45 €	2½ kg kosten ?
Äpfel	▬ kostet ▬	▬ kosten ▬
Birnen	▬ kostet ▬	▬ kosten ▬
		Betrag: 11,45 €

3. Suche passende Teilüberschriften. Notiere die Einzelrechnungen sauber und übersichtlich. Schreibe auch einen Antwortsatz auf.

Teilüberschriften gliedern den Rechenablauf.

Preis der Orangen:
2,5 · 0,90 € = ▬

Preis der Äpfel:
2,5 · ▬ € = ▬

Preis der

Preis

Preis für

Antwort:

4. Suche den richtigen Rechenplan, zeichne ihn ins Heft und fülle die Kästchen aus.

Rechenpläne zeigen die Verbindung der einzelnen Rechenschritte.

a) b) c)

5. Rechenplan und Gleichung zeigen einen zweiten Lösungsweg. Erkläre diesen, fülle die Lücken im Rechenplan und löse die Gleichung.

Rechenplan:

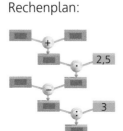

Gleichung:

$(11{,}45 - 2{,}90 \cdot 2{,}5) : 3 = x$

Zusammenhänge mit Skizzen erschließen

Sachaufgaben in Skizzen darstellen

1. Herr Bauer zieht um seine quadratische Wiese (Seitenlänge 18 m) dreifach Stacheldraht. Auf einer Seite lässt er einen 3 m breiten Zugang frei, der mit einem Tor verschlossen werden soll. Er setzt alle 3 m einen Pfosten.

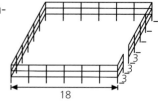

  a) Wie viele Pfosten sind nötig?
  b) Wie viele Meter Stacheldraht braucht er?

Skizzen beschriften

2. Herr Emmrich umgibt seinen rechteckigen Hof (18 m lang, 8 m breit) an einer Längs- und einer Breitseite mit einer Mauer, von der 1 m nach dem Angebot einer Baufirma 358 € kostet. Für den Eingang lässt er 4 m frei. Wie hoch sind die Kosten für die Mauer?

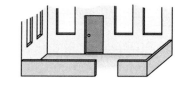

Mit Hilfe der Zeichnungen den Lösungsweg erkennen

3. Familie Kreuzer lässt den 3,5 m langen und 1,5 m breiten Gartenweg mit Steinplatten der Größe 50 cm · 50 cm belegen.

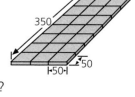

  a) Wie viele Platten werden gebraucht?
  b) Wie teuer kommen diese, wenn 1 m² 79 € kostet?

4. Eine rechteckige Wiese ist 45 m lang und 31 m breit. In der einen Ecke befindet sich eine Scheune, die 15 m lang und 9 m breit ist und deren Außenmauern auf der Grenze stehen. Entlang der übrigen Grenzen soll ein Maschendrahtzaun gezogen werden. Ein Meter wird für 57,50 € angeboten. Wie hoch sind die Umzäunungskosten?

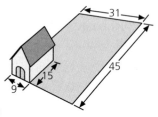

Lösungen zu 1 bis 6

207 m
21   24
7876 €
2000 m²
414,75 €
1,60 m
69,60 €
1,20 m
314 000 €
8 m
7360 €

5. Frau Gabler näht für einen Gartentisch (1,20 m lang, 80 cm breit) eine Tischdecke, die an jeder Seite 20 cm überhängen soll. Zur Verschönerung säumt sie die Decke mit einer Borte ein (1 m kostet 8,70 €). Ferner näht sie diese 40 cm von jeder Seite nach innen in Rechtecksform auf.

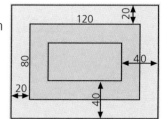

  a) Welche Ausmaße hat die Tischdecke?
  b) Wie lang muss die Borte mindestens sein?
  c) Wie teuer kommt diese?

6. Um eine rechteckige Zierfläche (125 m lang, 65 m breit) in einem Kurgarten soll ein 5 m breiter Spazierweg ringsum neu angelegt werden.

  a) Wie groß ist die zu pflasternde Gehwegfläche?
  b) Wie hoch sind die Kosten, wenn 1 m² Verbundpflaster mit Verlegearbeiten und Unterbau 157 € kostet?

7. Eine Schnecke kriecht einen 30 m hohen Mast hoch. Tagsüber klettert sie 10 m hoch, nachts rutscht sie wieder 5 m herab. Wann erreicht sie die Mastspitze?

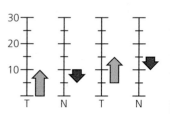

Lösungswege vergleichen und werten

1. Erkläre die einzelnen Lösungsschritte und löse die Aufgaben.

a) Firma Königsruh stellt 300 Komfortsessel her. Für das Material muss jeweils 285,75 € und für den gesamten Arbeitsgang 233,25 € kalkuliert werden. Wie hoch sind die Herstellungskosten aller Sessel?	Geg.: 300 Sessel; 285,75 € für Material; 233,25 € für Arbeit Ges.: Herstellungskosten aller Sessel Lösung: 1. Kosten für einen Sessel: 285,75 + 233,25 2. Kosten für alle Sessel: (285,75 + 233,25) · 300

Was ist gegeben? Was ist gesucht? Was ist der Reihe nach zu rechnen?

29,50 €
1288 €
155 700 €
40 €

b) Berke kauft sich eine Stereoanlage für 698 €. Er zahlt 298 € an. Den Rest begleicht er durch 10 Raten gleicher Höhe. Wie hoch ist eine Rate?	Geg.: Preis 698 €; Anzahlung 298 €; 10 gleiche Raten Ges.: Höhe einer Rate Lösung: 1. Restbetrag: 698 – 298 2. Höhe einer Rate: (698 – 298) : 10

c) Schuhhaus Schüller bezieht zwei Pakete mit neuen Schuhen. Im ersten sind 5 Paar zu je 64,90 € und 5 Paar zu je 49,90 €. Im zweiten Paket sind 12 Paar Schuhe zu je 59,50 €. Welchen Wert hat die ganze Sendung? Finde noch einen anderen Gesamtansatz.	Geg.: 1. Paket: 5 Paar Schuhe je 64,90 €
	      5 Paar Schuhe je 49,90 €
	   2. Paket: 12 Paar Schuhe je 59,50 €
	Ges.: Gesamtwert
	Lösung:
	1. Wert vom 1. Paket: 5 · 64,90 + 5 · 49,90
	2. Wert vom 2. Paket: 12 · 59,50
	3. Gesamtwert: 5 · 64,90 + 5 · 49,90 + 12 · 59,50

d) Herrn Bergers rechteckiges Grundstück ($a = 24$ m, $b = 18$ m) erhält an den zwei Längs- und an einer Breitseite einen Jägerzaun. Für die Umzäunung muss er 1947 € bezahlen. Wie teuer kam demnach ein Meter Zaun?	Geg.: $a = 24$ m, $b = 18$ m, Preis 1947 € Ges.: Meterpreis Lösung: 1. Zaunlänge: 24 + 24 + 18 2. Meterpreis: 1947 : (24 + 24 + 18)

2. Anhand der Teilüberschriften und der Einzelrechnungen kannst du mögliche Textaufgaben selbst formulieren. Berechne jeweils x.

x = 400 €
x = 180 €
x = 506 €
x = 840 €

a) 1. Gewinn an einem Stück
$3,95 € – 2,75 € = $ ▮ €

2. Gewinn an 150 Stücken
▮ € · 150 = x €

b) 1. Wöchentliche Arbeitszeit
$5 · 7\frac{1}{2}$ h = ▮ h

2. Verdienst in einer Woche
▮ · 22,40 € = x €

c) 1. Kosten für den Anzugstoff
$3,2 · 37,50 € = $ ▮ €

2. Kosten für Stoff, Zutaten und Arbeit
▮ € + 96 € + 290 € = x €

d) 1. Bodenfläche
5,5 m · 4,2 m = ▮ m²

2. Preis des Bodenbelags
▮ · 18,40 € = ▮ €

3. Barzahlungspreis
▮ € – 25,04 € = x €

3. Finde zu jedem Gesamtansatz eine passende Rechengeschichte und löse:

   a) (750 € – 570 €) · 314
   b) $8 · 3\frac{1}{2}$ kg $+ 4 · 1\frac{1}{4}$ kg $+ 6 · 0,8$ kg
   c) 3 · 3,99 € + 2 · 4,75 € + 13,65 €

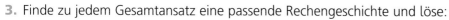

37,8
35,12
56 520

Gesamtansätze aufstellen

Vom Rechenplan zum
Gesamtansatz

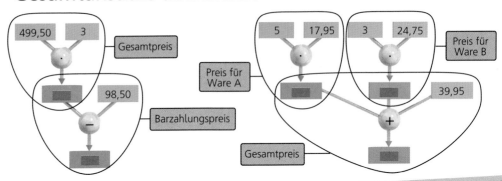

1. a) Ordne Rechenplan und Gesamtansatz richtig zu. $17{,}95 \cdot 5 + 24{,}75 \cdot 3 + 39{,}9$
   b) Formuliere eine passende Textaufgabe.

$499{,}50 \cdot 3 - 98{,}50$

2. Vergleiche Text, Rechenplan und Gesamtansatz miteinander und ermittle so die
fehlenden Werte.

a) Herr Meiler schreitet sein Grund-
stück ab. Er braucht für die Länge
■ und für die Breite 25 Schritte.
Seine Schrittlänge beträgt etwa ■ m.
Wie viel Meter beträgt der Umfang
seines Grundstücks?
Ansatz: $(29 + ■) \cdot 2 \cdot 0{,}8$
Plan:

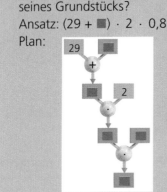

b) Ein Fass mit ■ l Wein wird in Flaschen abgefüllt. Wie viel bleibt übrig,
wenn 97 Flaschen zu je $\frac{7}{10}$ l gefüllt
und $1\frac{1}{2}$ l dabei verschüttet werden?
Ansatz: $70 - 97 \cdot ■ - 1\frac{1}{2}$
Plan:

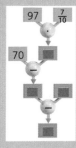

Gib für diese Aufgabe weitere
mögliche Rechenwege und passende
Ansätze an.

121,25 €
173,22 €
8 420 €
13 400 €
180,80 €
208,40 €

3. Löse mit Hilfe des Gesamtansatzes:
   a) Geschäftsreisender Braun fährt im Laufe einer Woche die von seinem Wohnort
   17,3 km, $37\frac{1}{2}$ km, 24,8 km, $43\frac{3}{4}$ km und 21 km entfernten Orte seines Reise-
   gebiets an. Für jeden gefahrenen Kilometer erhält er 0,60 €.
   b) Herr Braun kauft sich einen neuen Wagen für 41 650 €. Sein Altfahrzeug wird
   mit 24 900 € in Zahlung genommen. Von seiner Firma erhält er $\frac{1}{5}$ des Neu-
   wagenpreises als Zuschuss, da das Fahrzeug als Geschäftswagen benutzt wird.
   Welchen Eigenanteil muss Herr Braun aufbringen?
   c) Herr Braun braucht vier neue Winterreifen. Er entscheidet sich für runderneu-
   erte, von denen das Stück 39,95 € kostet. Pro Rad werden für die Montage
   2,25 € verrechnet. Das Auswuchten eines jeden Reifen beläuft sich auf 3 €.

4. Finde zu jedem Gesamtansatz eine passende Rechengeschichte und löse diese:
   a) $(8\frac{3}{4} h + 7\frac{1}{2} h + 6\frac{1}{4} h + 2 \cdot 8 h) : 5$
   b) $3\,000 \,€ - (\frac{1}{4} \cdot 3\,000\,€ + \frac{2}{5} \cdot 3\,000\,€ + \frac{3}{10} \cdot 3\,000\,€)$
   c) $295\,€ \cdot 8 \cdot 12 - 600\,€$

Aufgaben variieren

Freibad: Informationen für unsere Besucher

Becken I 50 m · 18 m · 2,25 m	Eintrittspreise	Einzel-karten	Zehner-karten	Jahres-karten
Becken II 25 m · 15 m · 1,40 m				
Becken III 10 m · 4 m · 0,5 m	Erwachsene	2,25 €	20 €	54 €
	Kinder	1,10 €	9 €	26 €

1. a) Wie teuer kommt ein Besuch für Erwachsene und Kinder bei der Zehnerkarte? Gib den Preisunterschied zur Einzelkarte an.

b) Frau Huber will in ihrem Urlaub neunmal das Bad besuchen. Welche Karte ist für sie am günstigsten?

c) Ab wie vielen Besuchen rentiert sich eine Jahreskarte für Erwachsene (für Kinder)?

2. a) Der Boden von Becken I muss neu gefliest werden (Preis für 1 m²: 83,50 €). Für das Entfernen der alten Fliesen berechnet die Firma 2 675 €. Welcher Betrag muss an die Firma entrichtet werden?

b) Becken I wird mit Wasser neu gefüllt. 1 m³ Wasser kostet 1,85 €. Was kostet die Füllung des Beckens?

c) Becken II wird durch 2 Pumpen gefüllt. Eine Pumpe liefert pro Stunde 42 m³ Wasser, die andere $45\frac{1}{2}$ m³. Nach wie vielen Stunden ist das Becken wieder gefüllt?

d) Das Freibad war in diesem Jahr an 132 Tagen geöffnet. Täglich müssen in Becken I 16 m³, in Becken II 4,5 m³ und in Becken III $\frac{1}{2}$ m³ Wasser ersetzt werden. 1 m³ Wasser kostet 1,85 €. Wie hoch waren die Kosten?

Löse jede Aufgabe, indem du die Einzelrechnungen mit Überschriften versiehst. Welcher Rechenplan passt zu welcher Aufgabe? Versuche wie beim ersten Beispiel stets passende Überschriften zu finden.

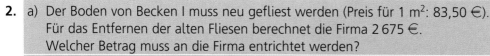

Plan 1

Plan 2   Teilüberschriften

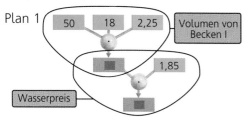

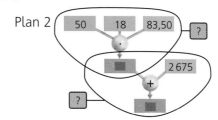

Plan 3

Plan 4

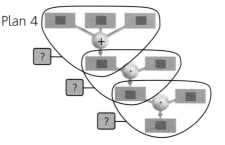

3. Mit folgenden Gesamtansätzen kann man die oberen vier Aufgaben ebenso lösen. Welcher Gesamtansatz passt zu welcher Aufgabe?   Gesamtansatz

$25 \cdot 15 \cdot 1,40 : (42 + 45\frac{1}{2})$	$50 \cdot 18 \cdot 83,50 + 2\,675$
$50 \cdot 18 \cdot 2,25 \cdot 1,85$	$(16 + 4,5 + \frac{1}{2}) \cdot 132 \cdot 1,85$

Sachfeld Wasser

1. Die Ladungen von Öltankern werden in Tonnen angegeben. Bei einem Tankerunglück flossen von den 150 000 t Öl in den ersten fünf Tagen je 12 000 t ins Meer. Ein Liter ausgelaufenes Öl kann auf dem Wasser eine Fläche von bis zu 1 ha bedecken.
a) Wie viele Liter flossen in den ersten fünf Tagen ins Meer (1 kg ≙ 1,25 l Öl)?
b) Wie viele Liter Rohöl waren nach 5 Tagen noch an Bord des Tankers?
c) Welche Fläche bedecken 12 000 t Öl im Meer? Vergleiche mit der Fläche von Bayern (70 550 km²).
d) Durch die Verschmutzung mit 1 l Öl werden 1 Mill. l Wasser ungenießbar. Ein mit 25 000 l Heizöl beladener Tanklastzug verunglückt. Ein Zehntel der Menge gelangt ins Grundwasser.
e) Suche im Internet nach großen Tankerunglücken und berechne dann.

Privater Wasserverbrauch je Kopf und Tag: 128 Liter
davon für:

Toilettenspülung
35 Liter

Kochen, Trinken
5

Haus reinigen, Autowäsche, Garten
8

Baden, Duschen, Körperpflege
46 Liter

Geschirr spülen
8

Wäsche waschen
15

Sonstiges
11

2. Ein Bundesbürger verbraucht durchschnittlich täglich eine große Trinkwassermenge.
a) Zeichne ein Balkendiagramm (1 l ≙ 2 mm).
b) Um das Jahr 1850, sagt die Statistik, benötigte ein Bürger pro Tag 20 l. Berechne auch den durchschnittlichen Wasserverbrauch eines jeden Bundesbürgers pro Jahr.
c) Bei Spülkästen mit Spar- und Stopptaste spart jede Person jährlich 7 m³ Trinkwasser im Vergleich mit normalen WC's. Welche Ersparnis ergibt sich dann bei einem Kubikmeterpreis von 2,60 € für Wasser und Abwasser?

3. Aus einer Quelle fließen 8,2 m³ Wasser in einer Stunde an die Oberfläche. Wie viele Liter sind dies pro Tag (Woche, Jahr)?

4. Der größtmögliche Regentropfen wiegt etwa 4 g. Wird ein Regentropfen schwerer, zerplatzt er in zwei kleinere. Wie viele solcher Regentropfen benötigt man für 1 l Wasser?

5. Jährlich werden rund 5 000 000 t Zeitungen, Prospekte u.ä. ungelesen weggeworfen. Zur Erzeugung einer Tonne Papier benötigt man mindestens 1,5 t Wasser. Wie viele Liter Wasser verbraucht man hier unnütz?

Sachfeld Gemeinde

Städtische Müllabfuhr

Fassungsvermögen: 12,5 m³
Inhalt einer Mülltonne: 50 l

Streudienst

Stundenlohn: 9,25 €
Arbeitszeit: 225 h

Zufluss: 420 $\frac{l}{min}$

Wasser-Schutzgebiet

Verbrauch einer Gemeinde
pro Jahr: 157 000 m³

Ich lese den Text mehrmals aufmerksam.

Ich unterstreiche und notiere die wichtigen Angaben.

Geg.:

Ich schreibe die Rechenfrage(n) auf.

Ges.:

Ich suche und notiere die Rechenwege. Dabei helfen mir Skizzen und Zeichnungen.

Ich ermittle durch Überschlagsrechnung das ungefähre Ergebnis.

Lösung:

Ich rechne schrittweise mit Teilüberschriften.

Ich vergleiche das ungefähre Ergebnis mit der Lösung.

Ich antworte auf die Rechenfrage(n).

1. Bilde Texte und Rechenfragen zu den Bildern. Rechne übersichtlich.

2. Welche der folgenden Rechenfragen kannst du beantworten?

> Zwischen 2 Gemeinden wurde eine 10 km lange Straße angelegt. Die Straßenfahrbahn erhielt eine Breite von 7,50 m mit beiderseitigen 0,50 m breiten Betonrandstreifen; daran schließen beiderseits je 1,5 m breite Grünbankette an. Die Baukosten betrugen 9,7 Millionen €.

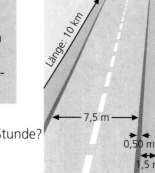

Länge: 10 km

7,5 m

0,50 m

1,5 m

a) Welche Breite besitzt die Gesamtbaumaßnahme?
b) Wie viele Fahrzeuge benützen die Straße in einer Stunde?
c) Wie hoch kamen die Baukosten für 1 km Straße?
d) Wie lange wurde an der Straße gebaut?
e) Wie viel ha Bodenfläche mussten angekauft werden?

3. Berechne die fehlenden Angaben und schreibe jeweils eine passende Textaufgabe.

a) 1. Tagesförderung der Quelle
   12 l · 60 · 60 · 24 = ▬▬ l

   2. Wasserverbrauch der Gemeinde
   240 l · 3 760 = ▬▬ l

   3. Täglicher Wasserüberschuss
   ▬▬ l − ▬▬ l = ▬▬ l

b) 1. Länge der geplanten Kanalisation
   $1\frac{1}{4}$ m · 640 = ▬▬ m

   2. Gesamtkosten der Kanalisation
   ▬▬ · 195 € = ▬▬ €

   3. Kosten pro Anlieger
   ▬▬ € : 13 = ▬▬ €

4. Löse mit Teilüberschriften:
a) Für den Campingplatz musste eine Gemeinde im Jahr 43 250 € Materialkosten für Ausbesserungsarbeiten aufbringen. Zwei Gemeindearbeiter (Stundenlohn 9,00 €) führten diese Arbeiten in jeweils 180 Stunden aus. Der Wohnwagen-Stellplatz beträgt jährlich 1 225 €. Es waren 48 Stellplätze über das Jahr vermietet. Kann die Gemeinde mit einem Überschuss rechnen?
b) Eine Stadt hatte am Jahresanfang 38 937 Einwohner. Im Laufe des Jahres zogen 1 894 Personen zu, während 1 615 Einwohner abwanderten. 935 Kinder wurden geboren, 663 Personen starben. Wie viele Einwohner hatte die Stadt am Jahresende?
c) Nach einem Wolkenbruch pumpte die Feuerwehr Wasser aus einem Keller. Die Pumpe förderte 280 l pro Minute. Nach 20 Minuten fiel die Pumpe aus. Der Keller war erst halb leer. Bis eine andere Pumpe angeschlossen war, dauerte es eine Viertelstunde. Die zweite Pumpe hatte eine Leistung von 200 l pro Minute. Wie lange musste die zweite Pumpe in Betrieb sein und wie viel Zeit brauchte die Feuerwehr insgesamt?

Sachfeld Schule

1. a) Beim Schulfest werden am Essens- und Getränkestand folgende Mengen verkauft: 145 Bratwurstsemmeln, 62 Fischsemmeln, 93 Brezen mit Käse, 108 Flaschen Spezi, 77 Flaschen Limonade und 35 Flaschen Orangensaft. Wie viel Geld wird am Essens- und Getränkestand eingenommen?

b) Peter kauft sich 2 Kugeln Eis, 300 g gebrannte Mandeln und 200 g Popcorn. Er bezahlt mit einem 10-€-Schein. Wie viel Geld bekommt er zurück?

c) Formuliere eine eigene Rechengeschichte.

2. Mergim kauft am Schuljahresbeginn 7 Hefte zu je 65 Ct und ein kleines Wörterbuch zu 9,80 €. Er bezahlt mit einem 20-€-Schein.

a) Was ist gegeben, was ist gesucht?

b) Überschlage.

c) Mit welchen Einzelschritten ermittelst du die Lösung?

d) Gib einen Gesamtansatz an.

e) Verändere den Text so, dass stets eine andere der gegebenen Größen berechnet werden muss, wobei jedesmal bekannt ist, wie viel Klaus auf 20 € herausbekommt.

f) Verändere die Aufgabe so, dass ein Rechenschritt hinzukommt.

g) Wie ändert sich das Ergebnis, wenn alle Angaben in der oberen Aufgabe – außer dem Preis eines Heftes – verdoppelt werden?

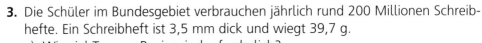

3. Die Schüler im Bundesgebiet verbrauchen jährlich rund 200 Millionen Schreibhefte. Ein Schreibheft ist 3,5 mm dick und wiegt 39,7 g.

a) Wie viel Tonnen Papier sind erforderlich?

b) Wie hoch wäre der Stapel aller Hefte?

4. Eine Klasse mit 32 Schülern plant einen Ausflug an ein 95 km entferntes Ziel. Der Lehrer holt von drei Omnibusunternehmen ein Angebot ein. Busunternehmer Meißner verlangt pro gefahrenem Kilometer 1,40 €.
Bei Busunternehmer Schuler müsste jeder Schüler 7,75 € bezahlen.
Busunternehmer Nickel will die Fahrt für 260 € durchführen.

a) Welches Angebot ist am günstigsten?

b) Welches Angebot würde die Klasse annehmen, wenn nur 30 Schüler mitfahren können?

Wunder der Natur

1. Blauwale können bis zu 135 t schwer werden und sind damit die schwersten Säugetiere der Erde.
  a) 30 Elefanten haben in etwa das gleiche Gewicht wie ein Blauwal. Wie schwer ist ein Elefant im Durchschnitt?
  b) Wie viele Kinder mit einem durchschnittlichen Gewicht von 40 kg sind genau so schwer wie ein Blauwal?
  c) Ermittle das Gesamtgewicht deiner Klasse (einschließlich Lehrer) und berechne, wie viel mal schwerer ein Blauwal ungefähr ist. Runde das Ergebnis.

2. Das Junge eines Blauwals ist bei seiner Geburt bereits rund 7 m lang und mehr als 2 t schwer. Es trinkt pro Tag rund 200 l Muttermilch und wird sieben bis acht Monate lang gesäugt.
  a) Wie vielen Kästen Limonade (20 Halbliterflaschen) entspricht die täglich getrunkene Muttermilch?
  b) Wie viel Liter Muttermilch trinkt das Junge bei einer Säugezeit von 7 Monaten (1 Monat = 30 Tage) insgesamt? Gib das Ergebnis auch in hl an.

3. Überlege dir mögliche Aufgaben und bearbeite diese.

Strauß 1 500 g

Haushuhn 60 g   Zwergkolibri 0,5 g

4. Ein großer Kastanienbaum hat ungefähr 1 000 Blütenstände (Rispen), von denen jeder im Verlauf einer Blütezeit rund 240 Einzelblüten ausbildet.
  a) Wie viele Einzelblüten entwickelt ein großer Kastanienbaum insgesamt?
  b) Angenommen, aus jeder Blüte würde eine Kastanienfrucht mit durchschnittlich 40 g Gewicht entstehen. Welche Belastung würde sich dann für den Baum ergeben?
  c) Dem Gewicht wie vieler Kleinwagen würde dies entsprechen, wenn einer rund 800 kg wiegt?

5. Eine Schwalbe braucht am Tag etwa 2 000 Mücken und Fliegen, um satt zu werden. Ein Schwalbenjunges frisst durchschnittlich 1 000 dieser Insekten täglich. Wie viele Insekten benötigt eine Schwalbenfamilie mit 4 Jungen in der Woche?

6. Für ein einziges Gramm Honig müssen die Bienen 6 000 bis 8 000 Blüten besuchen. Wie viele Blüten müssen für 1 kg Honig mindestens besucht werden?

7. Alle Bienenvölker Deutschlands produzieren im Jahr etwa 20 Millionen Kilogramm Honig.
  a) Welche Flugstrecke wird dabei von den Bienen insgesamt zurückgelegt, wenn für 1 kg 300 000 km gerechnet werden?
  b) Vergleiche diese Flugstrecke mit der Entfernung Erde – Mond bzw. Erde – Sonne.

Gesund frühstücken

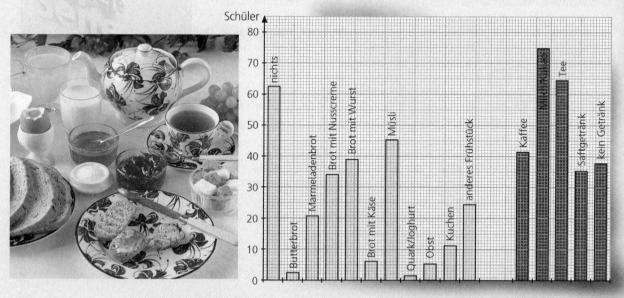

Schüler (Diagramm-Balken):
nichts · Butterbrot · Marmeladenbrot · Brot mit Nusscreme · Brot mit Wurst · Brot mit Käse · Müsli · Quark/Joghurt · Obst · Kuchen · anderes Frühstück · Kaffee · Milch/Kakao · Tee · Saftgetränk · kein Getränk

Man sollte mit dem Frühstück etwa $\frac{3}{4}$ der Tagesenergie aufnehmen!

1. Das Diagramm zeigt die Frühstücksgewohnheiten der Schüler einer Hauptschule.
  a) Werte das Diagramm aus.
  b) Führt in eurer Klasse (Schule) ebenfalls eine Umfrage zu den Frühstücksgewohnheiten durch und stellt euer Ergebnis grafisch dar.

Ein gesundes Frühstück sollte enthalten: Eiweiß, Kohlenhydrate, Vitamine, Mineralstoffe, Ballaststoffe

2. In der Klasse 6a (24 Schüler) trinken $\frac{1}{3}$ der Kinder Milch und 6 Kinder Kakao in der Pause. Die Milch kostet 0,30 € und der Kakao 0,35 €. Welchen Geldbetrag muss die Klasse im Monat bei 20 Schultagen einsammeln?

Durch falsche Ernährung entstehen Karies, Übergewicht und viele andere Krankheiten!

3. Die abgebildeten Rezepte sind für eine Person gedacht. Berechne die benötigten Mengen jeweils für deine Familie.

BANANEN-MIX
$\frac{1}{8}$ l Milch
2 Eigelb
2 Teelöffel Sahne
$\frac{1}{2}$ Banane
1 Teelöffel Zitronensaft
1 Teelöffel Zucker
alle Zutaten im Mixer gut mischen

APFEL-BIRNEN-MÜSLI
1 säuerlicher Apfel (100 g): grob raspeln
1 Birne (100 g): klein schneiden, mit Zitronensaft beträufeln
2 Esslöffel (18 g) Haferflocken
150 ml Kefir: darübergießen, alles gut verrühren
1 Teelöffel Honig (7 g): zum Abschmecken

Sachrechnen wiederholen

Sachaufgaben

1. Suche eine Rechenfrage, überschlage und versuche mit einem Gesamtansatz zu lösen:
Nicola möchte Folgendes kaufen: Ein Wanderzelt für 83 €, eine Luftmatratze für 15,90 € und einen Schlafsack für 79 €. Das Geld für den Einkauf hebt sie von ihrem Sparkonto ab, auf dem sie 484 € angespart hat.

2. Arijeta kauft in der Bäckerei vier Vollkornbrötchen. Die Verkäuferin verlangt 1,69 €. Arijeta überlegt kurz und sagt: „Sie müssen sich verrechnet haben." Was meinst du dazu?

3. Erstelle eine Skizze und löse übersichtlich. Findest du mehrere Lösungswege? Die Kinder von Familie Rösch möchten eine rechteckige Umzäunung für ihre Hasen bauen. Im Baumarkt gibt es einen Restposten Hasenzaun von 18 m Länge.

4. **Die Entwicklung der Weltbevölkerung**
Auf der Homepage der Vereinten Nationen (http://www.un.org/popin) findet man unter anderem Informationen über die Entwicklung der Weltbevölkerung.
Die Tabelle nebenan enthält dazu einige Daten.
   a) Überlege dir zu dieser Thematik interessante Fragestellungen und versuche sie zu beantworten.
   b) Informiere dich mit Hilfe des Internets über Bevölkerungsentwicklung und stelle deine Ergebnisse mit Hilfe eines Diagramms übersichtlich dar.

Jahr	Bevölkerung in Mrd.
1900	1,65
1910	1,75
1920	1,86
1930	2,07
1940	2,30
1950	2,52
1960	3,02
1970	3,70
1980	4,44
1990	5,27
2000	6,06

5. Überlege dir zu der nachfolgenden Aufgabe Fragen und versuche sie zu beantworten:
Familie Müller möchte während der Faschingsferien einen Ski-Urlaub machen. Sie informiert sich über Preise:

Skigebiet Alpin
Winterangebot 2004/05

Liftkarten	Erwachsene	Kinder
5-Tages-Karte	105 €	75 €
3-Tages-Karte	72 €	51 €
Tageskarte	27 €	19 €
Nachmittagskarte	16 €	11 €
(gültig ab 12.30 Uhr)		

Familienangebot
5 Tage für 333 €   3 Tage für 222 €
Liftbenutzung für alle Familienmitglieder

Ich lese den Text mehrmals aufmerksam.

Ich unterstreiche und notiere die wichtigen Angaben.

Ich schreibe die Rechenfrage(n) auf.

Ich suche und notiere die Rechenwege. Dabei helfen mir Skizzen und Zeichnungen.

Ich ermittle durch Überschlagsrechnung das ungefähre Ergebnis.

Ich rechne schrittweise mit Teilüberschriften.

Ich vergleiche das ungefähre Ergebnis mit der Lösung.

Ich antworte auf die Rechenfrage(n).

1. Welche Angaben fehlen?

a) Lehrerin Neubauer plant mit ihrer Klasse einen Ausflug. Die Busfahrt kostet 397,80 €, der Eintritt in den Freizeitpark für jeden Schüler 5,50 €. Wie viele € muss jeder Schüler für den Ausflug bezahlen?

b) Ein Planschbecken soll vollständig mit Wasser gefüllt werden. Der Wasserhahn ist von 8.00 Uhr bis 10.30 Uhr geöffnet. Pro Minute fließen durch das Rohr 85 l. Wie viele Liter Wasser fehlen noch, bis das Becken ganz gefüllt ist?

2. Suche jeweils zwei Rechenfragen:

a) Gerd kauft 4 Filme für 17,28 €. Jeder Film hat 36 Aufnahmen.

b) Eine Lebensmittelhändlerin bezieht Apfelsinen, das Kilo zu 1,20 €. Sie verkauft 50 kg Apfelsinen für 2,10 € das Kilo, 15 kg zum herabgesetzten Kilopreis von 1,50 €, der Rest ist verdorben und muss weggeworfen werden.

3. Ksenia bekommt zu ihrem Geburtstag Geld geschenkt. Dafür kauft sie sich 3 Sweat-Shirts zu je 33,90 € und ein Sommerkleid zu 85,90 €. Nach ihrem Einkauf hat Ksenia noch 12,40 € übrig.

a) Formuliere die Rechenfrage.

b) Übertrage die Skizze und ergänze.

c) Wähle den richtigen Rechenplan aus und löse.

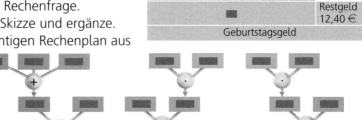

d) Wähle den richtigen Gesamtansatz aus und löse.

3 · 33,90 € + 85,90 € – 12,40 € = x

3 · 33,90 € + 85,90 € + 12,40 € = x

4. Formuliere zu den Teilüberschriften und Einzelrechnungen eine Textaufgabe, notiere einen Gesamtansatz und berechne.

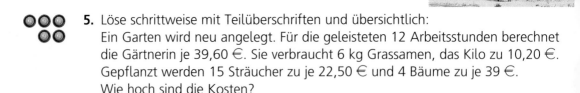

1. Fläche des Grundstücks: 28 m · 22 m = ▬ m²

2. Preis des Grundstücks: ▬ · 145 € = ▬ €

3. Gesamtkosten (Grundstück, Haus und Nebenkosten): ▬ € + 324 000 € + 37 500 € = ▬ €

5. Löse schrittweise mit Teilüberschriften und übersichtlich:

Ein Garten wird neu angelegt. Für die geleisteten 12 Arbeitsstunden berechnet die Gärtnerin je 39,60 €. Sie verbraucht 6 kg Grassamen, das Kilo zu 10,20 €. Gepflanzt werden 15 Sträucher zu je 22,50 € und 4 Bäume zu je 39 €. Wie hoch sind die Kosten?

6. Löse mit Hilfe eines Gesamtansatzes:

Walter kauft für seine elektrische Eisenbahn 5 Wagen zu je 14,95 €, eine Lokomotive für 120 € und Schienen zu 4,80 € das Stück. Er bezahlt 218,75 €. Wie viele Schienen hat er gekauft?

Bruchrechnen

a) Welcher Bruchteil der Flächen ist jeweils gefärbt?

A
B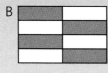

C
D

b) Berechne.

$\frac{1}{2} + \frac{1}{3}$ $\frac{3}{4} : 8$ $2\frac{4}{5} \cdot 2\frac{1}{2}$

c) Erweitere den Bruch mit 3: $\frac{5}{7} = \blacksquare$

d) Kürze so weit wie möglich: $\frac{16}{20} = \blacksquare$

e) Übertrage den Zahlenstrahl in dein Heft und markiere die Zahlen $1\frac{1}{4}$ und 2,75.

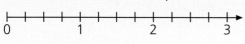

Grundrechenarten

a) 8,75 · 0,6   b) 706,6 + 12 899,09

c) 177,6 : 1,2   d) 5 342,07 − 2 678,2

Terme und Gleichungen

a) Wo ist der Term $3 \cdot (x - 8)$ richtig umgeformt?

A $x - 24$ B $3x + 24$

C $3x - 24$ D $3x - 8$

b) Für welchen Wert von x ergibt die Gleichung $5 \cdot (x + 5) = 60$ eine wahre Aussage?

A $x = 5$ B $x = 7$ C $x = 10$

c) Berechne die Unbekannte:

A $4x + 5 = 17,8$ B $x : 6 - 7 = 2$

d) Ordne dem Text die richtige Gleichung zu:

Subtrahiere 5 von x und multipliziere das Ergebnis mit 2, so erhältst du den Quotienten aus 36 und 3.

$(x - 5) : 2 = 36 : 3$	$(x - 5) \cdot 2 = 36 - 3$
$(x - 5) \cdot 2 = 36 : 3$	$(5 - x) \cdot 2 = 36 : 3$

Körper

a) Ein Würfel wird wie in der Zeichnung in gleich große Teile zerlegt. Welches Volumen in cm^3 hat ein Teil?

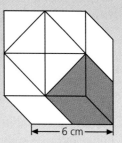

6 cm

b) Ein Würfel wird zur Hälfte in Farbe getaucht. Übertrage das Netz in dein Heft und zeichne die gefärbten Flächen vollständig ein:

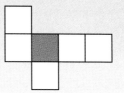

c) Berechne den Rauminhalt des schraffierten Körpers:

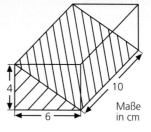

4   10   6   Maße in cm

Flächen

a) In wie viele Dreiecke, die die Form und Größe des gezeichneten Dreiecks haben, kann das Parallelogramm zerlegt werden?

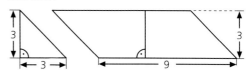

3   3   3   9

b) Wie groß ist die weiße Fläche in cm^2?

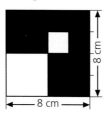

8 cm   8 cm

c) Ein Rechteck hat die Seitenlängen 7 cm und 4,5 cm. Berechne seinen Umfang und seinen Flächeninhalt.

Symmetrie

Es wird eine Halbdrehung (Punkt-spiegelung) der Figur um den Punkt T vorgenommen.

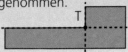

Welche der Figuren stellt das Ergebnis der Punktspiegelung dar?

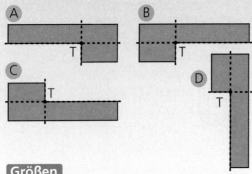

A

B

C

D

Größen

a) Berichtige falsche Umwandlungen:

0,25 km = 250 m   3000 min = 60 h

$\frac{3}{4}$ m³ = 7500 cm³   7,8 hl = 780 dm³

3,25 dm² = 32,5 cm²   5300 kg = 5,3 t

b) Ergänze:

1,250 kg = ■ g   625 dm² = ■ m²

$\frac{1}{4}$ m = ■ cm   5$\frac{1}{4}$ h = ■ min

c) Welche der folgenden Angaben be-zeichnet die längste Zeitdauer?

A: 25000 Sekunden   B: 1600 Minuten

C: 15 Stunden   D: 1 Tag

Schaubild

a) Das Diagramm zeigt die Größe von vier Mädchen in cm. Ihre Namen fehlen in dem Diagramm. Doris ist die größte, Anja die kleinste. Daniela ist größer als Monika. Wie groß ist Daniela?

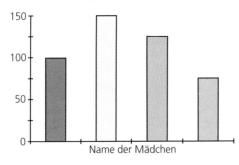

Name der Mädchen

b) Jeder Einwohner in Deutschland ver-braucht im Durchschnitt 140 l Wasser am Tag. Berechne, wie viele Liter eine Person täglich für Baden und Duschen verbraucht. Wie hoch ist der gesamte Wasserverbrauch pro Jahr (365 Tage) in Liter? Gib das Ergebnis auch in m³ an.

Baden, Duschen		Geschirr spülen		Wäsche
$\frac{7}{20}$	$\frac{1}{20}$	$\frac{2}{20}$	$\frac{5}{20}$	$\frac{5}{20}$

Kochen, Trinken   Toilette

Textaufgaben

a) Welche Angaben fehlen jeweils zur Beantwortung der Rechenfrage?

– Herr Fuchs kauft Wein. In einem Karton sind 28 Flaschen. Jede Flasche hat einen Inhalt von 0,7 l. Wie viele Flaschen kauft er insgesamt?

– Frau Mayer kauft 10 Äpfel. Sie bezahlt dafür 3,99 €. Wie viel kostet 1 kg?

b) In einem Schulbus sind $\frac{1}{4}$ der Kinder Mädchen. An einer Haltestelle steigen 3 Mädchen aus und 3 Jungen ein. Welche Aussage stimmt:

– Es sind gleich viele Mädchen und Jungen im Bus.

– Es sitzen mehr Jungen als Mädchen im Bus.

– Es lässt sich nicht bestimmen, ob mehr Mädchen oder Jungen im Bus sitzen.

– Es sind mehr Mädchen als Jungen im Bus.

Zum Knobeln

Auf Simons Geburtstag wurden diese Bausätze als Preise ausgesetzt:

Nach der Preisverleihung sagten

– *Sarah:* „Schade, dass ich das Schiff nicht gewonnen habe."

– *Ismail:* „Wollen wir tauschen, Miriam? Den Rennwagen habe ich mir schon immer gewünscht."

– *Simon:* „Ich bin zufrieden. Das Haus gefällt mir."

Ordne den Kindern die Gewinne zu.

Zur Leistungsorientierung 1

1. Welcher Bruchteil der Flächen ist jeweils gekennzeichnet?

a) b) c)

2. Ordne die Bruchzahlen der Größe nach. Beginne mit der kleinsten Zahl:

$$\frac{3}{4} \quad 0{,}705 \quad \frac{3}{5} \quad \frac{5}{8}$$

3. Wie groß ist der Unterschied zwischen 0,9 und 0,10?
   a) 0,01   b) 0,1   c) 0,8   d) 1

4. a) $18{,}36 : 0{,}03$ b) $3\frac{5}{6} + 1\frac{5}{9}$

5. Welche Klasse ist die bessere „Sportklasse"? Bestimme mit Hilfe von Brüchen.

Klasse	Schüler	Urkunden
7a	30	18
7b	20	14

6. a) Ordne dem Text die richtige Gleichung zu:
   Dividiert man eine Zahl durch 8 und subtrahiert davon 30, so erhält man das Produkt aus 5 und 10.

   $x : 8 - 30 = 10 : 5 \quad x : 8 + 30 = 5 \cdot 10$
   $x \cdot 8 - 30 = 5 + 10 \quad x : 8 - 30 = 5 \cdot 10$

   b) Welcher Term hat den gleichen Wert wie $4 \cdot (x - 2)$?

   $4 \cdot (2x - 1) \quad 4x - 4 \quad 2 \cdot (2x - 4) \quad 8x - 4$

   c) Berechne x: $7x - 4{,}2 = 51{,}8$

7. Welche Aussagen über den abgebildeten Würfel sind richtig?

   a) Die Kanten *EH* und *HG* stehen senkrecht zueinander.
   b) Die Kanten *AB* und *HG* sind parallel zueinander.
   c) Die Kanten *AD* und *FG* stehen senkrecht zueinander.
   d) Die Flächen *ADHE* und *ABCD* verlaufen parallel zueinander.

8. a) Ein Quader hat ein Volumen von 120 m³. Die Länge der Grundfläche beträgt 6 m, die Breite 4 m. Berechne die Höhe des Quaders.

   Länge

   b) Eine Kiste ist 6 dm lang, 5 dm breit und 4 dm hoch. Wie viele der angegebenen Würfel passen hinein?

9. Übertrage in dein Heft. Ergänze zu einer
   a) drehsymmetrischen Figur (Halbdrehung):
   b) achsensymmetrischen Figur. Trage die Symmetrieachse ein:

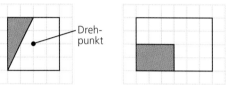

   Drehpunkt

10. Die Figur zeigt ein grau schraffiertes Parallelogramm in einem Rechteck.

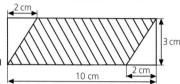

2 cm

3 cm

10 cm

2 cm

   a) Welchen Flächeninhalt hat das Rechteck?
   b) Welchen Flächeninhalt hat ein Dreieck?

11. a) Der Tank eines Autos fasst 60 l. Das Auto verbraucht im Durchschnitt 8,2 l auf 100 km. Eine Fahrt über 400 km wurde mit vollem Tank begonnen. Wie viel Benzin ist am Ende der Fahrt noch im Tank?

   b) Welche Angabe fehlt?
   Ein Busunternehmer verlangt für die Fahrt ins Schullandheim für Hin- und Rückfahrt 2,45 € je km. Aus der Klassenkasse werden von den Fahrtkosten 110 € bezahlt. Wie viel Geld muss jeder der 20 Teilnehmer für die Busfahrt bezahlen?

12. Das Diagramm zeigt die gerundeten Einwohnerzahlen von vier Städten. Stadt A ist die größte, Stadt B die kleinste. Stadt C ist größer als Stadt D. Wie viele Einwohner hat Stadt C?

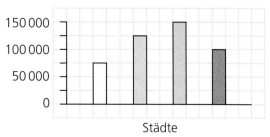

Städte

Zur Leistungsorientierung 2

1. Welcher Bruchteil der Flächen bzw. des Würfels ist jeweils gekennzeichnet?

a)   b)   c)

2. In welchem Kreis ist ungefähr der gleiche Bruchteil gefärbt wie im Rechteck?

  A   B   C D

3. Finde den passenden Nenner bzw. Zähler:

a) $\frac{1}{3} = \frac{5}{\blacksquare}$ b) $\frac{6}{9} = \frac{\blacksquare}{12}$

4. Berechne:

a) $1\frac{1}{2} - \frac{5}{8}$ b) $\frac{3}{4} : 2$

5. Übertrage den Zahlenstrahl in dein Heft und markiere die Bruchzahlen $2\frac{3}{5}$ und 0,8:

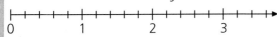

6. Welche Gleichung passt zum Text?

> Wenn ich mein Taschengeld 6 Monate spare und die 60 € vom Geburtstag dazulege, dann habe ich genau 150 €.

A $60x + 6 = 150$	C $60x - 6 = 150$
B $6x - 60 = 150$	D $6x + 60 = 150$

7. Übertrage in dein Heft und ergänze zu einem Quadernetz:

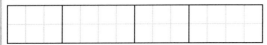

8.

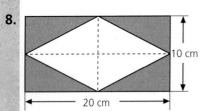

Die Figur zeigt eine weiße Fläche in einem Rechteck.
a) Welchen Flächeninhalt hat das Rechteck?
b) Welchen Flächeninhalt hat die weiße Fläche?

9. Ein Würfel mit der Kantenlänge 4 cm wird so in der Mitte geschnitten, dass zwei gleich große Quader entstehen. Berechne das Volumen eines solchen Quaders.

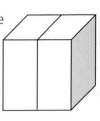

10. Rechne in die vorgegebene Einheit um:
a) 850 g = $\blacksquare$ kg   b) 5 Ct = $\blacksquare$ €
c) 2,75 km = $\blacksquare$ m   d) 2,5 h = $\blacksquare$ min

11. a) In welcher Flasche ist am meisten Essig?
b) In welcher Flasche ist am wenigsten Essig?

12. a) Gib die Lage der Punkte A und T im Koordinatensystem an.
b) Übertrage in dein Heft und spiegle das Dreieck ABC an der Geraden g.

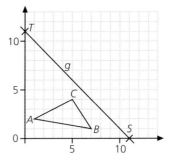

13. Jährliche Taschengeldausgabe in €:

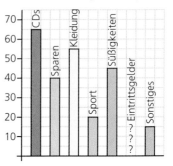

a) Wie hoch muss die Säule „Eintrittsgelder" werden, wenn Simon insgesamt 270 € Taschengeld zur Verfügung stehen?
b) Über welchen Taschengeldbetrag konnte Simon durchschnittlich pro Monat verfügen?

Zur Leistungsorientierung 3

1. Welcher Bruchteil ist jeweils gekennzeichnet?

a) b) c)

2. Schreibe als Dezimalbruch:

a) $\frac{8}{20} = \blacksquare$ b) $\frac{56}{70} = \blacksquare$

3. Zwei Brüche passen jeweils zusammen:

A $5\frac{1}{3}$ B $2\frac{4}{5}$ C $\frac{42}{9}$ D $\frac{32}{10}$

1 $\frac{16}{5}$ 2 $\frac{14}{3}$ 3 $\frac{16}{3}$ 4 $\frac{14}{5}$

4. Berechne:

a) $18{,}93 \cdot 9{,}3$ b) $292{,}8 : 12{,}2$

c) $\begin{array}{r} 325{,}37 \\ -\ 148{,}42 \\ \hline \end{array}$ d) $\begin{array}{r} 8{,}3\blacksquare5 \\ +\ 0{,}\blacksquare4\blacksquare \\ \hline \blacksquare{,}037 \end{array}$

5. Ordne Text und Gleichung einander zu:

Addiere ich 8 zu einer Zahl und halbiere das Ergebnis, so erhalte ich das Produkt aus 20 und 2.

a) $(x + 8) \cdot 2 = 20 \cdot 2$ b) $(x - 8) : 2 = 20 \cdot 2$

c) $(x + 8) : 2 = 20 \cdot 2$ d) $(x + 8) : 2 = 20 : 2$

6. a) Wie viele Zentimeter Umfang hat das Rechteck *ABCD*?

b) Zeichne ein Rechteck, das den doppelten Flächeninhalt hat wie das vorgegebene Rechteck.

7. Welche Angabe beschreibt die Lage des Punktes *P* im Koordinatensystem am besten?

$(8|8)$; $(12|8)$; $(12|12)$; $(8|12)$

8. Zeichne mit dem Geodreieck einen Winkel von 140°. Bezeichne den Winkel mit α und gib an, zu welcher Winkelart er gehört: spitzer, rechter oder stumpfer Winkel.

9. Das Diagramm zeigt die Länge von vier Flüssen. Dabei ist Fluss A am längsten, Fluss B am kürzesten. Fluss C ist länger als Fluss D. Wie lang ist Fluss C?

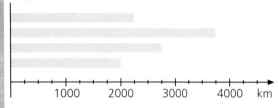

10. Ein Würfel hat eine Kantenlänge von 12 cm.

a) Berechne seine Oberfläche.

b) Wie groß ist sein Volumen?

11. Ein Fußballstadion fasst 25 000 Zuschauer. Der Rasen des Spielfeldes muss erneuert werden. Das Spielfeld ist 120 m lang und 80 m breit. Im letzten Jahr fanden darauf 27 Spiele statt. Für wie viele Quadratmeter muss Rasensamen gekauft werden?

a) Welche Zahlenangaben sind für die Bearbeitung der Rechenfrage überflüssig?

b) Beantworte die Rechenfrage.

12. Die Figur wird um Punkt *P* um 180° gedreht. Übertrage die Figur in dein Heft und ergänze die Zeichnung.

13. a) $400 \text{ g} = \blacksquare \text{ kg}$ b) $8 \text{ Ct} = \blacksquare \text{ €}$

c) $7{,}450 \text{ km} = \blacksquare \text{ m}$ d) $1\frac{3}{4} \text{ h} = \blacksquare \text{ min}$

14. Berechne und gib das Ergebnis wieder in Stunden, Minuten und Sekunden an:

$6 \text{ h } 10 \text{ min} - 2 \text{ h } 25 \text{ min } 25 \text{ s} = \blacksquare$

15. Eine SMS-Nachricht zu verschicken kostet 0,25 €. Maria hat sich das Handy ihrer Mutter ausgeliehen und ihren 4 Freundinnen jeweils eine SMS-Nachricht geschickt. Außerdem hat sie eine Freundin angerufen. Am Monatsende muss Maria ihrer Mutter 4 € bezahlen. Stelle eine Gleichung zur Berechnung der Telefonkosten auf und löse.

16. Setze die Klammern so, dass die Gleichung stimmt: $3 \cdot 5 + 4 - 1 = 26$

Zur Leistungsorientierung 4

1. Welcher Bruchteil ist jeweils gekennzeichnet?

a)   b) 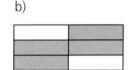 c)

2. Zeichne ein Quadrat (a = 3 cm) und färbe $\frac{5}{8}$ davon ein.

3. <, > oder = ?

a) 0,8 ● 0,75 b) $\frac{7}{100}$ ● 0,09

c) $\frac{1}{4}$ ● 0,25 d) $\frac{2}{5}$ ● $\frac{8}{20}$

4. Welche Bruchzahlen kennzeichnen die Pfeile am Zahlenstrahl?

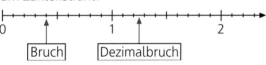

 Bruch   Dezimalbruch

5. Berechne:

a) 8,25 · 3,02 b) 71,5 : 5,5

c) $3\frac{3}{8} + 1\frac{2}{3}$ d) $4\frac{1}{2} : 3$

6. Welche Aufgabe passt zum Text?

a) $\frac{3}{4}$ ➤ $\frac{9}{4}$

b) $\frac{9}{24}$ ➤ $\frac{3}{8}$

A Gekürzt mit 3
B Erweitert mit 3
C Dividiert durch 3
D Multipliziert mit 3

7. a) Ordne dem Text die richtige Gleichung zu:

Multipliziert man eine Zahl mit 4 und subtrahiert davon 5, so erhält man das Produkt aus 5 und 7.

A x : 4 − 5 = 5 · 7	B x · 4 + 5 = 5 · 7
C x · 4 − 5 = 5 · 7	D x · 4 − 5 = 5 : 7

b) Wo wurde richtig umgeformt?

2 · (x − 3) = 2x − 3	(x + 3) · 2 = 2x + 6
2 · (x − 3) = 2x − 6	2 · (x − 3) = x − 6

c) Berechne x: 4x − 3,3 = 24,7 − 4

8. Wie viele Würfel fehlen jeweils zu einem Quader?

a)   b)

9. Berechne die Oberfläche und das Volumen des Quaders.

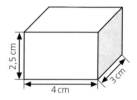

10. Ein Quader wird wie angegeben zur Hälfte in Farbe getaucht. Übertrage in dein Heft und zeichne die gefärbte Fläche vollständig ins Netz.

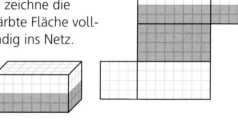

11. a) Die Figur wir um eine Halbdrehung um den Punkt gedreht. Übertrage ins Heft und ergänze die Zeichnung.

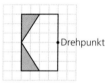

Drehpunkt

b) Zeichne ein Dreieck ABC mit A (1|1), B (6|1) und C (4|4). Veschiebe die Figur 7 Kästchen nach rechts und 4 Kästchen nach oben.

12. a) 0,5 km = ■ m b) 150 min = ■ h

c) 2,2 hl = ■ l d) $\frac{1}{4}$ m^3 = ■ dm^3

e) ■ dm^2 = 325 cm^2 f) ■ kg = 1500 g

13. Die zwei 6. Klassen einer Hauptschule benötigen für eine mehrtägige Klassenfahrt einen Bus. Wenn alle 55 Schüler mitfahren, beträgt der Fahrpreis pro Schüler 30 €.

a) Wie viel muss jeder Schüler bezahlen, wenn fünf Schüler wegen Krankheit zu Hause bleiben?

b) Wie viele Schüler fahren mit, wenn die Kosten für jeden 41,25 € betragen?

14. Wenn ein Gummiball zu Boden fällt, springt er jeweils die Hälfte dieser Strecke wieder nach oben. Der Ball wird von einem 18 m hohen Dach fallen gelassen. Welche Strecke hat der Ball insgesamt zurückgelegt, wenn er das dritte Mal den Boden berührt?

Grundwissen

+	Addition	addieren	$0{,}7 + 1{,}4 = 2{,}1$	Summe	Strich-rechnungen	Grundrechenarten
–	Subtraktion	subtrahieren	$5{,}6 - 2{,}6 = 3$	Differenz		
·	Multiplikation	multiplizieren	$7{,}4 \cdot 5 = 37$	Produkt	Punkt-rechnungen	
:	Division	dividieren	$12{,}80 : 8 = 1{,}6$	Quotient		

$\dfrac{5}{8} \leftarrow$ Zähler
$\phantom{\dfrac{5}{8}} \leftarrow$ Nenner

$\dfrac{5}{8} = 5 : 8$

echte Brüche	unechte Brüche	gemischte Zahlen
$\dfrac{1}{2} \quad \dfrac{3}{4} \quad \dfrac{2}{3} \quad \dfrac{5}{6}$	$\dfrac{3}{2} \quad \dfrac{8}{6} \quad \dfrac{7}{3} \quad \dfrac{16}{5}$	$1\dfrac{1}{2} \quad 2\dfrac{1}{3} \quad 4\dfrac{5}{6} \quad 3\dfrac{3}{10}$

Brüche
Bruchzahl
Brucharten

Erweitern: Zähler und Nenner mit der gleichen Zahl multiplizieren.
Kürzen: Zähler und Nenner durch die gleiche Zahl dividieren.

Erweitern
$\dfrac{5}{8} \overset{\cdot 3}{\underset{\cdot 3}{=}} \dfrac{15}{24}$

Kürzen
$\dfrac{54}{90} \overset{:9}{\underset{:9}{=}} \dfrac{6}{10} \overset{:2}{\underset{:2}{=}} \dfrac{3}{5}$

Erweitern und Kürzen

$\dfrac{1}{6} \quad \dfrac{1}{9}$

Vielfache von 6: 12, 18, 24 …
Vielfache von 9: 18, 27 …

Der Hauptnenner ist das kleinste gemeinsame Vielfache der Nenner.

$\dfrac{1}{2} = \dfrac{5}{10}$
$\dfrac{2}{5} = \dfrac{4}{10}$

$\dfrac{4}{10} < \dfrac{5}{10}$
$\dfrac{2}{5} < \dfrac{1}{2}$

Hauptnenner suchen

Hauptnenner

Brüche vergleichen

---

gleichnamige Brüche

$\dfrac{2}{7} + \dfrac{3}{7} = \dfrac{5}{7}$
1. Zähler plus Zähler
2. Nenner bleibt

$\dfrac{10}{11} - \dfrac{8}{11} = \dfrac{2}{11}$
1. Zähler minus Zähler
2. Nenner bleibt

ungleichnamige Brüche

$\dfrac{4}{5} + \dfrac{3}{4} - \dfrac{1}{2}$
$= \dfrac{16}{20} + \dfrac{15}{20} - \dfrac{10}{20}$
$= \dfrac{21}{20}$
$= 1\dfrac{1}{20}$

1. Hauptnenner bestimmen
2. Brüche gleichnamig machen
3. Addieren bzw. subtrahieren
4. Umformen

Addition und Subtraktion

$\dfrac{2}{3} \cdot \dfrac{4}{7} = \dfrac{2 \cdot 4}{3 \cdot 7} = \dfrac{8}{21}$

$\dfrac{4}{5} \cdot \dfrac{15}{16} = \dfrac{1 \cdot 3}{1 \cdot 4} = \dfrac{3}{4}$

$\dfrac{7}{9} : 14 = \dfrac{7}{9} : \dfrac{14}{1} = \dfrac{7}{9} \cdot \dfrac{1}{14} = \dfrac{1}{18}$

$\dfrac{\text{Zähler mal Zähler}}{\text{Nenner mal Nenner}}$

$1\dfrac{1}{2} \cdot 1\dfrac{5}{9} = \dfrac{3 \cdot 14}{2 \cdot 9} = \dfrac{1 \cdot 7}{1 \cdot 3} = \dfrac{7}{3} = 2\dfrac{1}{3}$

Erster Bruch mal Kehrwert des zweiten Bruches

Multiplikation und Division

E	z	h	t
0	6	2	5

$\dfrac{3}{4} = \dfrac{75}{100} = 0{,}75$

$\dfrac{5}{8} = \dfrac{625}{1000} = 0{,}625$

$\dfrac{2}{5} = \dfrac{4}{10} = 0{,}4$

$1\dfrac{1}{2} = 1\dfrac{5}{10} = 1{,}5$

$2\dfrac{3}{50} = 2\dfrac{6}{100} = 2{,}06$

$3\dfrac{3}{20} = 3\dfrac{15}{100} = 3{,}15$

$\dfrac{1}{3} = 1 : 3 = 0{,}3333…$

$\dfrac{1}{6} = 1 : 6 = 0{,}1666…$

vom Bruch zum Dezimalbruch

$\dfrac{1}{4} = 0{,}25$	$\dfrac{1}{2} = 0{,}5$	$\dfrac{1}{8} = 0{,}125$	$\dfrac{1}{5} = 0{,}2$	$\dfrac{1}{25} = 0{,}04$	$\dfrac{1}{40} = 0{,}025$
$\dfrac{1}{50} = 0{,}02$	$\dfrac{1}{125} = 0{,}008$	$\dfrac{1}{250} = 0{,}004$	$\dfrac{1}{20} = 0{,}05$	$\dfrac{1}{200} = 0{,}005$	$\dfrac{1}{500} = 0{,}002$

Grundwissen

Dezimalbrüche

5,75 m

ganze Meter | Bruchteile vom m
fünf-Komma-sieben-fünf Meter

0,1	ein Zehntel
0,01	ein Hundertstel
0,001	ein Tausendstel
0,0001	ein Zehntausendstel

Runden

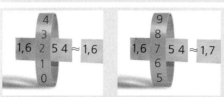

$1,6\ 2\ 5\ 4 \approx 1,6$

$1,6\ 7\ 5\ 4 \approx 1,7$

1,6254 gerundet auf Tausendstel: 1,625

1,6254 gerundet auf Hunderstel: 1,63

1,6254 gerundet auf Zehntel: 1,6

1,6254 gerundet auf Einer: 2

Bei den Ziffern 0, 1, 2, 3 und 4 wird abgerundet,
bei den Ziffern 5, 6, 7, 8 und 9 wird aufgerundet.

**Addition
Subtraktion**

```
    47,30
+ 278,97
   1 1 1
  326,27
```

```
  3 7 9 4
  48,053
- 19,754
  28,299
```

1. Komma unter Komma
2. Fehlende Endnullen ergänzen
3. Ganze Zahlen in Dezimalbrüche unwandeln
4. Rechnen wie mit ganzen Zahlen

Multiplikation

3 Stellen ⊕ 2 Stellen

```
0,128 · 0,12
        128
        256
    0,01536
```

5 Stellen

1. Multiplizieren wie mit ganzen Zahlen
2. Im Ergebnis so viele Stellen von rechts abstreichen, wie beide Dezimalbrüche zusammen nach dem Komma haben

Division

```
32,6 : 20 = 1,63
- 20
  12 6
- 12 0
     60
   - 60
   ----
```

1. Dividieren wie mit ganzen Zahlen
2. Komma beim Überschreiten in der Rechnung auch im Ergebnis setzen

Sachbezogene Mathematik

Ich lese den Text mehrmals aufmerksam.

Ich unterstreiche und notiere die wichtigen Angaben.

Geg.:

Ich schreibe die Rechenfrage(n) auf.

Ges.:

Ich suche und notiere die Rechenwege. Dabei helfen mir Skizzen und Zeichnungen.

Sachaufgaben lösen

Ich antworte auf die Rechenfrage(n).

Ich vergleiche das ungefähre Ergebnis mit der Lösung.

Ich rechne schrittweise mit Teilüberschriften.

Lösung:

Ich ermittle durch Überschlagsrechnung das ungefähre Ergebnis.

Größen

Geld	**Gewichte**	**Hohlmaße**	**Flächenmaße**
1 € = 100 Ct	1 t = 1 000 kg	1 hl = 100 l	1 km² = 100 ha
	1 kg = 1 000 g	1 l = 1 000 ml	1 ha = 100 a
			1 a = 100 m²
Längen	**Raummaße**		1 m² = 100 dm²
1 km = 1 000 m	1 m³ = 1 000 dm³		1 dm² = 100 cm²
1 m = 10 dm	1 dm³ = 1 000 cm³	1 dm³ = 1 l	1 cm² = 100 mm²
1 dm = 10 cm	1 cm³ = 1 000 mm³	1 m³ = 1 000 l = 10 hl	
1 cm = 10 mm			

Zeitspannen	1 Jahr = 52 Wochen	1 Tag = 24 h	1 min = 60 s
1 Jahr = 12 Monate	1 Jahr = 365 Tage	1 Woche = 7 Tage	1 h = 60 min

Grundwissen

Gleichungen
Rechenregeln
Rechengesetze

Klammern zuerst $\quad 7 \cdot (14 - 8 : 2)$	**Verbindungsgesetz (Assoziativgesetz)**
Punktrechnungen vor $\quad = 7 \cdot (14 - 4)$	Bei der Addition und Multiplikation dürfen
Strichrechnungen $\quad = 7 \cdot 10$	Klammern beliebig gesetzt werden:
$\quad = 70$	

$$186 + 17 + 13 \qquad 7 \cdot 4 \cdot 250$$
$$= 186 + (17 + 13) \quad = 7 \cdot (4 \cdot 250)$$
$$= (186 + 13) + 17 \quad = (7 \cdot 4) \cdot 250$$

Verteilungsgesetz (Distributivgesetz)

Wird eine Summe (Differenz) mit einer Zahl
multipliziert (durch eine Zahl dividiert),
so wird jedes Glied der Summe (Differenz)
mit dieser Zahl multipliziert (dividiert):

$$6 \cdot (4 + 5) \qquad (16 - 12) : 4$$
$$= 6 \cdot 4 + 6 \cdot 5 \quad = 16 : 4 - 12 : 4$$

Vertauschungsgesetz (Kommutativgesetz)

Bei der Addition und Multiplikation dürfen
Zahlen vertauscht werden:

$$91 + 17 + 9 \qquad\qquad 5 \cdot 9 \cdot 2$$
$$= 91 + 9 + 17 \qquad = 5 \cdot 2 \cdot 9$$
$$= 100 + 17 \qquad\quad = 10 \cdot 9$$

Terme
Gleichungen

Terme ohne Variable: $\quad 8 - 3 \qquad 9 \cdot 4$

Terme mit Variable: $\quad x : 5 \qquad y + 7$

Umkehroperationen

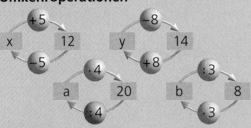

Äquivalenzumformung

$$2 \cdot x + 3 = 15 \qquad\qquad / -3$$
$$2 \cdot x + 3 - 3 = 15 - 3$$
$$2 \cdot x = 12 \qquad\qquad / : 2$$
$$2 \cdot x : 2 = 12 : 2$$
$$x = 6$$

Geometrie
Flächen

Rechteck Quadrat Parallelogramm Raute Trapez Dreieck Viereck Kreis

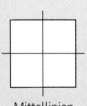
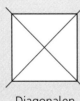

Durchmesser   Radius   Mittelpunkt

Mittellinien Diagonalen Symmetrieachsen

Körper

Ecke Fläche Kante

Würfel Quader Pyramide Kegel Zylinder Kugel Prismen

Grundwissen

**Koordinatensystem
Winkelarten**

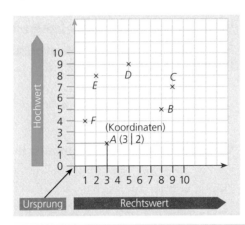

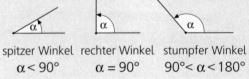

spitzer Winkel · rechter Winkel · stumpfer Winkel
$\alpha < 90°$ · $\alpha = 90°$ · $90° < \alpha < 180°$

gestreckter Winkel · Vollwinkel
$\alpha = 180°$ · $\alpha = 360°$

**Senkrechte
Parallele
Winkel**

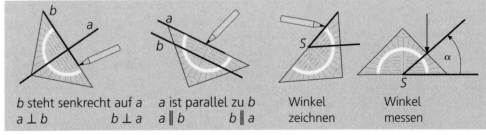

b steht senkrecht auf a · a ist parallel zu b · Winkel · Winkel
$a \perp b$ · · $b \perp a$ · $a \parallel b$ · · $b \parallel a$ · zeichnen · messen

**spiegeln
drehen
verschieben**

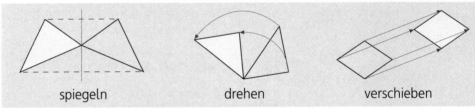

spiegeln · drehen · verschieben

**Umfang von Rechteck
und Quadrat**

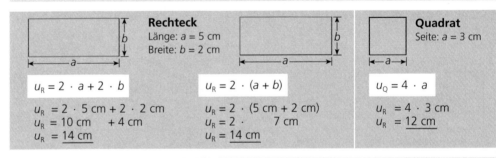

Rechteck
Länge: $a = 5$ cm
Breite: $b = 2$ cm

Quadrat
Seite: $a = 3$ cm

$u_R = 2 \cdot a + 2 \cdot b$

$u_R = 2 \cdot 5\text{ cm} + 2 \cdot 2\text{ cm}$
$u_R = 10\text{ cm} \quad + 4\text{ cm}$
$u_R = \underline{14\text{ cm}}$

$u_R = 2 \cdot (a + b)$

$u_R = 2 \cdot (5\text{ cm} + 2\text{ cm})$
$u_R = 2 \cdot \quad 7\text{ cm}$
$u_R = \underline{14\text{ cm}}$

$u_Q = 4 \cdot a$

$u_R = 4 \cdot 3\text{ cm}$
$u_R = \underline{12\text{ cm}}$

**Flächeninhalt von Recht-
eck und Quadrat**

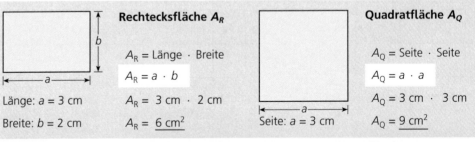

Rechtecksfläche A_R

$A_R = \text{Länge} \cdot \text{Breite}$

$A_R = a \cdot b$

Länge: $a = 3$ cm

Breite: $b = 2$ cm

$A_R = 3\text{ cm} \cdot 2\text{ cm}$

$A_R = \underline{6\text{ cm}^2}$

Quadratfläche A_Q

$A_Q = \text{Seite} \cdot \text{Seite}$

$A_Q = a \cdot a$

Seite: $a = 3$ cm

$A_Q = 3\text{ cm} \cdot 3\text{ cm}$

$A_Q = \underline{9\text{ cm}^2}$

Oberfläche

Volumen

Länge aller Kanten

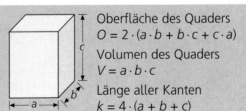

Oberfläche des Quaders
$O = 2 \cdot (a \cdot b + b \cdot c + c \cdot a)$

Volumen des Quaders
$V = a \cdot b \cdot c$

Länge aller Kanten
$k = 4 \cdot (a + b + c)$

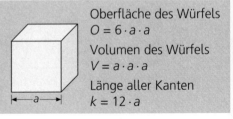

Oberfläche des Würfels
$O = 6 \cdot a \cdot a$

Volumen des Würfels
$V = a \cdot a \cdot a$

Länge aller Kanten
$k = 12 \cdot a$

Lösungen

Seite 26

1. a)   b) c)

2. a) $\frac{5}{7}$ b) $\frac{1}{3}$

3. a) $\frac{1}{2} = \frac{5}{10}$ b) $\frac{3}{7} = \frac{6}{14}$ c) $\frac{2}{25} = \frac{8}{100}$

$\frac{3}{4} = \frac{6}{8}$ $\frac{3}{5} = \frac{12}{20}$ $\frac{15}{24} = \frac{5}{8}$

4. a) $3\frac{1}{2}$, $1\frac{2}{6} = 1\frac{1}{3}$, $9\frac{5}{10} = 9\frac{1}{2}$

b) $\frac{9}{5}$, $\frac{57}{15}$, $\frac{54}{7}$

5. a) $\frac{8}{12} = \frac{4}{6} = \frac{2}{3}$; $\frac{2}{12} = \frac{1}{6}$; $\frac{1}{12}$

b) $\frac{1}{2}$ m; $\frac{3}{4}$ m; $\frac{1}{10}$ m; $1\frac{4}{10}$ m $= 1\frac{2}{5}$ m

6. a) r b) r c) $\frac{6}{5} = 1\frac{2}{10}$

7. a) $\frac{6}{9} = \frac{2}{3}$ b) $1\frac{4}{5} > \frac{7}{5}$ c) $\frac{5}{8} < \frac{2}{3}$

8. a) Zwölftel b) Dreißigstel c) Dreißigstel

9. Klaus hat mehr Aufgaben richtig gelöst.

10. $\frac{105}{120} = \frac{21}{24} = \frac{7}{8}$

Seite 27

11.

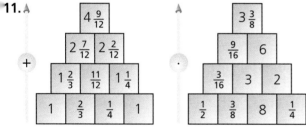

12. a) $\frac{7}{12}$ b) $\frac{5}{9}$ c) $5\frac{4}{5}$ d) $3\frac{5}{8}$ e) $6\frac{1}{5}$ f) $1\frac{4}{7}$

g) $1\frac{3}{10}$ h) $1\frac{1}{8}$ i) $1\frac{1}{15}$ k) $\frac{7}{24}$ l) $6\frac{7}{12}$ m) $2\frac{3}{10}$

13. a) falsch; richtig: $2\frac{7}{12}$ b) richtig

14. $6\frac{27}{40}$

15. $\frac{8}{3} + 100 = 102\frac{2}{3}$ $100 - \frac{8}{3} = 97\frac{1}{3}$

16. a) = b) = c) < d) <

17. a) 18 b) 25 c) 27 d) 15 e) 6 f) 40

18. a) $2\frac{7}{8}$ b) $5\frac{1}{10}$ c) $1\frac{1}{12}$ d) $\frac{13}{35}$

e) 12 f) 14 g) 3 h) 5

19. $12 \cdot 2\frac{1}{4} + 6 \cdot 2\frac{4}{5} = 43\frac{4}{5}$ (m)

20. a) $\frac{1}{6}$ b) $3\frac{2}{7}$ c) $\frac{3}{4}$ d) $\frac{5}{24}$ e) $\frac{7}{12}$ f) $\frac{10}{9}$

21. a) $\frac{5}{8}$ $4\frac{3}{8}$ $73\frac{5}{6}$ $18\frac{11}{24}$

b) $18\frac{5}{8}$ $111\frac{3}{4}$ $34\frac{1}{2}$ $5\frac{3}{4}$

22. a) $66\frac{5}{9}$ b) $159\frac{1}{6}$ c) $60\frac{1}{20}$ d) $43\frac{7}{10}$

23. a) $7\frac{1}{2}$ h $\cdot 5 = 37\frac{1}{2}$ h b) $\frac{3}{250}$ mm $\cdot 75 = \frac{9}{10}$ mm

c) Die Klasse muss $\frac{5}{12}$ der Kosten selbst übernehmen.

24. a) $23\frac{3}{4}$ m^2 b) 1 425 €

25. 12 €

26. 12 Knöpfe

Seite 49

1. Raute; Drachen; Rechteck; Parallelogramm

2. a) Diagonalen (Mittellinien) halbieren sich:
Quadrat; Rechteck; Parallelogramm; Raute
(Quadrat; Rechteck; Raute; Parallelogramm; symmetrisches Trapez)

b) Diagonalen (Mittellinien) zueinander senkrecht: Quadrat; Raute; Drachen
(Quadrat; Rechteck; symmetrisches Trapez)

c) Diagonalen (Mittellinien) als Symmetrieachsen: Quadrat; Raute (Quadrat; Rechteck)

3. –/–

4. Figur D

5. $\alpha = 360° : 8 = 45°$; $\beta = 180° : 6 = 30°$

Lösungen

Seite 50

6. a)
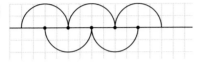

b)
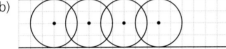

7. a)
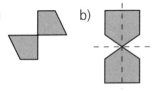
b)

8. a) drehsymmetrisch: 1, 2, 3
b) achsensymmetrisch: 2
c) achsensymmetrisch ohne Farbe: 2, 3

9. –/–

10.
Verschiebung	Drehung	Achsenspiegelung
b ↔ k	b ↔ f	a ↔ c
f ↔ o	b ↔ o	d ↔ h
	f ↔ k	e ↔ g
	k ↔ o	i ↔ n
	d ↔ h	l ↔ p
	l ↔ p	m ↔ q

11. a) b: durch Drehung
c: durch Verschiebung
d: durch Spiegelung
e: durch Verschiebung
f: durch Spiegelung

b) 4 kleine Parallelogramme
(1; 2; 3; 4)
4 größere Parallelogramme
(1 + 2; 1 + 3; 3 + 4; 2 + 4)
1 großes Parallelogramm
(1 + 2 + 3 + 4)

Insgesamt 9 Parallelogramme

Seite 51

12. a) Rechteck b) Drachen c) Trapez d) Raute

13. Raute (2 Faltungen ≙ Symmetrieachsen)

14. 12 Uhr: Nullwinkel
24 Uhr: Nullwinkel
6 Uhr: gestreckter Winkel
15 Uhr: rechter Winkel
18 Uhr: gestreckter Winkel
21 Uhr: rechter Winkel
1 Uhr: spitzer Winkel
3 Uhr: rechter Winkel
17 Uhr: stumpfer Winkel

15. a)

5 Kreisteile   6 Kreisteile
1 Teil: 72°   1 Teil: 60°

b)

16. Im gleichseitigen Dreieck betragen die Innenwinkel jeweils 60°.

17. Es sind 16 Winkel.
Gleich große Winkel:
– 1; 4; 7; 10 – 14; 16
– 13; 15   – 2; 8
– 9; 3   – 5; 11
– 12; 6

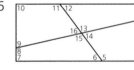

18.
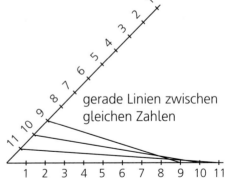

gerade Linien zwischen gleichen Zahlen

19. Bild 3

Seite 76

1. a) 0,8 m   b) 3,425 kg   c) 2,08 €
d) 3,2 hl   e) 7,005 km   c) 0,090 kg

Lösungen

2. a) 10,37   b) 8,031
   c) 300,209   c) 0,004

3. a) 0,7 ; 0,41 ; 0,03 ; 0,208 ; 0,009
   b) 4,3 ; 17,18 ; 21,016 ; 9,0099
   c) 6,74   d) 17,0605

4. a) 0,8 ; 0,55 ; 0,42 ; 0,36 ; 0,565 ; 0,096
b) $\frac{3}{10}$; $\frac{19}{100}$; $\frac{45}{100} = \frac{9}{20}$; $\frac{8}{100} = \frac{2}{25}$; $\frac{75}{1000} = \frac{15}{200}$

5. a) 7,8   0,7   19,2   10,0
   b) 14,31   6,28   32,08   0,90
   c) 3,475   7,801   0,469   20,000

6. a) 37,47   b) 7,51   c) 13,651
   d) 63,836   e) 83,807

7. a) 25,48   b) 150,66   c) 45,7373
   d) 207,8604   e) 25,8795   f) 43,112

8. a) 7,3   b) 3,8   c) 3,21
   d) 3,62   e) 2,55   f) 0,075

Seite 77

9.

	Z	E	z	h	t	Dezimalbruch
a)	0	7				0,7
	0	3	9			0,39
	0	7	1			0,71
	0	0	9			0,09
	0	6	0	1		0,601
	0	0	1	9		0,019
b)		5	3			5,3
	2	1	5	3		21,53
	5	0	0	1		50,01
	7	0	0	7		7,007

10. a: 2,038   b: 2,042   c: 2,046
     d: 2,0475   e: 2,051

11.

	z	h	t
7,8647	7,9	7,86	7,865
14,0729	14,1	14,07	14,073
99,9695	100,0	99,97	99,970

12. a) 1,20 €   b) 38 km
     c) 3 Mio. bzw. 3,3 Mio.   d) 40 kg

13. a) 8,5   b) 4,5   c) 2,7   d) 7,4
     e) 5,2   f) 7,5   g) 12,3   h) 21,1

14. $9,6 \cdot 4,3 = 41,28$
     a) 412,8   b) 4,128   c) 0,04128   d) 0,4128

15. 125,8   215,22   656,421   1 312,842

16. Ergebnis 27,36: $4,5 \cdot 6,08$ $112,31 - 84,95$
                     $82,08 : 3$ $19,008 + 8,352$
     Ergebnis 162,558: $82,1 \cdot 1,98$ $87,095 + 75,463$
                     $207,62 - 45,062$
     Ergebnis 94,81: $24,95 \cdot 3,8$ $200,1 - 105,29$
     Ergebnis 9,23: $64,61 : 7$ $8,409 + 0,821$
                     $55,38 : 6$

17. 1. Summe aller Ausgaben: 262,80 €
     2. Verbleibender Geldbetrag: 28,70 €

18. a) Preis: 2,94 €   b) Gewicht: 2,85 kg

19. a) $4,3 + 2,7 = 7$ b) $9,8 - 7,1 = 2,7$
     c) $8 \cdot 0,3 = 2,4$ d) $8,4 : 7 = 1,2$

20. a) $2,7 + 3,5 = 6,2$ b) $8,6 + 8,6 = 17,2$
       $2,2 + 1,3 = 3,5$ $15,9 - 8,6 = 7,3$
     c) $55,5 - 15,1 = 40,4$
       $55,5 - 45,6 = 9,9$

21. SUPER: S – 4; U – 1,6; P – 2,8; E – 1,2; R – 0,4

Seite 101

1.

Körper	stammt von:	abgeschnittenes Teil
a	Quader	Quader
b	Pyramide	Pyramide
c	Kugel	Halbkugel
d	Kegel	Kegel
e	Dreis. Prisma	Dreis. Prisma
f	Pyramide	Pyramide
g	Kegel	halber Kegel

2. Alle Körper sind Prismen, denn Grund- und Deckfläche sind jeweils deckungsgleiche Vielecke.

3. Pyramide: d   Quader: b (Würfel), c
     Das Netz a) ergibt keinen geschlossenen Körper.

4. a) 44 000 mm³, 13 000 dm³, 37 500 mm³
     b) 10 779,875 cm³

Lösungen

5. a)

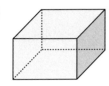

   b) $O = 85\ \text{cm}^2$ $V = 50\ \text{cm}^3$

Seite 102

6. a) Die Schnittflächen sind jeweils Rechtecke.
   b) 2 Quader: ①, ②, ④
      2 dreis. Prismen: ③

7. a) Quadernetze: A, B, E
   b) oben (o), vorne (v), hinten (h), links (l) ,

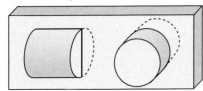

8. Es ist ein Zylinder.

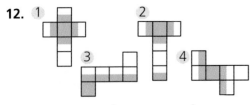

9.   3: EG, v, l   4: EG, m, r   5: EG, m, m
   25: 2. St., h, r   14: 1. St., m, m   21: 2. St., v, l
   27: 2. St., h, l   6: EG, m, l   9: EG, h, l
   15: 1. St., m, l   20: 2. St., v, m usw.

10. a) 6 Schnitte
   b) 3 rote Flächen: 1, 3, 7, 9, 19, 21, 25, 27
       2 rote Flächen: 2, 4, 6, 8, 10, 12, 16, 18,
                           20, 22, 24, 26
       1 rote Fläche: 5, 11, 13, 15, 17, 23
       0 rote Flächen: 14

11. $A = 54\ \text{m}^2$

12.

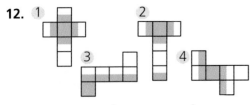

   b) $O = 24\ \text{cm}^2 : 2 = 12\ \text{cm}^2$

   c) $V_{\text{Würfel}} = 8\ \text{cm}^3$ $V_{\frac{1}{2}\ \text{Würfel}} = 4\ \text{cm}^3$

Seite 103

13. a) Schildkröte: 32 Zentimeterwürfel
       Saurier: 34 Zentimeterwürfel
       Vogel: 45 Zentimeterwürfel

14. a) Bisher ergab sich nicht weniger Oberfläche. Erklärung: Durch das bisherige Wegsägen bleiben die Würfelseiten unten, links und hinten unverändert. Wie steht es mit den Seiten rechts (r), vorne (v) und oben (o)? Bei den ersten beiden Abbildungen enthalten die Seiten (Ansichten) jeweils 9 Einheitsquadrate. Bei der letzten Abbildung werden es weniger (r)-Flächen. Also gilt:

   b) Mit dem angedeuteten Schnitt wird es weniger Oberfläche.

15. $O_{\text{Würfel}}\ \ =\ \ 96\ \text{dm}^2$

$O_{\frac{1}{2}\ \text{Würfel}}\ \ =\ \ \frac{1}{2} \cdot 96\ \text{dm}^2 + O_{\text{Schnittfläche}}$

$=\ \ \frac{1}{2} \cdot 96\ \text{dm}^2 + 16\ \text{dm}^2 = 64\ \text{dm}^2$

16. $V_{\text{Würfel}} = 216\ \text{cm}^3$ $V_{\text{Prisma}} = 27\ \text{cm}^3$

17. a) $V = 185\ \text{dm}^3$ b) $h = 3,5\ \text{cm}$
   c) $G = 25,8\ \text{cm}^2$

18. $a = 4\ \text{cm}$

19. $V_{\text{großer Würfel}} = 1\,000\ \text{cm}^3$
   Anzahl: $1\,000\ \text{cm}^3 : 8\ \text{cm}^3 = 125$

20. $V_{\text{ohne Ei}}$: $6\ \text{cm} \cdot 6\ \text{cm} \cdot 4\ \text{cm} = 144\ \text{cm}^3$
   $V_{\text{mit Ei}}$: $6\ \text{cm} \cdot 6\ \text{cm} \cdot 5,5\ \text{cm} = 198\ \text{cm}^3$
   $\Rightarrow V_{\text{Ei}} = 54\ \text{cm}^3$

21. Schrägbild: s. Skizze
   $V_{\text{Körper}} = 16\ \text{cm}^3 + 24\ \text{cm}^3 = 40\ \text{cm}^3$

22.

Umschüttung	1. Gefäß	2. Gefäß	3. Gefäß
0	4 l	5 l	0 l
1	4 l	0 l	5 l
2	0 l	4 l	5 l
3	4 l	4 l	1 l

Lösungen

Seite 124

1. a) 4,5 b) 45 c) 8
   d) 4,9 e) 303 f) 3,7

2. a) 170 b) 930 c) 7 780
   d) 124,8 e) 118,9 f) 146,2

3. a) 57,8 b) 188,2 c) 114,7
   d) 405 e) 10 000 f) 97

4. Anwendung des Distributiv- (Verteilungsgesetz) und Kommutativgesetzes (Vertauschungsgesetz)
   a) 34 b) 25

5.

a	b	c	a + b − c	(a − b) : c	(a − b) · c
8	4	2	10	2	8
12	6	3	15	2	18

6. a) beide Seiten − 9   beide Seiten : 5
   b) beide Seiten + 7   beide Seiten · 3

Seite 125

7. a) 21,80 € b) 261,80 €

8. a) 1,5 + x · 0,8
   b) 2 km → 3,10 €   5 km → 5,50 €
      9 km → 8,70 €   11,5 km → 10,70 €
   c) 3,90 € → 3 km   7,10 € → 7 km
      9,50 € → 10 km

9. a) (24 − 15) · 3 = 27
   b) (25 − 11) : (9 − 2) = 2
   c) (10 − 7) · 8 + 2 + 4 = 30
   d) 55 − 2 · (7,3 + 2,7) = 35

10. a) x · 4 + 6 = 38   b) y : 3 − 5 = 6
              x = 8   y = 33
    c) y · 7 − 9 = 47   d) x : 6 + 3 = 8
              y = 8   x = 30

11. a) x = 4 b) x = 400 c) x = 1,5 d) x = 75

12. a : 8 + 88 = 100   b · 107 − 495 = 361
              a = 96   b = 8

     3 · c + 1,5 = 9,9 $\frac{1}{4}$ · d + 17 = 20 + 4
              c = 2,8   d = 28

13. a) x · 8 − 9 = 15   b) x : 7 − 4 = 11
              x = 3   x = 105

c) 84,5 = 13 · b   6,5 = b   Breite: 6,5 cm
d) 32 = 4 · a   A = a · a
    8 = a   A = 64 (cm²)
   Flächeninhalt des Quadrats: 64 cm²
e) 6 · 0,65 + 6 · x = 7,2   x = 0,55
   Preis für eine Flasche Apfelsaft: 0,55 €

14. x : 0,0008 − 2,25 = 6,5   x = 0,007
    Länge des Insekts: 0,007 m = 7 mm

Seite 137

1. a) 55 Ct 55 Ct 2 Ct 95 Ct 99 Ct
   b) 500 g 750 g 3 500 g 4 070 g 5 g
   c)

SA:	06.31	07.29	07.02
SU:	19.30	19.52	18.56
TL:	12 h 59 min	12 h 23 min	11 h 54 min

   d) 4 km 4 004 m 4,04 km 440 000 cm
      4 404 m 4$\frac{1}{2}$ km 404 000 dm
   e)

Milliliter	200 000 ml	32 000 ml	43 000 ml
Liter	200 l	32 l	43 l
Hektoliter	2 hl	0,32 hl	0,43 hl

2. a) 25 dm²   b) 1 000 cm²
   c) 496 dm²   d) 8

3. a) a = 1 cm b) a = 1 dm c) a = 1 m

4. a) 55 000 cm³   0,5 m³   550 dm³
   b) 0,01 m³   1 hl   101 l

5. a) 2,2 m³   b) 6 066,6 dm³
   c) 9,9189 m³   d) 1,022 dm³

Seite 155

1. Wie viel Geld hat Nicola nach dem Kauf noch auf ihrem Konto?
Ü: 480 € − (80 € + 15 € + 80 €) = 305 €
   Gesamtansatz:
   484 € − (83 € + 15,90 € + 79 €) = 306,10 €

2. Arijeta hat Recht.
   4 · 0,42 € = 1,68 € oder 4 · 0,43 € = 1,72 €

3. Beispiele: a = 5 m   b = 4 m
              a = 6 m   b = 3 m

4. a) Beispiel: Um wie viel hat die Weltbevölkerung zwischen 1900 und 2000 zugenommen? 6,06 Mrd. − 1,65 Mrd. = 4,41 Mrd.
   b) −/−

5. −/−

Stichwortverzeichnis